Microsoft

Power Apps ローコード開発［実践］入門

青井 航平、荒井 隆徳、佐藤 晴輝、萩原 広揮（株式会社FIXER）［著］
春原 朋幸、曽我 拓司（日本マイクロ

技術評論社

◆本書をお読みになる前に

・本書に記載された内容は、情報の提供のみを目的としています。したがって、本書を用いた運用は、必ずお客様自身の責任と判断によって行ってください。これらの情報の運用の結果について、技術評論社および著者はいかなる責任も負いません。

・本書記載の情報は、2023年6月現在のものを掲載していますので、ご利用時には、変更されている場合もあります。

・また、ソフトウェア／Webサービスに関する記述は、とくに断りのない限り、2023年6月現在での最新バージョンをもとにしています。ソフトウェア／Webサービスはバージョンアップされる場合があり、本書での説明とは機能内容や画面図などが異なってしまうこともあり得ます。

以上の注意事項をご承諾いただいたうえで、本書をご利用願います。これらの注意事項をお読みいただかずに、お問い合わせいただいても、技術評論社および著者は対処しかねます。あらかじめ、ご承知おきください。

この本の読者の方々へ

数ある書籍の中から、この本を手に取っていただき誠にありがとうございます。この書籍は、これからのビジネスパーソンが身につけるべきツールである、「Microsoft Power Apps」の情報を、エンジニアやIT部門出身者ではない方にわかりやすく提供することを目的としています。本書『Microsoft Power Appsローコード開発［実践］入門』は、2022年9月に上梓しご好評をいただいた、『Microsoft Power Platformローコード開発［活用］入門』の続編になります。Power Platformは、Power Apps、Power Automate、Power BIなどで構成されたサービスの総称です。本作は、Power Platformが構成するサービスの1つであるローコード開発ツールPower Appsに限定し、ほぼプログラミングなしに、ビジネス要件を満たすアプリを開発するための基礎技術から業務で活用できる実践的な技術までを豊富に揃えた入門書です。特にエンジニアの方ではない、事業部門、管理部門のみなさんをターゲットに執筆しました。

2022年11月に公開され、当時大きな話題となったChatGPTは、これからの時代、答えを出すことよりも、対話を通じてどのような質問をAIに渡すか、という“質問力”に比重が高まっていくことを示唆しました。ChatGPTが持つ特性を理解し、必要な情報を得るために質問を組み立てるという逆算思考が大事になります。Power Appsも同様に、ツールの性質や特性を十分理解したうえで、どのようなインプットを組み合わせて処理すると、得たいアウトプットを得ることができるか、という、ものごとを構造化する力が重要になります。

本書は、①基本説明、②目的別のリファレンス集、③サンプルアプリ開発のハンズオンの3部で構成され、ビジネスの現場にすぐ役立つ実践を重視した内容としています。まず手を動かしてPower Appsを使えるようになることはもちろんですが、Power Appsというツールを理解することを通じて、ものごとをロジカルに、構造的にとらえる力を養っていただく機会にもなることを期待しています。

最後になりますが、前書『Microsoft Power Platformローコード開発［活用］入門』は、株式会社FIXERが提供する「cloud.config Tech Blog」（https://tech-blog.cloud-config.jp/）をお読みいただいた、株式会社技術評論社の取口さんからの1通のメールが端緒となり出版に至ったもので、前書に続き、たいへんありがたいことにこのたび2冊目の上梓を迎えることができました。多大なるご厚意に感謝申し上げます。

当社は「Technology to FIX your challenges.」（あなたのチャレンジをテクノロジーで成就する）をビジョンに掲げています。本書をお読みいただくことを通じて、みなさんの業務改善のチャレンジが成就することを願っています。

2023年6月

株式会社FIXER 取締役 磐前 豪

本書の活用の仕方

◆ 本書の構成について

・Part 1　基本編

Power Appsはどのようなものか概要を解説します。Power Appsでのアプリ開発を始めるために、「Power Appsでは何ができるのか」「利用環境はどのように準備するのか」「アプリ開発の基本的な流れ」について説明しています。

・Part 2　リファレンス編

Power Appsのキャンバスアプリ開発で使用頻度の高い関数やコントロールについて、リファレンス形式で解説します。「画面遷移」「日付・時刻操作」「集計」のように目的別に分類してわかりやすく説明しています。

・Part 3　ハンズオン編

現場のユーザー向けのモバイルアプリ、事務員や管理者向けのWebアプリの開発手順を解説します。「Part 1　基本編」で紹介している利用環境の準備を行い、「Part 2　リファレンス編」で解説した関数やコントロールを使用して、現場に役立つアプリ開発手順をハンズオン形式でわかりやすく説明しています。

◆ 本書のサポートページについて

本書で掲載しているアプリ開発で使用する参考資料(テーブル定義、サンプルデータ)をダウンロードできます。

・サポートページURL

https://gihyo.jp/book/2023/978-4-297-13567-6

ダウンロードしたzip形式のファイルは展開してご使用ください。

・サポートページのフォルダ構造

ChapterN

└**ChapterN_参考資料.xlsx**　……本書内でダウンロード指示をしているアプリ開発を進めるうえで必要な資料を収録

例)データの格納先であるデータソースのテーブル定義、テーブルに格納するサンプルデータなど

監修者の言葉

私が監修者として関わった、同著者陣による書籍『Microsoft Power Platformローコード開発[活用]入門』の発刊から約10ヵ月。順番としては逆かもしれませんが、「もう少しやさしいものを」というご要望によりPower Appsに絞った形の書籍となっています。前回の書籍でも書かせていただいたのですが、印刷媒体である以上、本の内容は執筆時点の情報になります。一方、クラウドであるPower Appsは機能、UIが日々更新されていきますので、書籍と併せて、最新の情報はMicrosoft公式ドキュメントなどもご参照いただきながら、楽しんで学習いただければと思います。

本書では、Power Appsの基本的な機能や使い方を、網羅性よりも頻出度の高い要素を重視して丁寧に解説しています。また実際に手を動かしながら学ぶために、サンプルアプリの作成方法や実践的なヒントやテクニックも紹介しています。初心者向けの解説としてわかりやすく、かつ実用的な内容を盛り込んでいますので、まずは一歩目としてこちらの書籍から、Power Platformの世界にチャレンジしてください。

昨今、ChatGPTなどGenerative AIの話題が尽きませんが、これらのAIは続々とMicrosoftのサービスに組み込まれていく予定であり、Power Platformにも続々と機能追加されていく予定です。これらの流れはすべて、より多くの方に、より少ない労力(学習時間も含め)で、より多くの業務を改善、より多くのデータを資産化するようなアプリを作成していただくというのが目的です。

「市民開発者」という言葉が出回っていますが、その本質は自分の欲しいものを自分で作る(作れるようになる)ということであり、それにより、今までデータ化(デジタル化)されていなかったものをデータ化し、企業の資産として活用できるようになり、その延長上で「DX」を推進していくことが可能になります。

Power Platformはこれらの目的に沿って最新の技術を融合させ、今後も進化していきます。こういったクラウドゆえの進化にも目を光らせつつ、アップデートを楽しみながら、デジタル化への一歩を踏み出してください。

2023年6月

曽我 拓司

目次

この本の読者の方々へ iii

本書の活用の仕方 iv

監修者の言葉 v

Part 1 基本編 …… 1

Chapter 1 Power Apps入門 …… 2

1-1 Power Appsでできること …… 2

1-2 Power Appsのアプリ開発で利用できるサービス …… 4

キャンバスアプリ …… 5

モデル駆動型アプリ …… 6

Dataverse …… 7

Chapter 2 アプリ開発環境の準備 …… 9

2-1 Power Apps のアプリ開発の始め方 …… 9

2-2 サインアップが必要なサービス …… 11

Microsoft 365開発者プログラム …… 11

Power Apps開発者プラン …… 11

2-3 Microsoft 365開発者プログラムのサインアップ …… 12

2-4 二段階認証の使用を無効化する …… 17

2-5 Power Apps開発者プランのサインアップ …… 21

Column Power Platformにおけるテナントと環境 …… 25

2-6 Dataverseのセットアップを確認する …… 26

Chapter 3 アプリ開発の基本 …… 27

3-1 アプリ開発の基本的な流れ …… 27

3-2 データモデリング …… 29
データモデリングの方法 …… 29
データモデリングのメリット …… 32

3-3 Dataverse入門 …… 33
Dataverseのテーブル形式とデータの種類 …… 33
Column GUID …… 34
Dataverseでテーブルを作成する …… 35
Column グローバルな選択肢にするのはどんなとき？ …… 40
リレーションシップ …… 40
Column プライマリ列にオートナンバー型を設定する方法 …… 42
Dataverseのテーブルにデータを追加する …… 44

Chapter 4 キャンバスアプリ開発の流れ …… 48

4-1 キャンバスアプリの作成方法 …… 48
空のアプリから作成する …… 48
データからアプリを自動作成する …… 49
テンプレートから作成する …… 51

4-2 データからキャンバスアプリを開発する …… 52
データからアプリを自動作成する …… 53
Power Apps Studioの画面構成 …… 58
アプリの自動保存を設定する …… 59

4-3 キャンバスアプリの画面とコントロールを設定する …… 61
画面および、コントロールを配置する …… 61
コントロールにアクションを加える …… 68
動作を確認する（プレビュー） …… 69

4-4 キャンバスアプリのデータソースを管理する …… 71

4-5 キャンバスアプリを公開、共有する …… 74
アプリの公開 …… 74
アプリの共有 …… 75
アプリへのアクセスリンクの確認方法 …… 78

Column Power Appsアプリをスマートフォンの
Power Apps Mobileアプリで使う 80
Column 近日公開の機能の設定 82

Chapter 5 モデル駆動型アプリ開発の流れ 83

5-1 モデル駆動型アプリの作成方法 83
空のアプリから作成する 83
Dataverseテーブルを指定してアプリを自動作成する 84
テンプレートから作成する 85

5-2 データからモデル駆動型アプリを開発する 87
Dataverseテーブルを指定してアプリを自動作成する 87
Power Apps Studioの画面構成 90

5-3 モデル駆動型アプリの画面とコンポーネントを設定する 92
ビューおよび、フォームコンポーネントをカスタマイズする 92

5-4 モデル駆動型アプリのデータソースを管理する 101
Column コンポーネントとは 104

Part 2 リファレンス編 107

Chapter 6 画面遷移 108

6-1 画面の命名について 108

6-2 画面遷移のための関数について 108
Navigate関数 109
Back関数 110

6-3 アプリを準備する 112
画面にコントロールを配置する 113
作成画面をもとに画面を複製する 115

6-4 コントロールに遷移のアクションを加える 120
Column Part 2で紹介する各コントロールの
ナンバリング表記について 124

Chapter 7 日付・時刻操作 125

7-1 アプリ開発における「日付と時刻」 125
7-2 現在の日付や時刻を取得する 125
Today関数 127
Now関数 127
7-3 任意の日付をDate(日付)型で取得する 128
7-4 日付からNumber(数値)型を取得する 131
7-5 過去や未来の日付を取得する 132
Column 今月末の日付を取得する 134

Chapter 8 集計 135

8-1 Excelのようにデータを集計する 135
8-2 合計値と平均値を取得する 136
Sum関数 136
Average関数 137
8-3 最大値と最小値を取得する 138
Max関数 138
Min関数 139
8-4 テーブルのレコード数を取得する 140
CountIf関数 140
Column キャンバスアプリのデータソースへの委任 141

Chapter 9 変数 144

9-1 変数とは 144
9-2 変数の値をテキストラベルに表示する 145
UpdateContext関数 146
9-3 変数の値を変更する 148

9-4 変数の値を別画面から読み取る …… 150
Set関数 …… 151

Chapter 10 データを扱う …… 154

10-1 アプリでデータを扱うには …… 154
10-2 ギャラリーを使ってテーブルのデータを表示する …… 155
ギャラリーコントロール …… 155
検索型列を持たないテーブルをギャラリーに表示する …… 157
検索型列を持つテーブルをギャラリーに表示する …… 163
10-3 検索機能を作成する …… 167
Filter関数 …… 168
StartsWith関数 …… 169
10-4 レコードの追加や修正をする …… 172
フォームコントロール …… 172
SubmitForm関数 …… 177
First関数 …… 179
10-5 ギャラリーで選択したレコードを編集する …… 181
Selectedプロパティ …… 183
Column ギャラリーの表示順を並び変える …… 187
Column 名前付き演算子 …… 188

Chapter 11 条件分岐 …… 193

11-1 アプリ開発における「条件」 …… 193
11-2 条件分岐とは …… 194
If関数 …… 195
Switch関数 …… 196
11-3 比較演算子 …… 197
ThisRecord …… 198
11-4 複数の条件を指定する方法 …… 200
And関数、&&演算子 …… 200
Or関数、||演算子 …… 201

Chapter 12 通知 …… 203

12-1 アプリ開発における「通知」 …… 203
12-2 通知バーのしくみ …… 203
Notify関数 …… 204
12-3 通知バーを表示する …… 206

Part 3 ハンズオン編 …… 215

Chapter 13 スマートフォンで使うレポートアプリ …… 216

13-1 サンプルデータの準備 …… 216
テーブルを作成する …… 216
「活動」と「添付ファイル」機能とは …… 217
テーブルのプロパティ設定でオプションを有効化する …… 218
テーブルにデータを追加する …… 220
13-2 アプリの仕様 …… 220
13-3 画面を作成する …… 222
点検テーブルをベースにアプリを自動作成する …… 222
テンプレートから機械の一覧表示（リスト）画面を追加する …… 225
Column 論理名とその確認方法 …… 228
テンプレートから機械の編集（フォーム）画面を追加する …… 230
13-4 画面同士をつなぐ …… 233
機械の一覧表示画面から機械の編集画面へつなぐ …… 233
機械の一覧表示画面から点検の一覧表示画面へつなぐ …… 237
13-5 画面を修正する …… 241
点検の編集画面を修正する …… 241
点検の詳細表示画面を修正する …… 243
デフォルトのスクリーンを設定する …… 244
13-6 アプリを公開する …… 244
Column さらなるクオリティアップを目指して …… 246
Column スマホアプリからの画像の追加 …… 252

Chapter 14 パソコンで使うダッシュボードアプリ ····· 253

14-1 アプリの仕様 ······ 253
14-2 モデル駆動型アプリを作成する ······ 253
14-3 画面とコンポーネントを設定する ······ 255
ビュー、およびフォームをカスタマイズする ······ 255
フォームにデータ管理機能を拡張するオプションを加える ······ 259
動作を確認する ······ 259
14-4 Excel Onlineでデータを編集する ······ 263
14-5 ページを作成する ······ 266
ページを追加する ······ 266
フォームに関連する入力を分けて分割表示する ······ 271
14-6 フォームを拡張する ······ 277
ビューの種類と活用方法 ······ 277
フォームにビューを追加する ······ 277
14-7 データ分析をサポートするグラフを作成する ······ 281
テーブルからグラフを作成する ······ 281
14-8 ダッシュボードを作成してモデル駆動型アプリに組み込む ······ 285
ダッシュボードを作成する ······ 285
ダッシュボード上段にグラフを追加する ······ 289
ダッシュボード下段にビューを追加する ······ 294
Column 作成したグラフを個別に利用してデータ分析する方法 ··· 297
Column ソリューションとは ······ 300

索引 301
執筆者紹介 306
監修者紹介 307

Part 1

基本編

Power Appsによるアプリ開発を始めるための前準備として、本Partでは「Power Appsでは何ができるのか」「利用環境はどのように準備するのか」「アプリ開発の基本的な流れ」について説明しています。高度なアプリを開発するためにも、まずはしっかりと基礎を押さえておきましょう。

Chapter 1 Power Apps入門

1-1 Power Appsでできること

「Power Apps」とは、プログラミングやシステム開発などの専門知識がない人でも、簡単にアプリが作成できる開発ツールです。特に、Power Appsの「キャンバスアプリ」機能では、PowerPointのスライドを作るような感覚で、アプリをすばやく作成できます。ボタンや入力フォームなどのパーツをドラッグ&ドロップで画面に並べ、Excelのように関数を入力して動作を指定するだけです。このため、ITの難しい知識は不要です。

今までは業務アプリをひとつ開発するにも、ITベンダーに依頼し、数ヵ月以上の期間と高額の開発費用が必要でした。また、システム開発にありがちな「こちらの要望と違うシステムが納品されてしまった……」という事態が発生し、不便を感じながらも我慢して使い続けなければならない場合もあります。

一方でPower Appsは、業務を理解している現場の社員自らがアプリを作成するので、業務にフィットするという観点で最適です。また、日本企業に浸透しているOffice 365製品のPowerPointやExcelを使う感覚でアプリを作成できるので、プログラミング言語を新たに習得するよりも、アプリを開発できるようになるまでの学習時間が抑えられます。

このため、Power Appsを活用すると、現場主義で簡単にアプリをすばやく作成できるので、社内の業務効率化はもちろん、DX推進にもつながります。実際に、現場の社員によって作成されたPower Appsのアプリが、現場の業務改善やビジネス拡大に活用されています。活用事例として以下が挙げられます[注1.1]。

- 事例①：建設

　新卒1年目の社員が3週間でPower Appsを活用したモバイルアプリを開

注1.1) https://customers.microsoft.com/ja-jp/home

発・導入。建設現場の不具合箇所を、現場でスマートフォンを使って即座に登録し、グループ共有と進捗管理ができるようにした。今までは紙を使って手作業で行っていた作業がアプリで可能になり、かかっていた時間が1時間から5分に短縮され、約5億円もの価値を創出した

- 事例②：食料品メーカー

  Power Appsを活用したモバイルアプリを約25時間で開発・導入。営業担当者が商談に出向いた際、取引先から商品情報の提供を依頼された場合、担当者が手元のスマートフォンを使って確認し、その場で回答できるようにした。また、製造、販売、在庫などの業務を、パソコンを使わなくてもスマートフォンやタブレットで行えるようになり、業務効率の向上につながった

- 事例③：小売

  既製のSFA(営業支援システム)製品の定着・活用が進まない課題の解決に向けて、Power Appsのキャンバスアプリを活用し、現場が使いやすいシンプルな業務アプリを開発・導入。機能を現場が必要とするものだけに絞ったことで現場の営業管理が楽になり、導入済みのSFA製品と比較して大幅なコスト削減にもつながった

このように、業界や業種、企業規模にかかわらず、現場DXを推進するデジタルソリューションとして、Power Appsはさまざまなビジネスシーンで利用されています。

1-2　Power Appsのアプリ開発で利用できるサービス

Power Appsは「Power Automate」「Power BI」「Power Virtual Agents」「Power Pages」とともに「Power Platform」を構成するサービスの1つで、アプリの表示画面や操作方法の作成を担うものです(図1-1)。

▼図1-1　Power Platformのサービス群

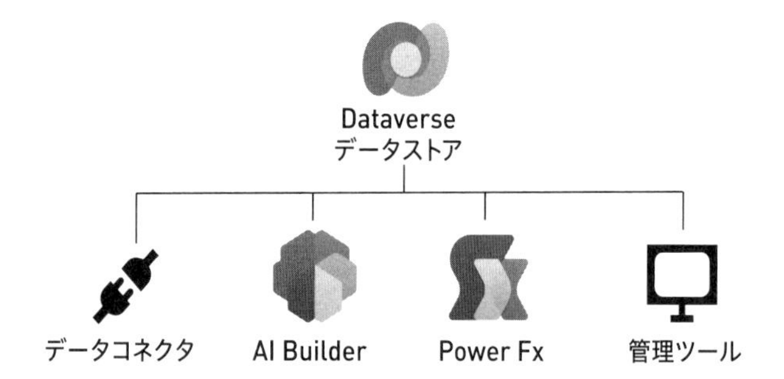

Power Platformの各サービスの立ち位置は図1-2のとおりです。

本書で扱うサービスの範囲はPower Appsのキャンバスアプリ・モデル駆動型アプリ、Dataverseになります。

Power Appsのキャンバスアプリ、モデル駆動型アプリでは、モバイルアプリやWebアプリを作成できます。作成したアプリはスマートフォン・タブレット・パソコンなどのデバイスで利用でき、社内向けの業務効率化アプリとしてさまざまなビジネスシーンで活用できます。

▼図1-2 Power Platformのサービスの関係

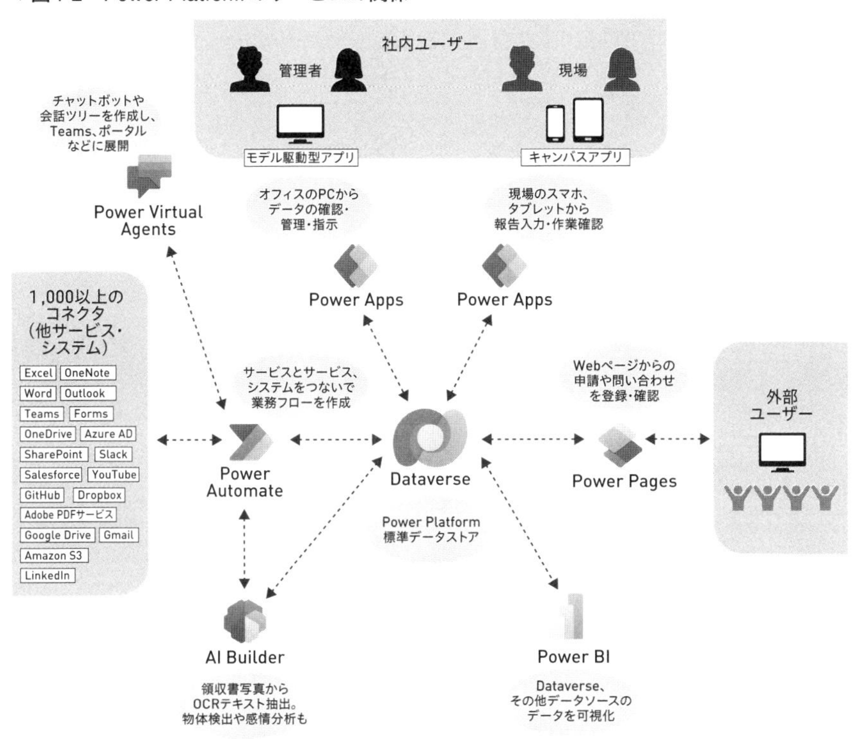

キャンバスアプリ

キャンバスアプリはスマートフォンやタブレットで使うモバイルアプリの作成に適しているため、現場の最前線で活躍する社員の業務効率化を目的としたアプリを作成するのにおすすめです。

まだ紙で行われている業務、作業効率が悪い業務は社内にたくさん潜んでいます。たとえば工場など、作業場が広くパソコンの台数が限られている環境の場合、何か情報を入力したり見たりするときに煩雑さが生じてしまいます。また、社外に出る機会が多いと、中々パソコンを開けず、「会社に進捗報告をしたい」「報告書を提出したい」などの作業時間が取れません。これらの作業がスマートフォンやタブレットで可能になれば、時間を有効に活用できると同時に、デジタルデータとして蓄積され可視化も容易になります。

キャンバスアプリには、デザインをある程度自由に決められるという特徴があるので、アプリの画面や機能を使う人(現場の人)の要望に合わせやすく、スマートフォンやタブレットなどのモバイルアプリも作成できます(画面1-1)。

▼画面1-1

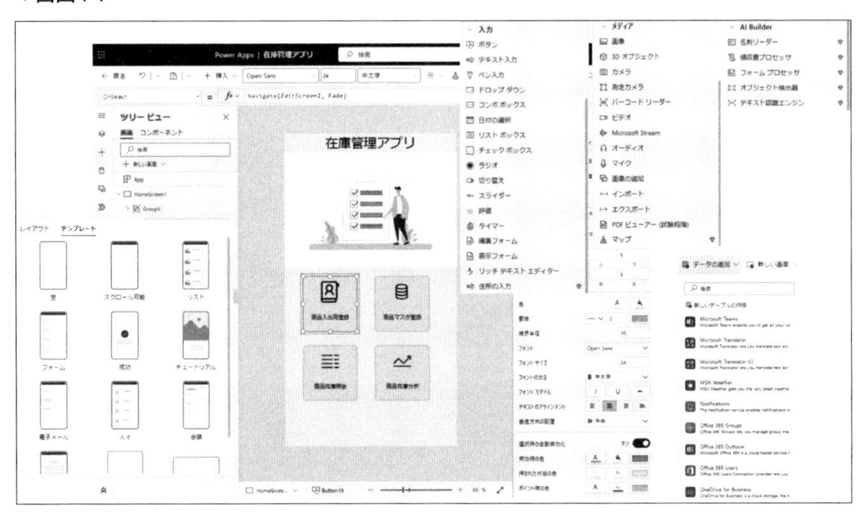

モデル駆動型アプリ

主にオフィスでパソコン作業を行う事務員、管理者向けのアプリを作成するのにおすすめです。

WordやExcelとの連携が可能で、データの一覧表示・登録・変更・削除の機能が標準搭載されています。そのほか、入力ミスや入力漏れを防ぐ機能、大量のデータから必要なデータをすばやく見つけ出すフィルタや検索機能なども備わっているので、ヒューマンエラー防止や作業時間の短縮につながります。

また、ビジネスプロセスを定義して業務フローを標準化することで、申請や報告連絡系の業務の手続き処理を円滑にします。

モデル駆動型アプリには、Excelや紙などでバラバラに管理していたデータを一元管理し、効率良く管理できる状態にする機能があるので、生産性の向上による残業時間や工数削減、紙の費用削減・ペーパーレス化などの大きな効果を生み出すことができます(画面1-2、1-3)。

▼画面1-2

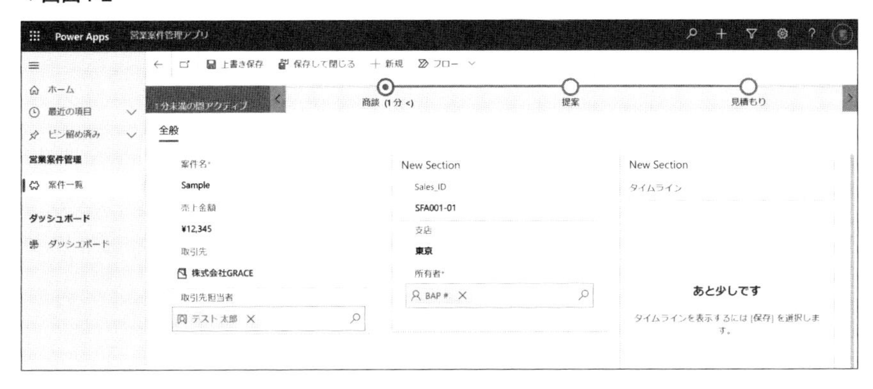

▼画面1-3

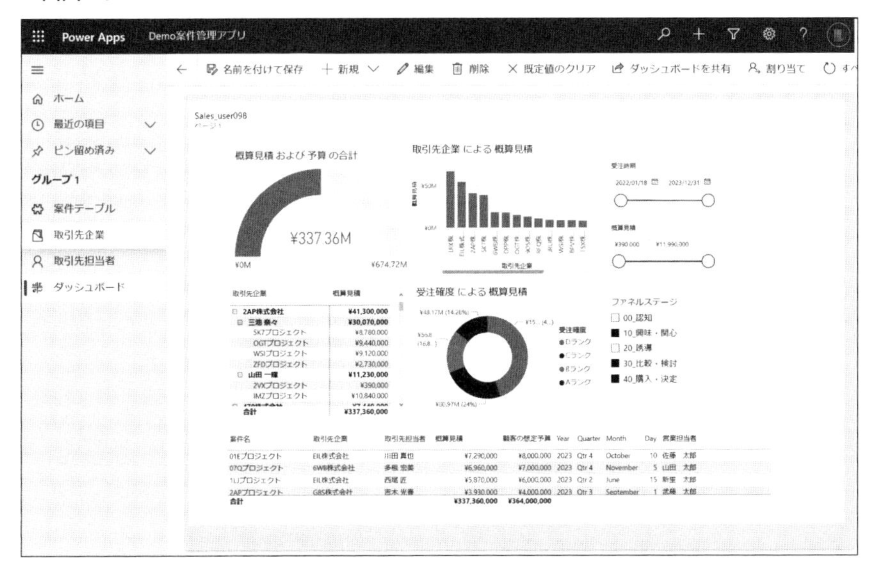

Dataverse

Power Appsではデータを安全に保存し、管理する場所として「Dataverse」が用意されています。Dataverseとは「クラウド上で提供される高性能のSaaSデータベース」で、大規模システムにも使われている堅牢かつ安全なデータベース製品を、ノーコード・ローコードで扱えるようにしたものです。

また、DataverseはPower AppsやPower AutomateなどPower Platformの各サービスと連携しての運用が可能です(図1-3)。

▼図1-3　DataverseとPower Platformの連携

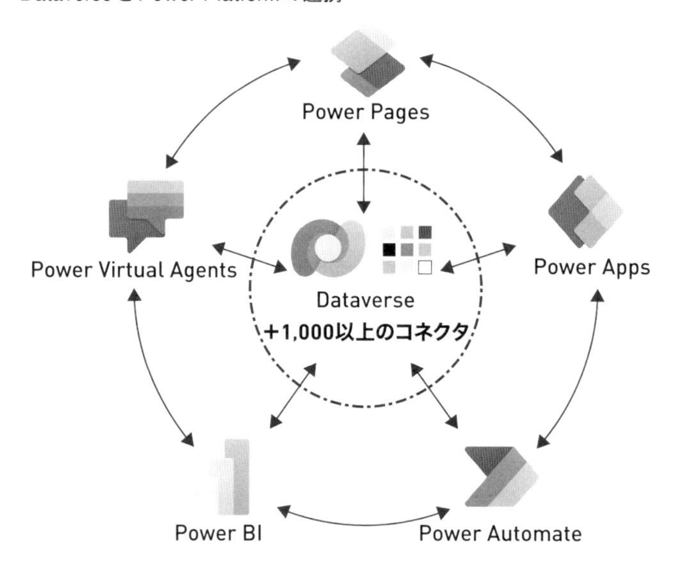

さらに、操作ミスで数百件のデータを削除、あるいは大量のデータを挿入してしまった場合でも、自動バックアップで元の状態に復元できます。

Dataverseにはプログラミングやシステム開発などの専門知識がない人でも使いやすい工夫が多く施されています。たとえば、従来のデータベースではテーブルの作成、あるいはテーブルに格納するデータの登録・更新・削除にはSQLの知識や専門のソフトウェアが必要でした。Dataverseを活用すれば、テーブルの作成、データのインポート、セキュリティの設定などをブラウザ操作で行えます。

Chapter 2 アプリ開発環境の準備

2-1 Power Appsのアプリ開発の始め方

Power Appsのアプリ開発には、2種類の始め方があります。

- Microsoft 365開発者プログラムに包括されるPower Appsを使用する
  キャンバスアプリでのアプリ開発が可能
- Power Apps開発者プランを使用する
  キャンバスアプリ、モデル駆動型アプリを含むすべての機能を使用したアプリ開発が可能

本Chapterでは独立した試用環境と開発に必要なすべての機能を有効化した開発環境を作成するために、「Microsoft 365開発者プログラムとPower Apps開発者プラン」を併用したアプリ開発環境を準備する手順を説明します。

各サービスのサインアップおよびアクティベートを行うと、「テナント」という専用の開発環境が作成され、同時に「Azure Active Directory」と呼ばれるMicrosoft Azureの統合ID管理サービスが自動的にセットアップされます。このAzure Active Directoryは、サインアップしたユーザーのID、パスワード、名前や所属部署などのプロファイル、保有しているプラン(ライセンス)、権限を管理するサービスです。

Microsoftのクラウドサービスにアクセスする際は、Azure Active Directoryによる認証・認可が行われます。認証・認可を経たユーザーIDは、割り当てられたプランと権限に基づいたサービスにアクセスできるようになります。Power Apps、Dataverseのほか、Microsoft 365もAzure Active Directoryによる統合IDで管理されているため、異なるサービス間でもシングルサインオンでシームレスに相互アクセスできます。

また、サービスへのアクセスは、スマートフォン・タブレット・パソコンな

など、どのデバイスでも共通したアクセス方法で提供されています(図2-1)。

詳細はMicrosoft公式サイト[注2.1]を参照してください。

▼図2-1　Power Appsの利用環境

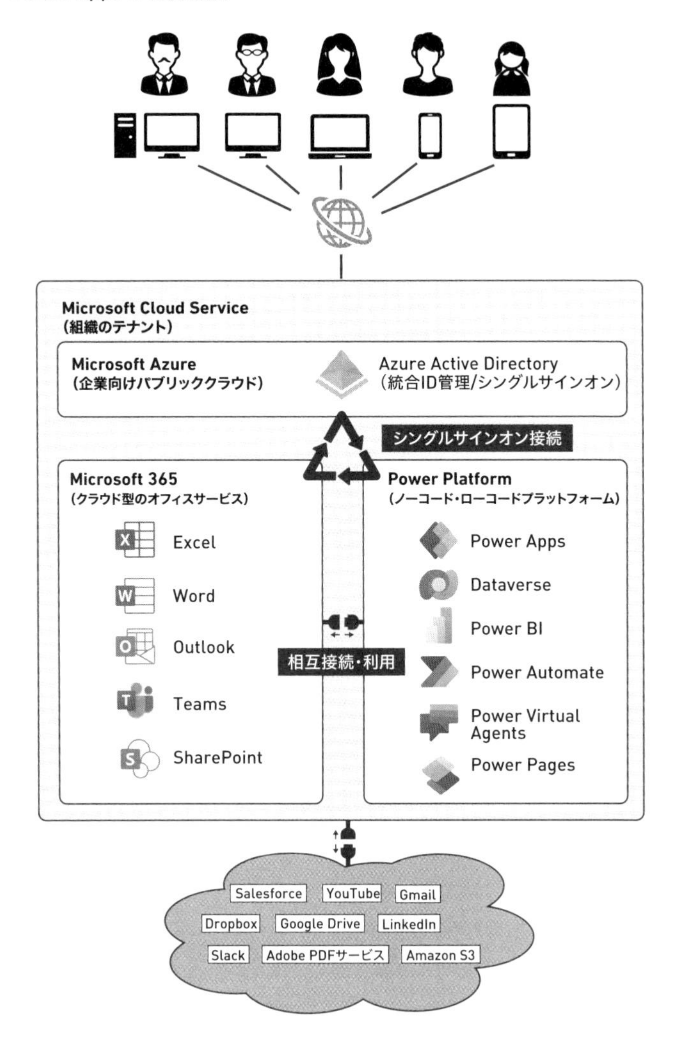

注2.1) Microsoft Learn - Power Platform - 開発者アカウント環境を作成する
https://learn.microsoft.com/ja-jp/power-platform/developer/create-developer-environment?source=recommendations

2-2　サインアップが必要なサービス

本書で紹介するアプリ開発をすべて体験するためには、「Microsoft 365開発者プログラム」「Power Apps開発者プラン」のサインアップが必要です。開発者プログラムや開発者プランとは、一定の期間無料でサービスを利用できるライセンスを指します。試用期間中は各サービスのすべての機能を試すことができます。

Microsoft 365開発者プログラム

この開発者プログラムでは、Microsoftのクラウド型オフィスサービス(表計算ソフトのMicrosoft Excel、オンラインドキュメント共有のSharePointをはじめとしたサービス群)のすべての機能を利用できます。本書で紹介するPower Appsのアプリ開発の中では、Excelのサンプルデータを使用し、Dataverseにデータを取り込むためにこの開発者プログラムを使用します。

Power Apps開発者プラン

この開発者プランは、ノーコード・ローコードで誰でも簡単にビジネスアプリを作成できるPower Apps、業務プロセスの自動化を実現するPower Automateのすべての機能が試用できます。また、Power Appsの標準データ保存領域のDataverseも付帯されているため、アプリ開発・業務プロセスの自動化・データ保存まで包括した開発体験ができるプランです。

なお、本書ではPower Automateは解説していません。

2-3 Microsoft 365開発者プログラムのサインアップ

試用版ライセンスのサインアップおよびそれを利用したアプリ開発では、職場で通常使用するものとは異なるユーザーIDでサインインしたブラウザ、またはゲストモードのブラウザを利用してください。これにより、通常使用とアプリ開発のブラウザを分離し、ID競合による想定外の事象を回避できます。

Microsoft 365開発者プログラムのWebサイト[注2.2]にアクセスして[Join now]をクリックします(**画面2-1**)。

▼画面2-1

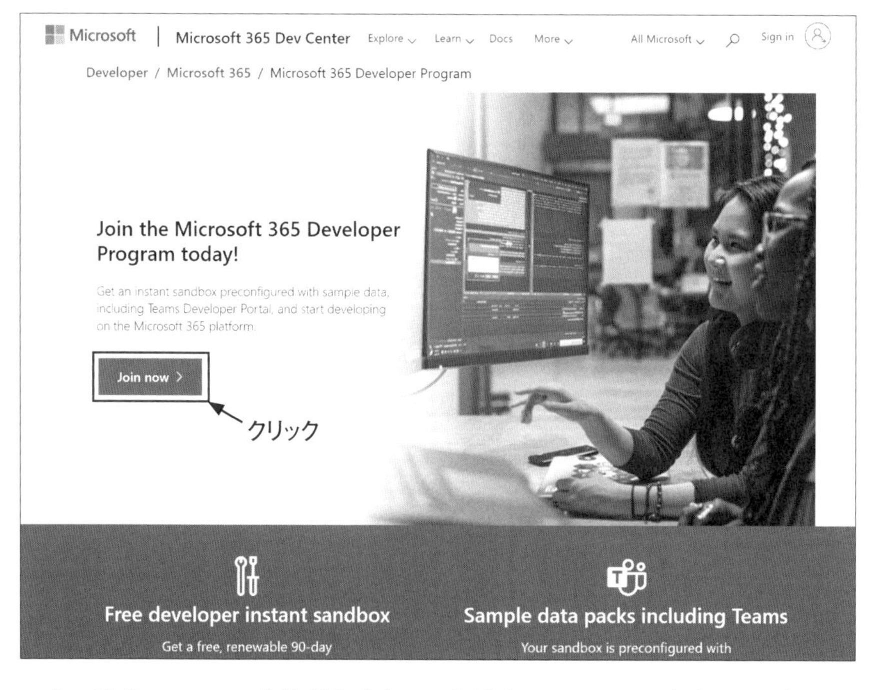

次に挙げるアカウント情報を入力して[次]をクリックします(**画面2-2**)。

- 組織のメールアドレス
- パスワード

注2.2) https://developer.microsoft.com/ja-jp/microsoft-365/dev-program

▼画面2-2

次に挙げる利用者情報を入力して[Next]をクリックします(**画面2-3**)。

- Country/Region(国または地域)
- Company(会社名)
- Language preference(言語の設定)

▼画面2-3

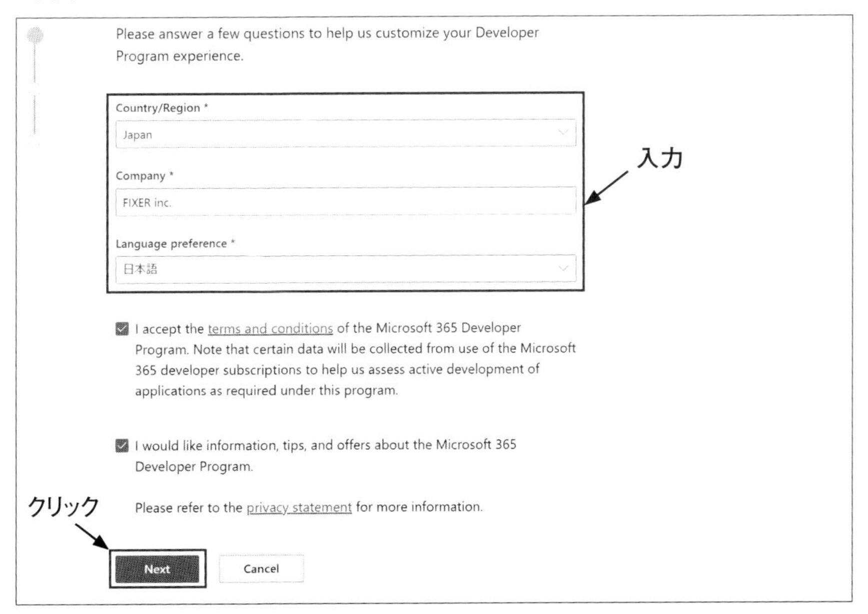

Microsoft 365開発者プログラムのアンケート画面が表示された場合、任意の回答をして[次へ]をクリックします。執筆時点では以下2つのアンケートが表示されます。

- What is your primary focus as a developer?(開発者としての主な焦点は何ですか？)
- What areas of Microsoft 365 development are you interested in?(Microsoft 365 開発のどの分野に関心がありますか？)

すべての機能を試用できる[Instant sandbox](インスタントサンドボックス)を選択し、[Next]をクリックします。(画面2-4)。

▼画面2-4

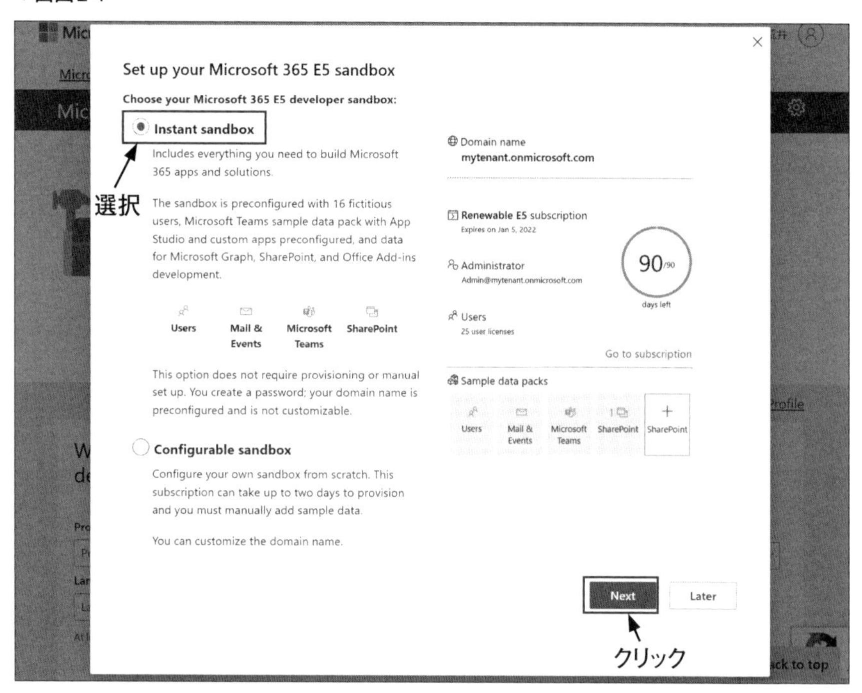

次に挙げる環境情報を入力して[Continue]をクリックします(画面2-5)。

- Country/region for your data center(データセンターの国／地域)：North

America (United States -CA)

- Admin username(管理者のユーザー名):任意の文字列
- Admin password(管理者のパスワード):任意の文字列
  15〜20文字で、アルファベット大文字と小文字、数字、および「@ # $ % ^ & * - _ ! = [ ] { } | :」の記号のうち1つ以上を含める必要があります

▼画面2-5

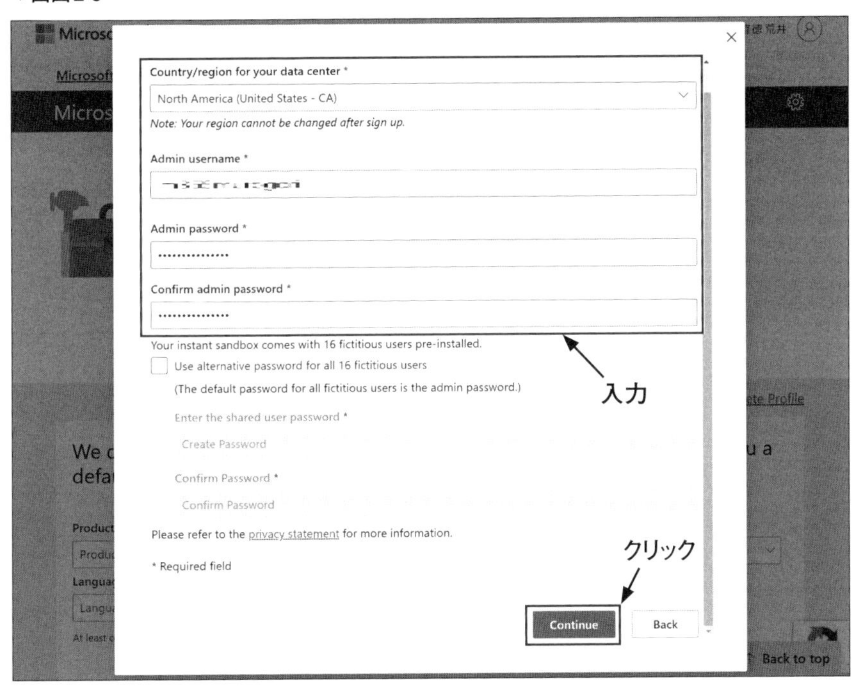

次に挙げるセキュリティ情報を入力して[Send Code](コードを送信)をクリックし、送信されたコードの認証を行います。認証完了後、[Set up](設定)をクリックします(画面2-6)。

- Country code(国コード):Japan (+81)
- Phone number(電話番号):SMS受信可能な電話番号

▼画面2-6

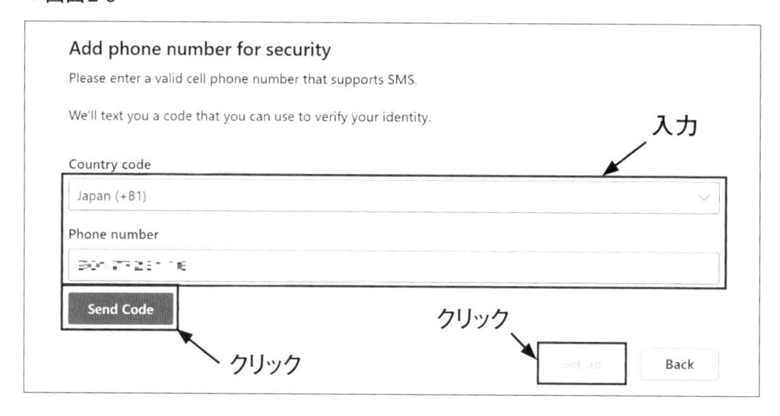

これでMicrosoft 365開発者プログラムのサインアップは完了です。表示されたユーザーID（メールアドレス）は、サインアップした試用環境の管理者権限を持っています。このあとに続く各種サインアップもこのユーザーIDを利用します（**画面2-7**）。

▼画面2-7

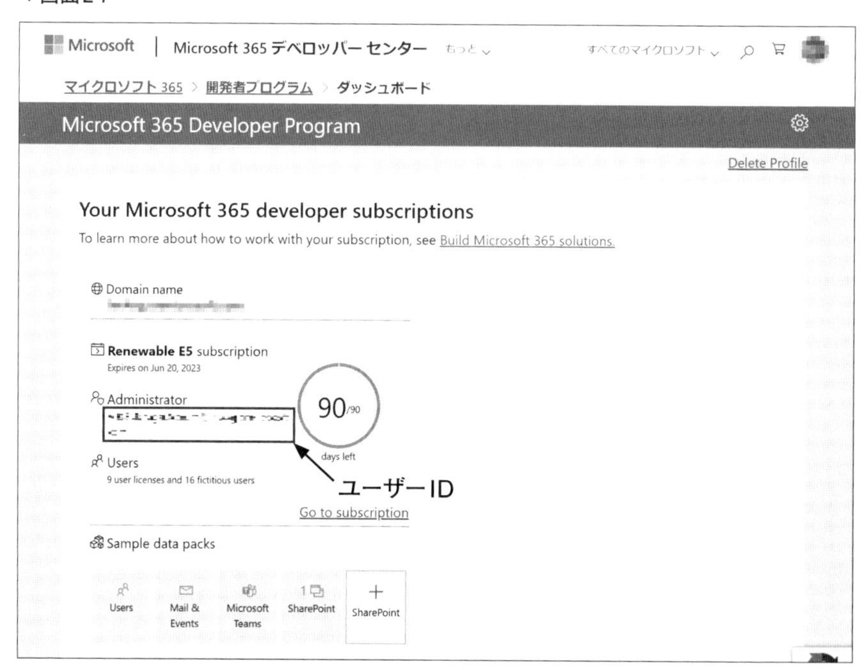

また、次回以降は、Microsoft 365サインイン画面[注2.3]にアクセスすれば、クラウド型のオフィスサービスが利用できます。

2-4　二段階認証の使用を無効化する

前述のとおり、ここまでの手順でテナントという専用の開発環境が作成され、同時にAzure Active Directoryが自動的にセットアップされています。

Azure Active Directoryではセキュリティ脅威に対する防御策として二段階認証の強制がデフォルトで設定されています。これによりセキュリティが確保できる半面、試用環境での開発検証時においても都度二段階認証が発生するため、不便に感じる方は二段階認証(Authenticator)を無効化することもできます。

本節の手順は任意ですが、本書では二段階認証を無効化した前提で手順を説明します。

Microsoft Azure portal[注2.4]にアクセスして[サインイン]をクリックします(**画面2-8**)。

▼画面2-8

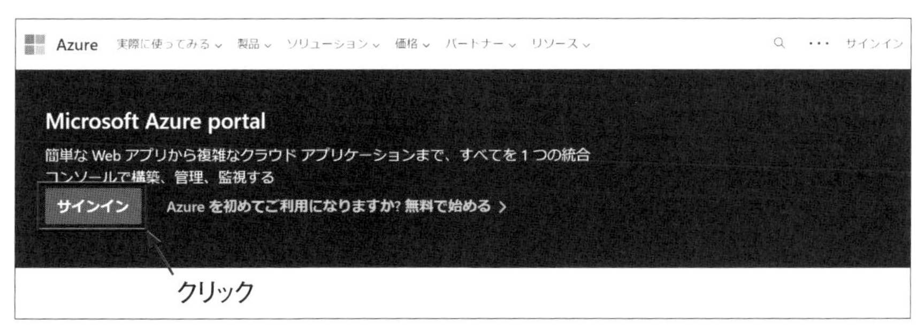

次に挙げるアカウント情報を入力して[次へ]をクリックします(**画面2-9**)。

注2.3) https://www.office.com/
注2.4) https://azure.microsoft.com/ja-jp/get-started/azure-portal

- Microsoft 365開発者プログラムでサインアップしたメールアドレス
- パスワード

▼画面2-9

二段階認証の要求画面が表示されますが、[後で尋ねる]をクリックし、二段階認証設定をスキップします(画面2-10)。

▼画面2-10

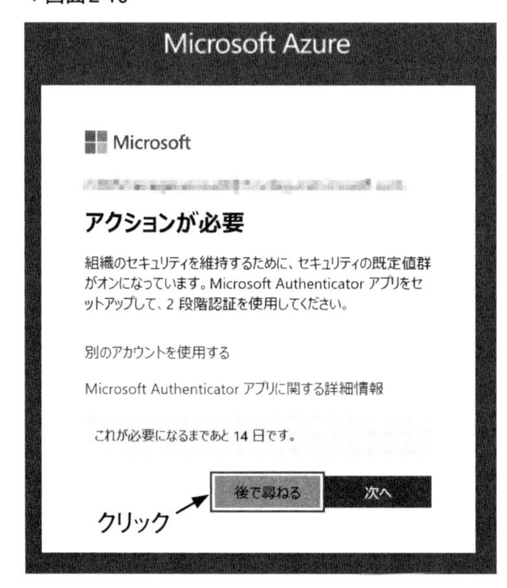

［Microsoft Azureへようこそ］画面の［後で行う］をクリックし、スキップします（画面2-11）。

▼画面2-11

［Azure Active Directoryの管理］⇒［ビュー］をクリックします（画面2-12）。

▼画面2-12

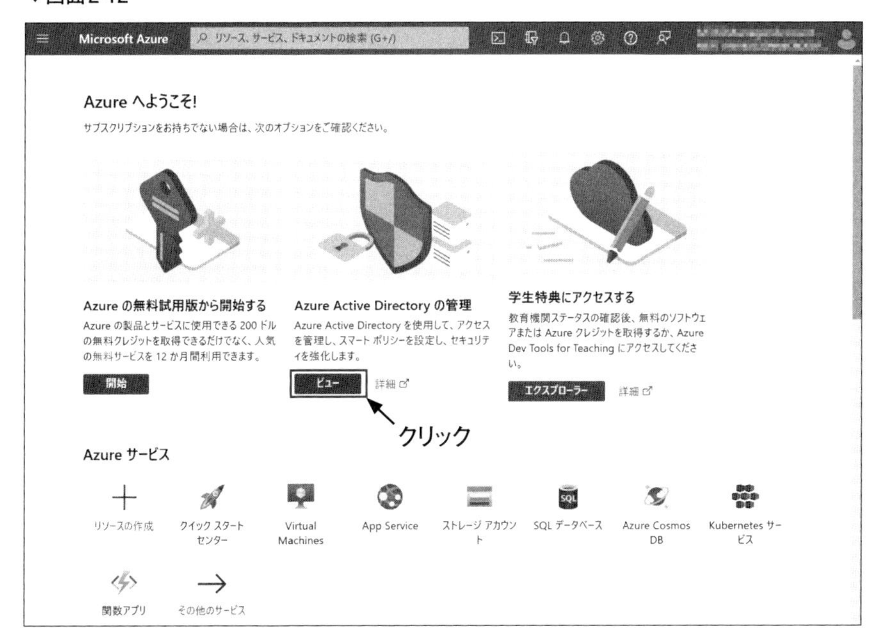

［プロパティ］⇒［セキュリティの既定値の管理］をクリックします（画面2-13）。

▼画面2-13

［セキュリティの既定値群］を［無効］に変更し、無効にする理由（例では［サインイン情報の多要素認証チャレンジが多くなり過ぎる］）を選択して［保存］をクリックします（**画面2-14**）。

▼画面2-14

無効化の確認画面で[無効化]をクリックします(画面2-15)。

▼画面2-15

Azure Active Directoryの二段階認証設定の無効化が完了しました。次回以降のアクセスでは二段階認証の要求画面が表示されなくなります。

二段階認証設定を有効化するときは、本手順を参考に[無効]を[有効]に変更することで設定を戻すことができます。

2-5　Power Apps開発者プランのサインアップ

Power Apps開発者プランのWebサイト注2.5にアクセスして[無料で始める]をクリックします(画面2-16)。

注2.5) https://powerapps.microsoft.com/ja-jp/developerplan/

▼画面2-16

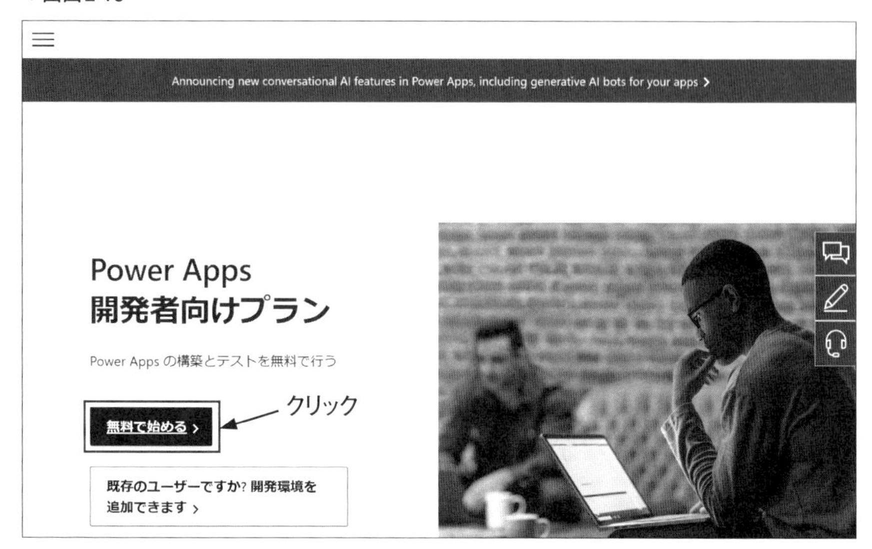

Microsoft 365開発者プログラムでサインアップしたメールアドレスを入力して[次へ]をクリックします(画面2-17)。

▼画面2-17

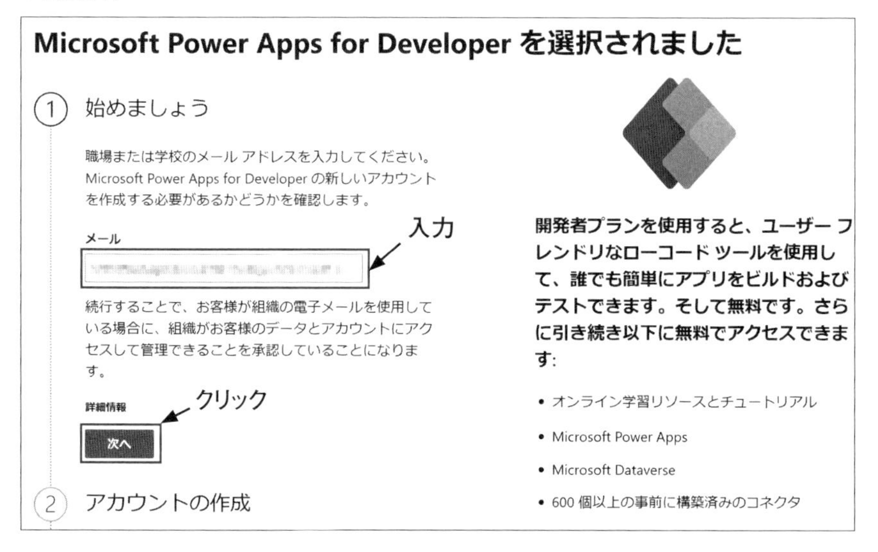

[サインイン]をクリックします(画面2-18)。

▼画面2-18

次に挙げる利用者情報を入力して[作業の開始]をクリックします(画面2-19)。

- 国または地域
- 勤務先の電話番号

▼画面2-19

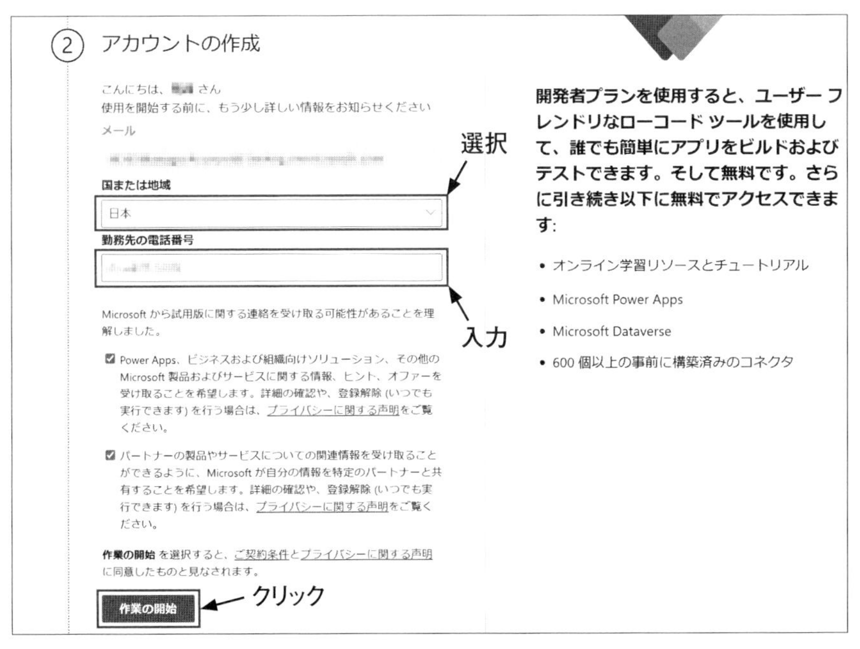

これでPower Apps開発者プランのサインアップが完了です。[作業の開始]

をクリックします(画面2-20)。

▼画面2-20

初回接続時のみ、画面2-21が表示されます。ここでは[×]をクリックして閉じます。

▼画面2-21

次回の接続からは、Power Appsメーカーポータル注2.6にアクセスすることでPower Appsのアプリ開発が可能です。

注2.6) https://make.powerapps.com/

Power Platformにおけるテナントと環境

「テナント」は、Microsoft 365やAzure Active Directoryを利用する組織のアカウントです。一方「環境」は、テナント内でアプリやデータを分離・管理するためのコンテナ(区画)のようなものです。テナントの中には複数の環境を作成・管理できます。Microsoft 365開発者プログラムをアクティベートすると、テナントが作成されると同時に既定の環境も作成されます。Power Apps開発者プランをアクティベートすると、追加で環境が作成されます。

Power Appsメーカーポータルを開き、画面右上の[環境 ○○○○]ボタンをクリックします。環境を選択するペインが開くので、切り替えたい環境を選択します(**画面2A-1**)。

▼画面2A-1

「○○○○ (default)」という名前の環境はMicrosoft 365開発者プログラムをアクティベートすると自動で払い出される環境です。「○○○○'s Environment」という名前の環境がPower Appsの開発者プランをアクティベートすると払い出される環境になります。本書は「○○○○'s Environment」の環境を使用していることを前提としています。

2-6　Dataverseのセットアップを確認する

前節で行ったPower Apps開発者プランのサインアップをすると、Power Appsの標準データ保存領域として利用できるDataverseのセットアップが自動的に始まります。15分ほど時間を置いてから、Dataverseのセットアップが完了したかを確認しましょう。

Power Appsメーカーポータルの[テーブル]をクリックし、画面上にサンプルデータのテーブルが表示されることを確認します(画面2-22)。

▼画面2-22

以上で、アプリ開発環境の準備は完了です。サインアップしたユーザーIDを使用して、Power Appsアプリ開発に進みましょう。

Chapter 3
アプリ開発の基本

3-1 アプリ開発の基本的な流れ

ここではPower Appsによるアプリ開発の基本的な流れを説明します。Power Appsはノーコード・ローコードで頭に浮かんだアイデアをそのまま形にできるというメリットがあります。しかし、思いつくままにアプリ開発を進めると、たとえば、データの容量や性能の観点からデータソースを変更する必要が生じる場合もあり、その結果、大きな手戻りを引き起こす可能性があります。

そのため、以下のポイントを事前に考えて、データソースおよびアプリ開発方法を検討する必要があります（図3-1）。

- アプリのユースケース（利用場所、利用者、デバイス）
- アプリで実現したい要件整理（やりたいことを具体的に列挙する）
- アプリで扱うデータの把握（種類、容量）

ただし、最初から精緻（せいち）な整理を目指すと思考が停止してしまい、アプリ開発の一歩が踏み出せなくなるので、この段階では参考程度にとらえてください。

また、事前に整理しても、後からカスタマイズしたい箇所が出てくる場合もありますが、Power Appsではさまざまなアレンジが可能なので安心してください。カスタマイズしたい部分が発生した場合は、開発の流れを思い出して整理した内容を都度アップデートしましょう。

▼図3-1　アプリ開発の流れ

例

❶ 達成したいこと 解決したいこと を考える

・紙ベースのレポート、情報管理、共有などの業務を減らしたい
・手作業のデータ化や集計を減らしたい
・社内、社外問わず、データを閲覧、管理できるようにしたい

❷ 利用者、利用時のシナリオを考えてアプリの構想を膨らませる

・営業担当者は、社外から営業結果を報告
・課長は、社内で営業報告を確認し、要約レポートを作成
・部長は、社内外のいずれかで要約レポートを確認し、承認
・購買担当者は、社内で要約レポートを基に複数システムにアクセスし照合、登録、受発注手続き

❸ 元データから現状を把握し、何を変えたら結果が変わるか検討する

・どんな種類のデータを扱うのか
顧客データ（テキスト、画像）／販売データ（テキスト）／製品データ（テキスト）／社員情報（テキスト、画像）／イベントレポート（画像、動画）など
・どれくらいのデータを管理するのか
量／頻度／保管期間

❹ アプリで生み出されるデータの保存先を選ぶ

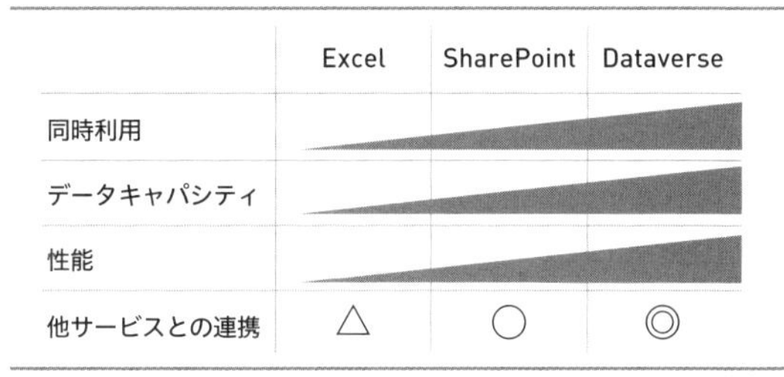

❺【オプション】データの保存先にDataverseを採択した場合、データモデリングを行い、データ関係と構造を整理する

1つの表ですべてのデータを管理すると、冗長なデータが増え性能面の悪影響が出たりデータ変更時の運用管理負荷が高くなったりするため、データモデリングでデータ構造を分解、最適化する

【データモデリングの作業イメージ】

<Before>

●と■の変更時は該当行すべてを変更

<After>

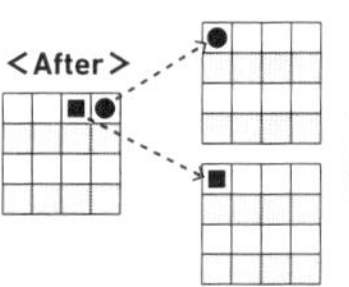

●と■の変更時は参照先の該当箇所のみ変更

❻ アプリ開発方法を選択し、スモールスタートでPower Appsアプリ開発をスタート。ステップ開発で機能を拡充させる

[Step1] アプリ開発方法を選択する（キャンバスアプリ、モデル駆動型アプリ）
[Step2] 最小機能の動くアプリを開発する
[Step3] 機能拡張（通知などの運用機能など）や利用者に合わせた形式（スマートフォン／タブレット／パソコン）のアプリを開発する
[Step3] 既存システムやAIなどを活用し、DXにつながるアプリに成長させる

3-2　データモデリング

図3-1の⑤のステップで必要になる「データモデリング」について解説します。

データモデリングにはさまざまな方法や考え方があります。共通しているのは「データを整理してシステムの中で扱いやすくする」という目的です。細かい用語や手法を無理して覚える必要はありませんが、どのような観点でデータを整理するのか、それによってどのようなメリットが得られるのかは押さえておきましょう。

データモデリングの方法

例として社員名簿を整理してみます。まずは、**表3-1**のようにExcelで管理している社員名簿があったとします。

▼表3-1　社員名簿の例

社員ID	名前	部署ID	部署名
Employee-1	青井	Department-1	開発
Employee-2	荒井	Department-1	開発
Employee-3	佐藤	Department-1	開発
Employee-4	末久	Department-2	営業
Employee-5	萩原	Department-2	営業

今回は「社員」と「部署」という部分に注目して整理してみます(**図3-2**)。

▼図3-2　「社員」と「部署」の関係

各社員はどこかの部署に所属しています。それぞれの要素に関連が深い列を

整理してみます。このとき、注目した要素を「エンティティ」と呼び、エンティティが管理している要素を「属性」と呼びます(表3-2)。

▼表3-2　エンティティと属性

エンティティ	属性
社員	社員ID、名前
部署	部署ID、部署名

エンティティと属性を図にしてみると図3-3のようになります。

▼図3-3　図3-2にエンティティと属性を追加

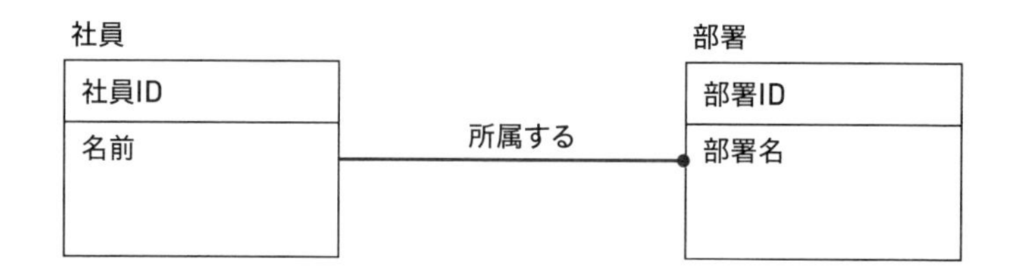

各エンティティの整理ができたので、次にエンティティ間の関係性について考えます。「社員」は「部署に所属する」という関係性があります。

ここで、社員と部署の関係性についてそれぞれの視点から見てみます。ある社員に注目したとき、その社員が所属する部署は1つだけです。一方で、ある部署に注目したとき、その部署に所属する社員は多数いる可能性があります。このような関係を「一：多」や「一：N」の関係があると表現します。先ほど整理したとおり、社員から見ると所属する部署は1つに定まるので、「社員」の属性として「部署ID」を持つようにします(図3-4)。

▼図3-4　図3-3の「社員」に部署IDを追加

このように、別のエンティティとの関係性を表現するために別のエンティティの属性を持つことを「リレーションシップ」と呼びます。

Excelテーブルで図3-4の構造を表すと表3-3、3-4のようになります。

▼表3-3　社員名簿の例

社員ID	名前	部署ID
Employee-1	青井	Department-1
Employee-2	荒井	Department-1
Employee-3	佐藤	Department-1
Employee-4	末久	Department-2
Employee-5	萩原	Department-2

▼表3-4　社員名簿から部署名の情報を切り出す

部署ID	部署名
Department-1	開発
Department-2	営業

分割されたテーブルのリレーションシップを線でつなぐと図3-5のようになります。

▼図3-5　テーブル形式のデータの要素

社員ID	名前	部署ID
Employee-1	青井	Department-1
Employee-2	荒井	Department-1
Employee-3	佐藤	Department-1
Employee-4	末久	Department-2
Employee-5	萩原	Department-2

部署ID	部署名
Department-1	開発
Department-2	営業

エンティティの関係性を表す図としてER図(Entity Relationship Diagram)を用いることがあります。エンティティの関係性を表す線に装飾を施すことで、どこが「一：多」の関係になっているのかが直感的にわかるようになっています。社員と部署の関係でいえば、社員が多になります(図3-6)。

▼図3-6　ER図で一：多を表現

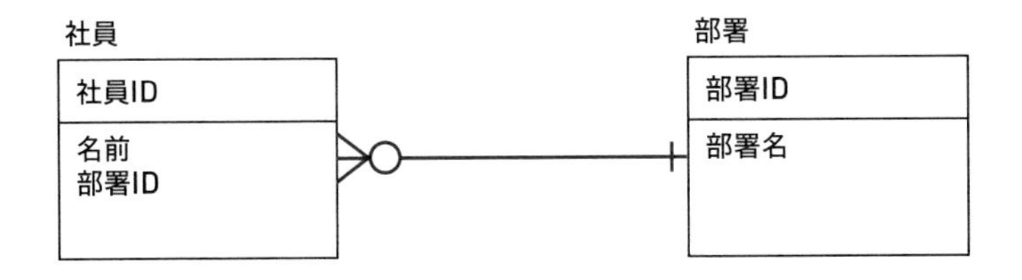

データモデリングのメリット

リレーションシップによってつながっている分割されたテーブルは、元の1つのテーブルに戻すことができます。1つのテーブルに結合できるのなら、なぜわざわざ分割をしたのでしょうか。メリットはさまざまありますが、ここではそのうちの1つである「重複の排除」について確認してみましょう。

「開発部門の名前をdevelopment部門に変更する」という状況が発生したとします。整理前のテーブルでは開発部門に所属するすべての社員の行を変更する必要があります(表3-5)。

▼表3-5 整理前：3行の変更が発生

社員ID	名前	部署ID	部署名
Employee-1	青井	Department-1	development
Employee-2	荒井	Department-1	development
Employee-3	佐藤	Department-1	development
Employee-4	末久	Department-2	営業
Employee-5	萩原	Department-2	営業

一方で整理後のテーブルでは変更が必要なのは1行だけです(表3-6、3-7)。

▼表3-6 整理後：こちらは変更なし

社員ID	名前	部署ID
Employee-1	青井	Department-1
Employee-2	荒井	Department-1
Employee-3	佐藤	Department-1
Employee-4	末久	Department-2
Employee-5	萩原	Department-2

▼表3-7 整理後：1行の変更で済む

部署ID	部署名
Department-1	development
Department-2	営業

また、整理前のテーブルでは変更に漏れがあった場合に矛盾した状態になる可能性があります(表3-8)。

▼表3-8　整理前：変更漏れ

社員ID	名前	部署ID	部署名
Employee-1	青井	Department-1	development
Employee-2	荒井	Department-1	開発
Employee-3	佐藤	Department-1	development
Employee-4	末久	Department-2	営業
Employee-5	萩原	Department-2	営業

一方で整理後のテーブルではこのような間違いは起こりようがありません。

このように、データモデリングを行うことで、データを扱うときに注意しなければいけないことが減り、自然と効率的なデータの管理・活用ができるようになります。

3-3　Dataverse入門

ここからは、Power Appsでのアプリ開発になくてはならないDataverseについて解説します。

Dataverseのテーブル形式とデータの種類

Dataverseではテーブル形式でデータを表現します。テーブル形式では列ごとにデータの種類が決まっており、1行が1件分のデータになります。1件分のデータのことを「レコード」と呼びます。また、列やその項目を指してそのまま「列」と表現することが多いですが、「カラム」と表現する場合もあります(図3-7)。

▼図3-7　テーブル形式のデータの要素

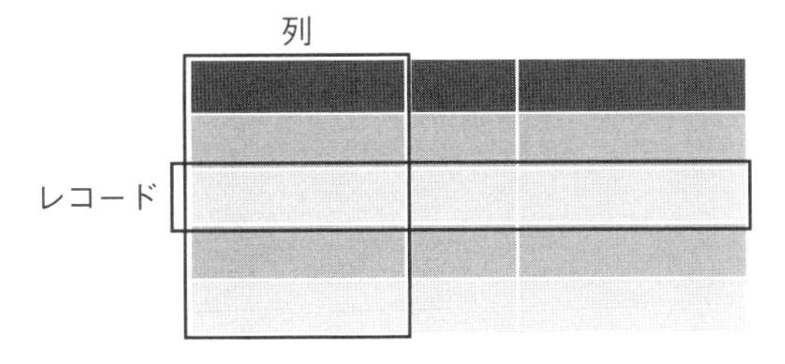

列ごとに設定するデータの種類を「データ型」と呼びます。表3-9にDataverseのデータ型の一例を示します。

▼表3-9　Dataverseのデータ型（一例）

データ型名	説明
整数、浮動小数点数	数字
テキスト	1行のテキスト
複数行テキスト	複数行のテキスト
はい／いいえ	2種類から選択する
選択肢	あらかじめ用意した選択肢から選択する
ファイル、画像	画像やその他ファイルを保存する
検索	他のテーブルを検索し、データを取得する
一意識別子	GUID（Column「GUID」参照）を使用したレコードを一意に識別するための型
オートナンバー	固定の接頭辞文字列に加え、連番か日付がついた文字列が自動で生成される型

GUID

「GUID」という形式を使用することで、データの重複を確実に避けることができます。GUIDは16バイトのランダムな数値で、16進数で「8桁-4桁-4桁-4桁-12桁」という形式で表されます（例：328bff66-fbdc-ed11-a7c6-000d3a85c1b2）。16バイトの数値は10進数で表すと「0」から「340,282,366,920,938,463,463,374,607,431,768,211,456」までの範囲を扱えるため、ランダムな値でも事実上重複することはありません。

Dataverseでは、通常、作成者が意識的に作成する必要のない列です。各テーブルには必ず1つの列が自動的に作成されます。その際、GUID列の表示名はテーブルの表示名と同じになります。

Dataverseでテーブルを作成する

実際にDataverseのテーブルを作成してみましょう。ここからは、例として備品の貸出管理を想定し、「備品テーブル」「貸出記録テーブル」の2つのテーブルを作成します。

◆ Webブラウザを操作してテーブルを作成する

まずは備品テーブル(表3-10、3-11)を作成します。

▼表3-10　備品テーブルの定義(スキーマ名：mstEquipment)

表示名	スキーマ名	データの種類	書式	必須
備品名 (プライマリ列)	equipmentName	1行テキスト (プレーンテキスト)	テキスト	必要なビジネス
保管場所	location	選択肢	ローカルな選択肢	必要なビジネス

▼表3-11　備品テーブル

備品名	保管場所
スピーカーA	四日市
モニターA	四日市
マイクA	四日市
マウスA	四日市
参考書A	東京
スクリーンA	東京

Power Appsメーカーポータルの[テーブル]をクリックします。さらに、[+新しいテーブル]⇒[+新しいテーブル]をクリックします(画面3-1)。

▼画面3-1

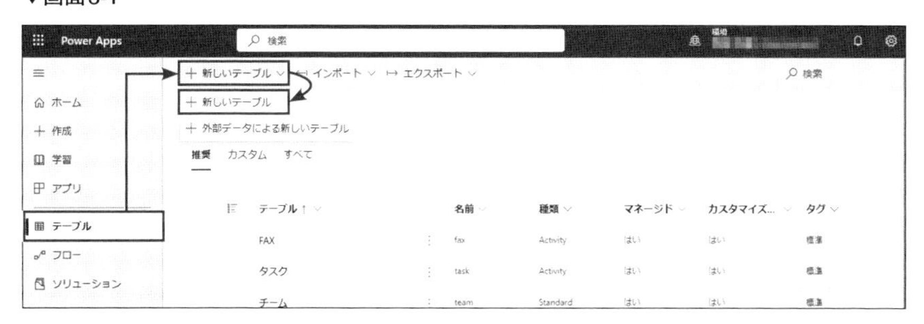

［プロパティ］の［表示名］と［複数形の名前］の両方に「備品」と入力します。表示名が英数字以外の場合は、［スキーマ名］をご自身で入力する必要があるので、［高度なオプション］をクリックして［スキーマ名］に「mstEquipment」と入力します（**画面3-2**）。

▼画面3-2

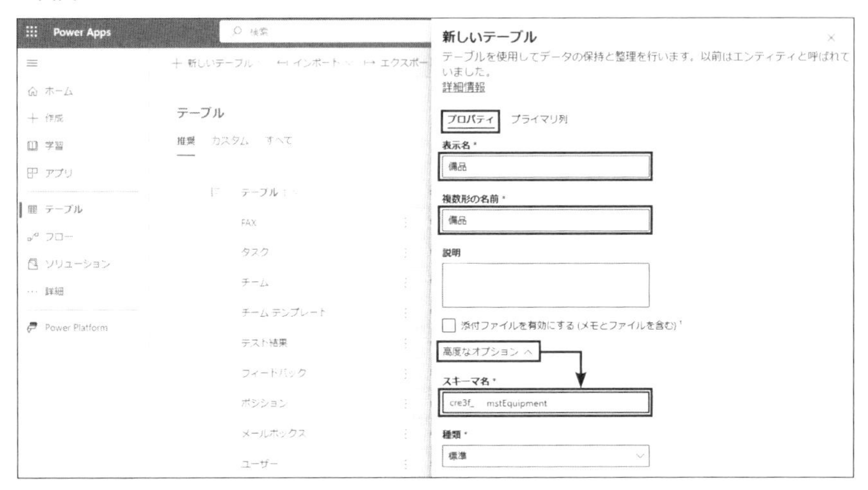

［プライマリ列］の［表示名］に「備品名」と入力し、［高度なオプション］⇒［スキーマ名］に「equipmentName」と入力します。残りの設定はすべて初期値のままで［保存］をクリックします（**画面3-3**）。

▼画面3-3

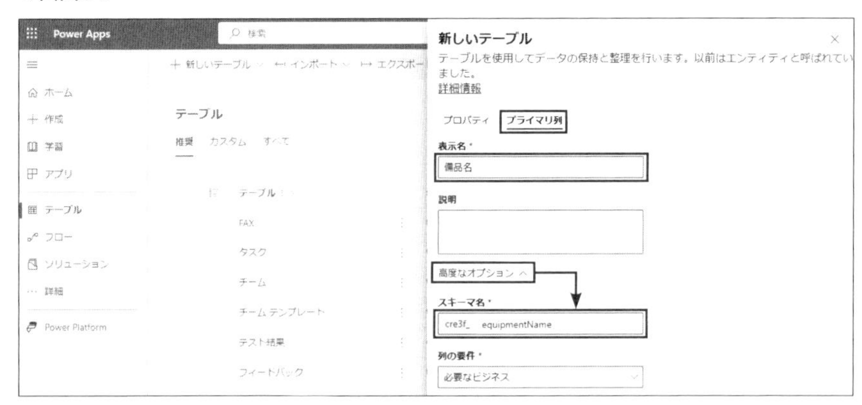

作成されたテーブルの中身を確認します。画面中段の[スキーマ]⇒[列]をクリックすると**画面3-4**のように表示されます。

▼画面3-4

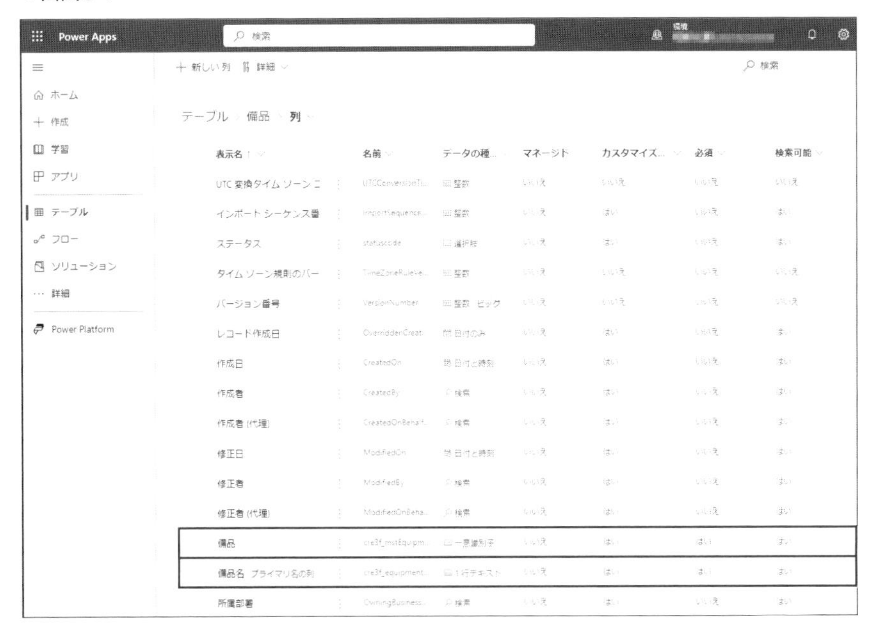

ご自身で設定した[備品名]という列以外にも多くの列が自動で作成されています。この自動で作成される列を「システム列」と呼びます。システム列はDataverseが正常に動作するのに必要なため、削除できません。

[備品]という列は[一意識別子]というデータ型で作成されています。Dataverseではテーブルの表示名と同じ名前で一意識別子型の列が作成されます。Dataverseにおける「一意識別子」はGUIDの値が自動で挿入されるデータ型になります。

プライマリ名の列：人間が見て行を特定しやすいラベル

➡ 1行テキスト、もしくはオートナンバー

一意識別子の列：システムが見て行を特定できるラベル

➡ 一意識別子(GUID)

次に「保管場所」の列を追加します。今回は、保管場所はあらかじめ決められているとし、[選択肢]を利用します。まずは画面左上の[新しい列]をクリックし、[表示名]に「保管場所」と入力し、[データの種類]⇒[選択肢]⇒[選択肢]と選択します(画面3-5)。

▼画面3-5

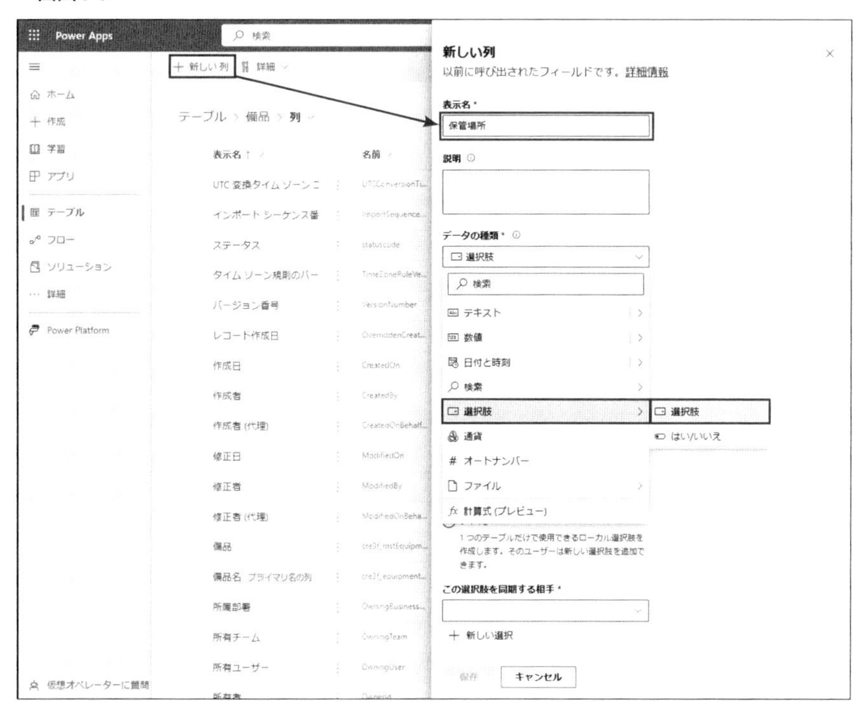

[グローバルな選択肢と同期しますか？]は[いいえ]を選択し、[選択肢(複数)]の中に選択肢を追加していきましょう(画面3-6)。今回は[ラベル]に「四日市」と「東京」、[値]に「1」と「2」を入力します([＋新しい選択]をクリックすることで入力欄が増えます)。[ラベル]はPower Appsアプリで選択するときに表示される名前、[値]に入力した数字は一部の関数で使われる内部的な名前です。[高度なオプション]⇒[スキーマ名]に「location」と入力し、[保存]をクリックします。

▼画面3-6

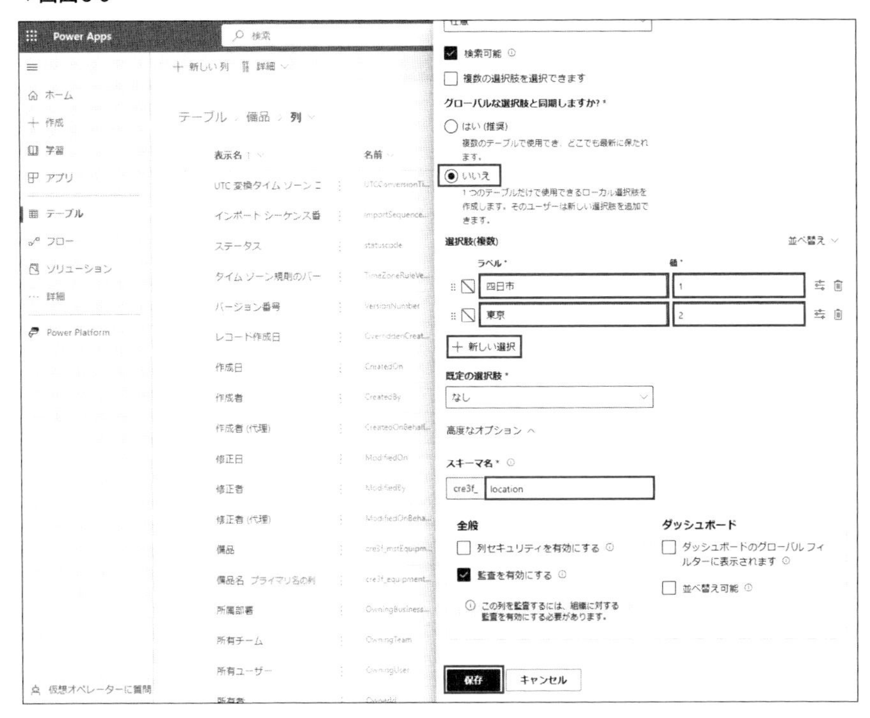

これで備品テーブルの作成は完了です。

グローバルな選択肢にするのはどんなとき?

「グローバルな選択肢」はテーブルとは別の部分に選択肢が保存されており、その選択肢を参照して利用するイメージです。そのため、複数のテーブルで同じ選択肢を使う場合に利用すると良いでしょう。

一方、グローバルな選択肢ではない選択肢のことを「ローカルな選択肢」と呼びます。ローカルな選択肢は紐(ひも)付いているテーブルの中でのみ使用できます。選択肢を1つのテーブルでのみ使用することがわかっている場合にはローカルな選択肢を利用します(**図3A-1**)。

▼図3A-1　グローバルな選択肢とローカルな選択肢

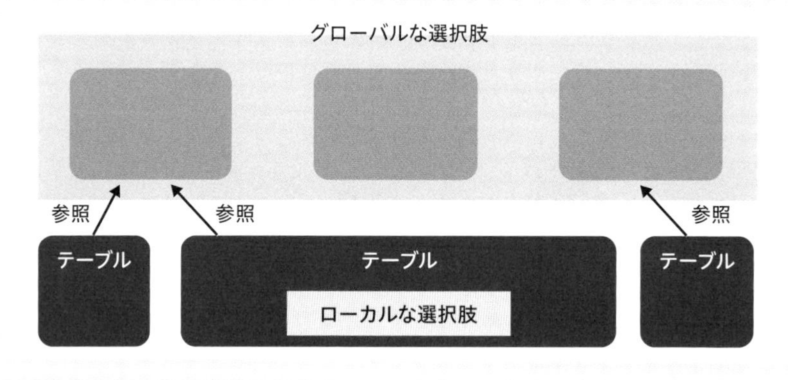

リレーションシップ

Dataverseでの「リレーションシップ」の表現方法について紹介します。リレーションシップの概念的な説明に関しては、Chapter 3-2を参照してください。今回は例として、貸出記録テーブル(**表3-12、3-13**)から備品テーブルへのリレーションシップを追加します。

▼表3-12　貸出記録テーブルの定義（スキーマ名：trnRentalRecord）

表示名	スキーマ名	データの種類	書式	必須
貸出記録ID（プライマリ列）	rentalRecordId	オートナンバー	—	必要なビジネス
メールアドレス	rentalMailAddress	1行テキスト（プレーンテキスト）	テキスト	必要なビジネス
備品	mstEquipment	検索（関連テーブル：「備品」）	—	必要なビジネス
貸出日	rentalDate	日付のみ	日付のみ	任意
返却日	returnDate	日付のみ	日付のみ	任意

▼表3-13　貸出記録テーブル

記録ID	メールアドレス	備品名	貸出日	返却日
Rental-1	sato@example.com	スピーカーA	2月7日	—
Rental-2	sato@example.com	モニターA	2月7日	—
Rental-3	sato@example.com	マイクA	2月7日	—
Rental-4	aoi@example.com	マウスA	2月8日	2月8日
Rental-5	hagi@example.com	参考書A	2月9日	—
Rental-6	arai@example.com	スクリーンA	2月10日	—

備品テーブルと同様の手順で、貸出記録テーブルを作成し、「メールアドレス」「貸出日」「返却日」の列を追加します（**画面3-7**）。

▼画面3-7

プライマリ列にオートナンバー型を設定する方法

貸出記録テーブルではプライマリ列に「オートナンバー型」の「記録ID」という名前の列を設定しています。「メールアドレス」や「備品名」のようなプライマリ列に適した列がないテーブルでは、オートナンバー型を使用しましょう。

プライマリ列はテーブル作成時にはテキスト型になりますが、後からオートナンバー型に変更することができます。貸出記録テーブルのトップ画面、もしくは列一覧画面から「貸出記録ID」の列の編集を開きます。[データの種類]を[オートナンバー]に変更し、[オートナンバーの種類]を[文字列が先頭に付加される数]、[接頭辞]を「Rental」、[最小桁数]を「4」、[シード値]を「1000」に設定し[保存]をクリックします(**画面3A-1**)。

▼画面3A-1

Dataverseではリレーションシップの列のデータ型は「検索」になります。貸出記録テーブルのトップ画面から[+新規]⇒[列]とクリックし、列の追加ペインを開きます。[表示名]に「備品」、[データの種類]に「検索」、[必須]に「必要なビジネス」、[関連テーブル]に[備品]、[スキーマ名]に「mstEquipment」と入力し、[保存]をクリックします(画面3-8)。

▼画面3-8

追加した列は、関連付けたテーブルから選択して値を追加することができます。このとき選択肢として表示されるのは、関連付けられたテーブルの「プライマリ列」の値になります。アプリから利用するときにはプライマリ列以外の列の値も参照して利用できるので、あくまでわかりやすさのためにプライマリ列が表示されていると認識しておきましょう。

Dataverseのテーブルにデータを追加する

作成したテーブルに実際にデータを追加してみます。ここでは2種類の方法を紹介します。

(1) Webブラウザで画面を操作して1つずつ追加する
(2) Excelを使ってコピー＆ペーストを用いてまとめて追加する

◆ Webブラウザで画面を操作して1つずつ追加する

例として備品テーブルにデータを追加します。備品テーブルを開き、画面上部の[編集]をクリック、[編集]もしくは[新しいタブで編集する]をクリックします。今回は例として[新しいタブで編集する]をクリックします(**画面3-9**)。

▼画面3-9

編集したい列が表示されていない場合は[その他の〜件]をクリックし、編集したい列にチェックを入れて[保存]をクリックします(**画面3-10**)。

▼画面3-10

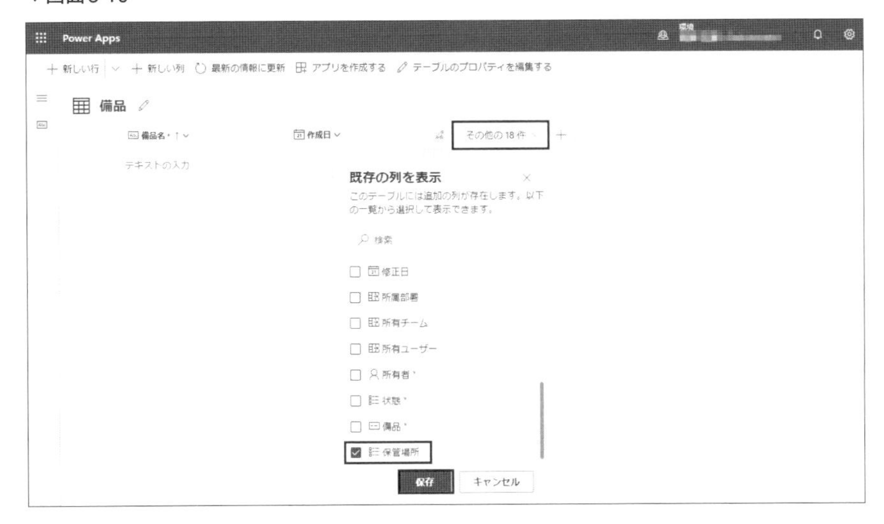

今回は[備品名][作成日][保管場所]の3つにチェックを入れます。

[備品名]に「スピーカーA」と入力します。続いて[保管場所]に[四日市]を選択します。保管場所は選択肢型なので、先ほど追加した選択肢の中から選ぶことができます(**画面3-11**)。

▼画面3-11

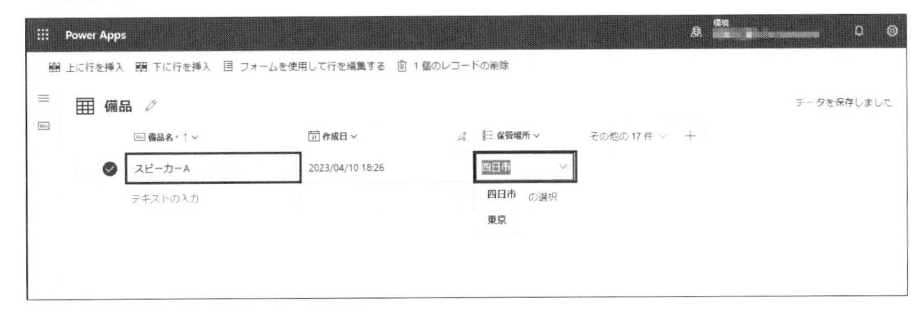

同じ手順でデータを何件か追加します。編集した内容は自動で保存されるので、画面右上に[データを保存しました]と表示されたらタブを閉じます。

◆ Excelを使ってコピー&ペーストを用いてまとめて追加する

備品テーブルを開き、[編集]⇒[Excelでデータを編集]をクリックします(画面3-12)。

▼画面3-12

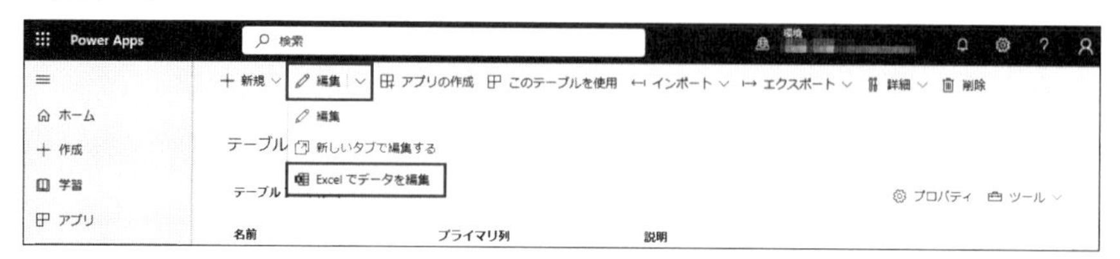

ダウンロードされるExcelファイルを開き、[編集を有効にする]をクリックします(画面3-13)。

▼画面3-13

初めてDataverseのテーブルをExcelで開いたときにはアドインの追加が必要になります。画面右側に表示されるメニューから[承諾して続行]をクリックします(画面3-14)。

▼画面3-14

[サインイン]をクリックするとブラウザが開くので、Dataverseにアクセスできるアカウントでサインインします(画面3-15)。

▼画面3-15

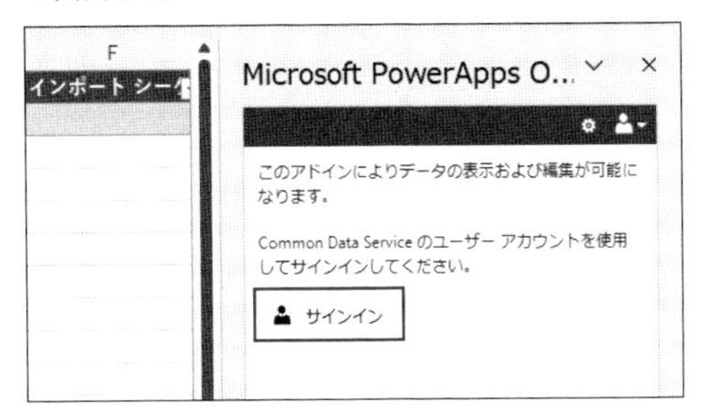

サインインすると、先ほどまで編集していたテーブルがExcelのテーブル上に表示されます。テーブルの一番下にペーストすることで、まとめてテーブルにデータを追加できます。必要なデータを追加した後、[公開]をクリックすると、その変更がDataverseに適用されます(画面3-16)。

▼画面3-16

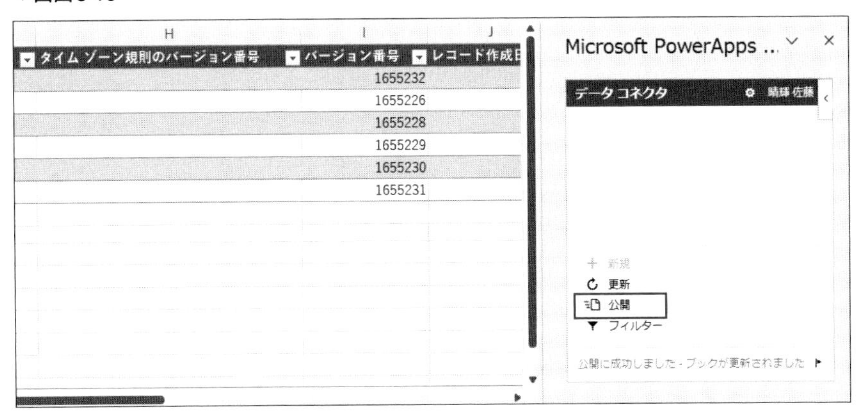

変更内容の適用が完了したら、Excelは閉じてかまいません。このときExcelファイルの変更を保存するかを問われますが、[保存しない]を選択します。

Chapter 3

Chapter 4 キャンバスアプリ開発の流れ

4-1 キャンバスアプリの作成方法

Power Appsで、ビジネスアプリをキャンバスアプリで作成してみましょう。キャンバスアプリの作成方法は3種類あります。

- 空のアプリから作成する
- データからアプリを自動作成する
- テンプレートから作成する

空のアプリから作成する

空のアプリから作成する場合は、ビジネスアプリの画面を一からデザインできます(画面4-1、4-2)。

▼画面4-1

▼画面4-2

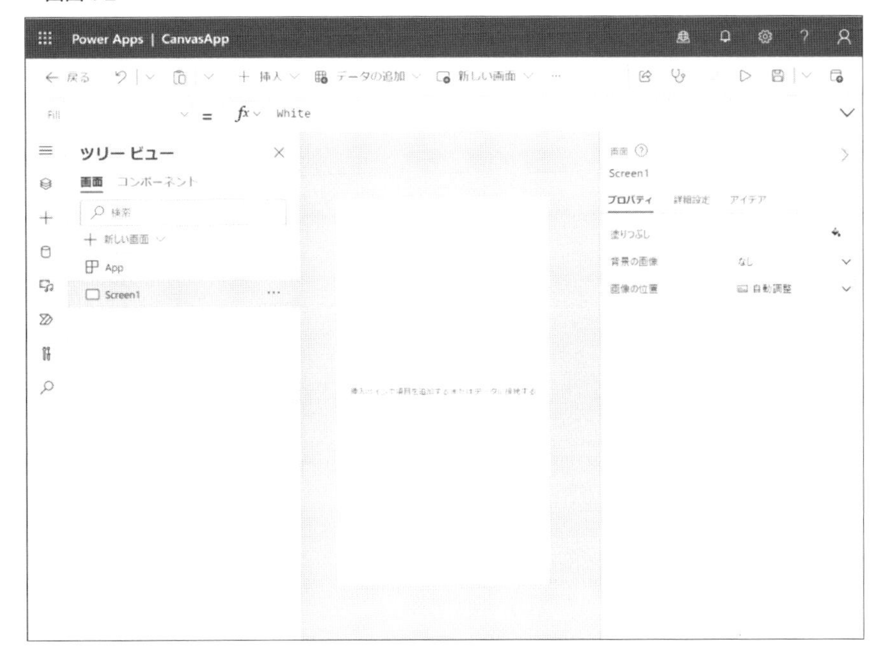

データからアプリを自動作成する

データからアプリを自動作成する場合は、読み込んだデータをもとにデータの一覧表示、登録、編集機能を有したモバイルアプリが自動作成されます(**画面4-3**、**4-4**)。

▼画面4-3

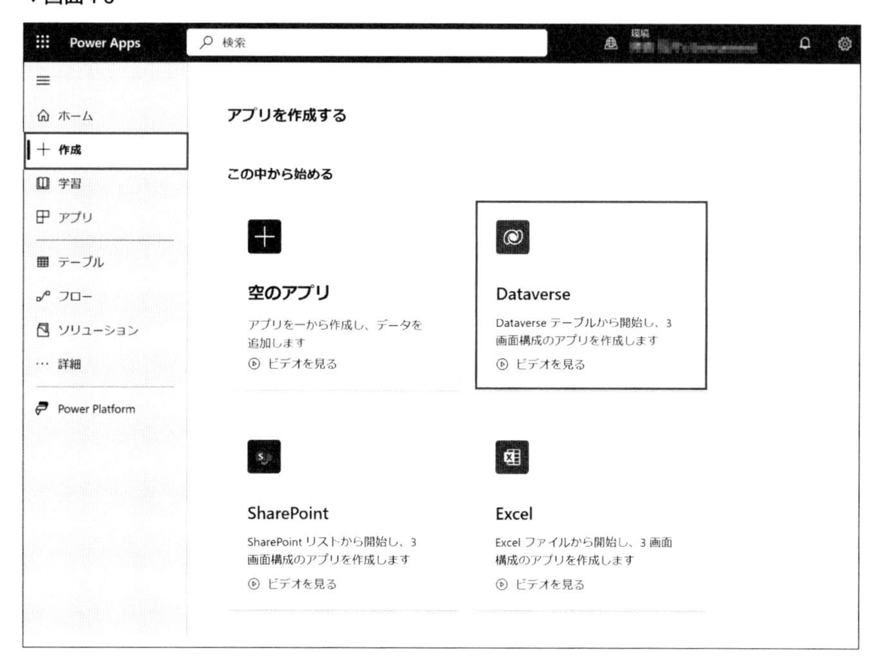
Power Apps
検索
ホーム
作成
学習
アプリ
テーブル
フロー
ソリューション
詳細
Power Platform
アプリを作成する
この中から始める
空のアプリ
アプリを一から作成し、データを追加します
ビデオを見る
Dataverse
Dataverse テーブルから開始し、3 画面構成のアプリを作成します
ビデオを見る
SharePoint
SharePoint リストから開始し、3 画面構成のアプリを作成します
ビデオを見る
Excel
Excel ファイルから開始し、3 画面構成のアプリを作成します
ビデオを見る

▼画面4-4

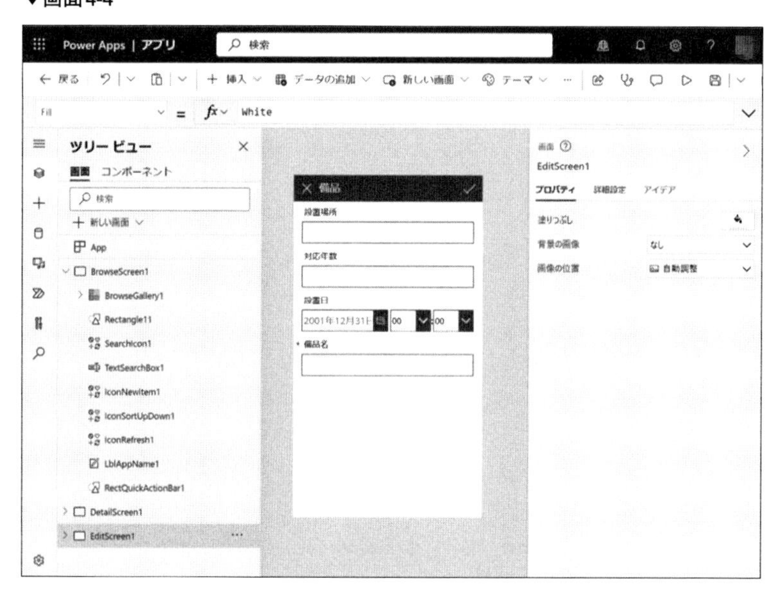
Power Apps | アプリ
検索
戻る
挿入
データの追加
新しい画面
テーマ
White
ツリー ビュー
画面
コンポーネント
新しい画面
App
BrowseScreen1
BrowseGallery1
Rectangle11
SearchIcon1
TextSearchBox1
IconNewItem1
IconSortUpDown1
IconRefresh1
LblAppName1
RectQuickActionBar1
DetailScreen1
EditScreen1
備品
設置場所
対応年数
設置日
備品名
EditScreen1
プロパティ
詳細設定
アイデア
塗りつぶし
背景の画像
なし
画像の位置
自動調整

自動作成されたアプリには、基本的なデータの表示、登録、変更、削除が組み込まれており、必要な箇所をわずかに修正するだけで、すぐに業務に役立つアプリを手に入れることができます。キャンバスアプリの開発に初めて挑戦する方は、自動作成されたアプリと使われている関数を確認することで、画面の構成方法や関数の使用方法など、基礎的な理解を深めるのに役立ちます。

本Chapterでは、Chapter 3で解説したDataverseのテーブルを使用して、データからアプリを自動作成する方法を使用し、キャンバスアプリの開発の流れを説明します。

テンプレートから作成する

テンプレートを利用する場合は、豊富に用意されているテンプレートから、希望と合致する見た目や画面構成を持つテンプレートを選択します(画面4-5、4-6)。

▼画面4-5

▼画面4-6

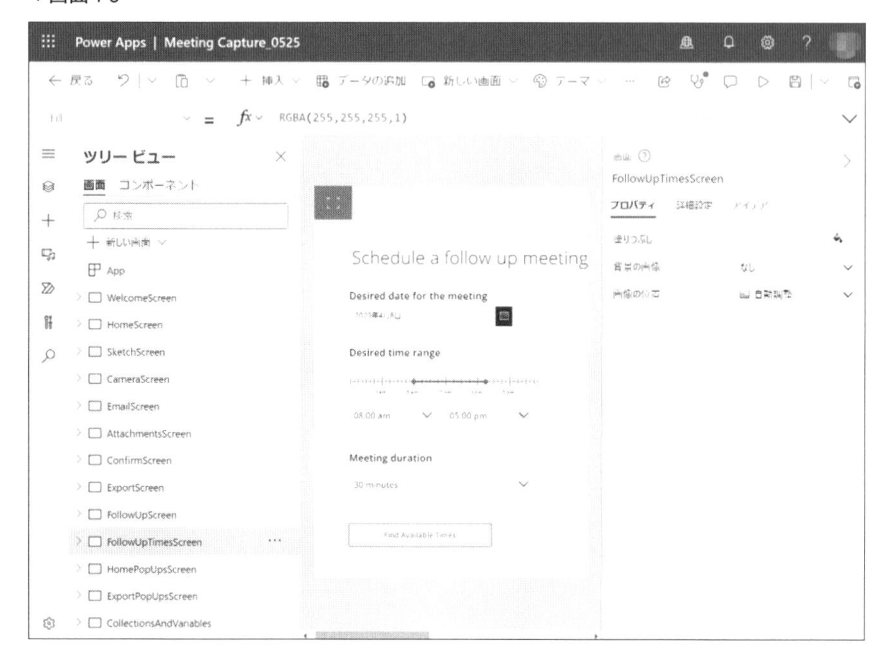

もし、イメージに近いテンプレートが存在する場合、その場でイメージをすぐに確認できる利点があります。

ただし、テンプレートを効果的に活用するには、組み込まれているさまざまな関数やデータの種類を解析し、理解するスキルが必要です。そのため、テンプレートの利用は中級者以上の開発者を対象としています。

4-2　データからキャンバスアプリを開発する

本節では前述した「データからアプリを自動作成する」の開発方法で、基本機能を持ったキャンバスアプリをすばやく開発し、Power Apps Studioの操作やPower Appsの理解を深めていきましょう。

「データからアプリを自動作成する」の開発方法では、はじめにDataverseのテーブルが必要です。本節では**表4-1**のDataverseのテーブルを準備して進めます。

▼表4-1　案件テーブルの定義（スキーマ名：trnOppotunityTable）

表示名	スキーマ名	データの種類	書式	必須
案件名（プライマリ列）	opportunityName	1行テキスト（プレーンテキスト）	テキスト	必要なビジネス
概算見積	costEstimate	通貨	ー	任意
受注時期	orderDate	日付のみ	日付のみ	任意
受注確度	orderAccuracy	選択肢※	ローカルな選択肢	任意

※選択肢はAランク、Bランク、Cランク、Dランクの4つを定義する（設定する数字の値は任意）

Chapter 3を参考に以下の設定でDataverseのテーブルを新規作成し、表4-1のとおりに列を追加、Chapter 3-3の「Excelを使ってコピー＆ペーストを用いてまとめて追加する」（P.45）で事前にサンプルデータ[注4.1]を追加します。

- [表示名]：案件テーブル
- [表示名の複数形]：案件テーブル
- [スキーマ名]：trnOpportunityTable
- [プライマリ列]-[表示名]：案件名
- [プライマリ列]-[スキーマ名]：opportunityName

データからアプリを自動作成する

Power Appsメーカーポータル[注4.2]の[＋作成]⇒[Dataverse]をクリックします（**画面4-7**）。なお、Chapter 3にてすでにDataverseと接続している場合は、画面4-10の手順にお進みください。

注4.1）本書サポートページ（https://gihyo.jp/book/2023/978-4-297-13567-6/support）からダウンロードできます。

注4.2）https://make.powerapps.com/

▼画面4-7

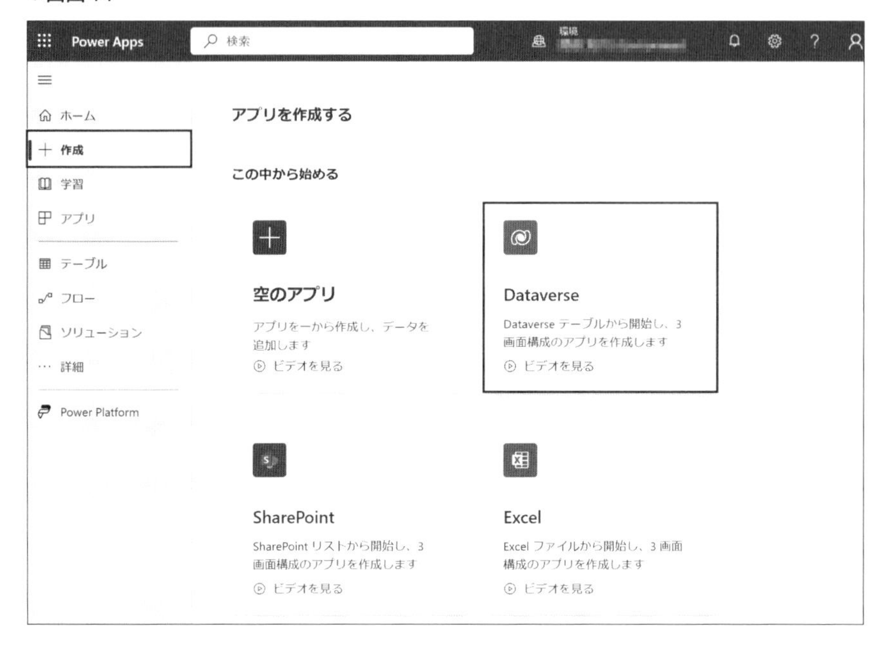

［新しい接続］⇒［作成］をクリックし、Dataverseサービスに接続するためのコネクタを作成します（画面4-8）。

▼画面4-8

サインイン要求画面が表示された場合は、再度サインインを行います。

コネクタのアクセス要求画面が表示された場合は[Allow access]をクリックし、アクセス許可を行います(**画面4-9**)。

▼**画面4-9**

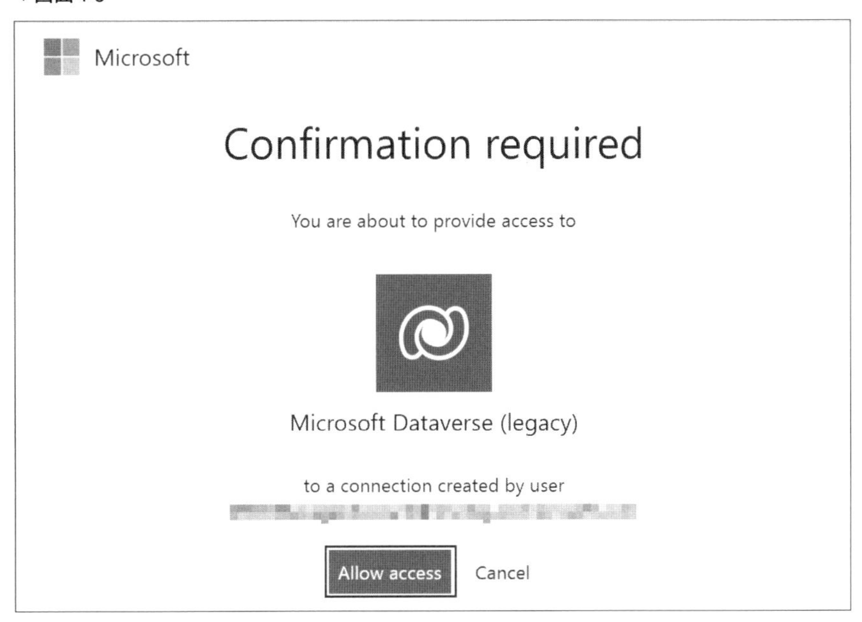

[テーブルの選択]で[案件テーブル]を選択し、[接続]をクリックします(**画面4-10**)。

▼画面4-10

しばらくすると、指定されたDataverseテーブルの列定義情報をもとに、Power Appsのキャンバスアプリが自動作成されます。初めての場合は[Power Apps Studioへようこそ]画面が表示されますが、[スキップ]をクリックします。自動作成されたアプリは、一覧画面(**画面4-11**)、詳細画面(**画面4-12**)、登録・編集画面(**画面4-13**)の3画面で構成されています。

▼画面4-11

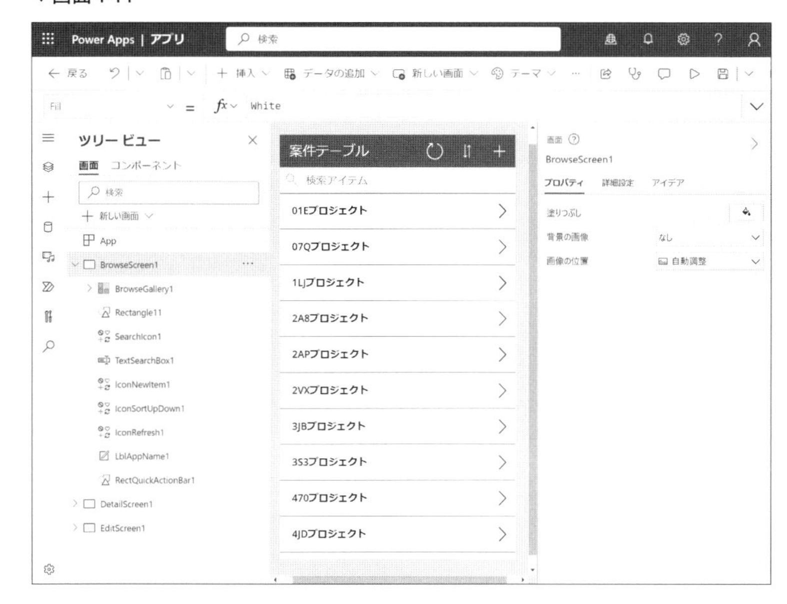

▼画面4-12

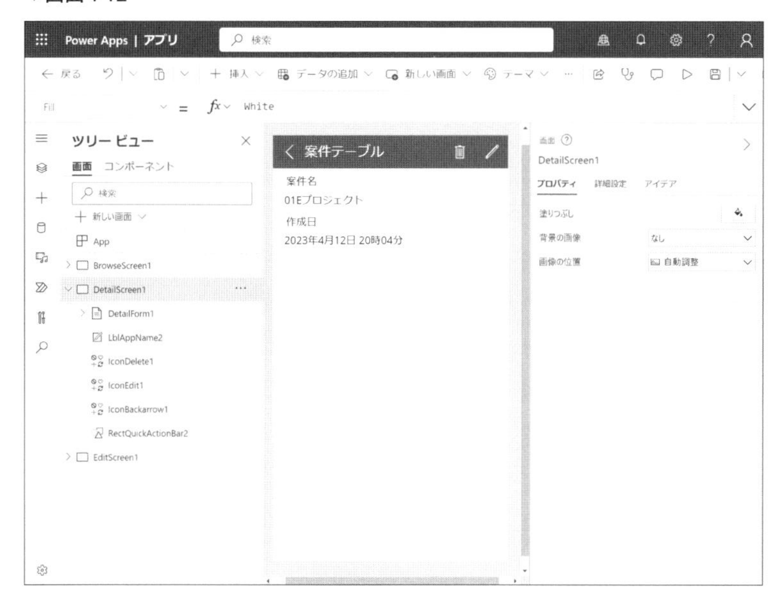

▼画面4-13

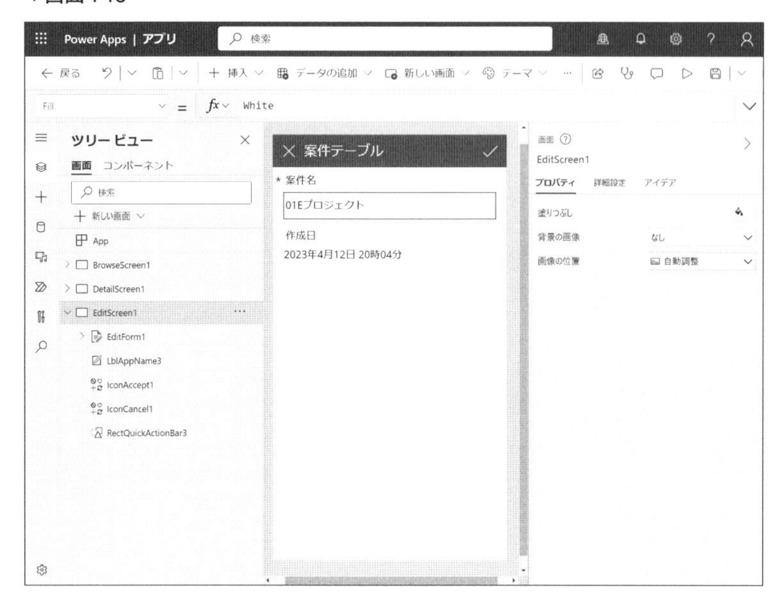

Power Apps Studioの画面構成

データから自動作成されたアプリをカスタマイズするには、表示されたPower Appsのアプリ開発ツール「Power Apps Studio」（**画面4-14**）で列情報の表示／非表示や並び順などをカスタマイズする必要があります。

▼画面4-14

Power Apps Studioの画面の構成要素は表4-2のとおりです。

▼表4-2 Power Apps Studioの画面の構成要素（キャンバスアプリ）

構成要素	内容
❶ツリービュー	アプリ内の画面および、画面内のコントロール（ボタンやテキストラベルなどの部品の総称）が一覧表示される。開発したい画面を切り替えるときや、画面内のコントロールを選ぶ際に利用する
❷キャンバス	画面をデザインする作業領域。画面にコントロールを配置したり編集したりする
❸プロパティペイン	画面、またはコントロールの書式設定などのプロパティ設定が表示される。テキスト、フォント、塗りつぶしなどのほか、コントロールをクリックした際の動作設定といったアクションなども設定する
❹プロパティリスト	選択しているコントロールのプロパティ設定一覧
❺数式バー	選択したプロパティに対する値、関数などを入力する

アプリの自動保存を設定する

アプリ開発を進める前に、最初に[保存]します。一度[保存]すれば、以降は

2分おきにアプリに対する変更が自動保存されます。保存ができれば、誤ってブラウザを閉じたり、パソコンのトラブルでブラウザが突然終了したりした場合でも、作業内容を失わずに、すぐに最新の状態から再開できます。

画面上部のメニューバーから[名前を付けて保存]を選択し(**画面4-15**)、アプリ名に「案件管理アプリ」と入力し、[保存]をクリックします(**画面4-16**)。

▼画面4-15

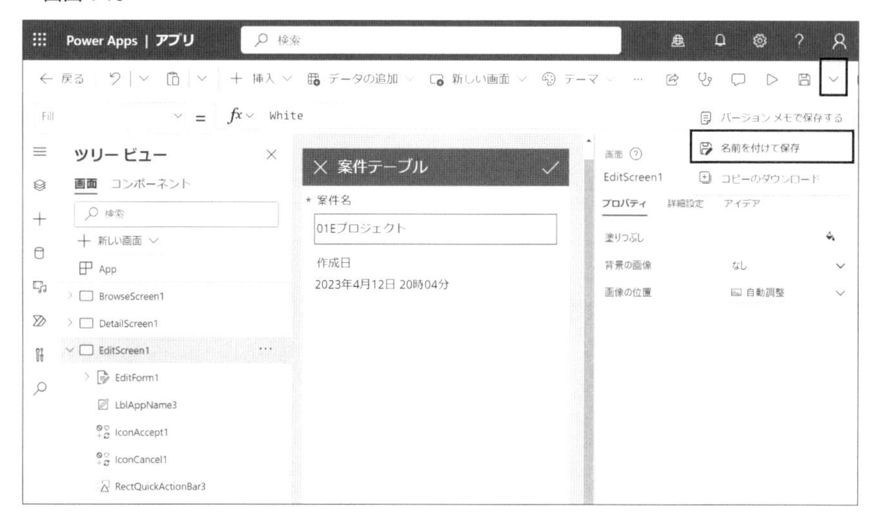

▼画面4-16

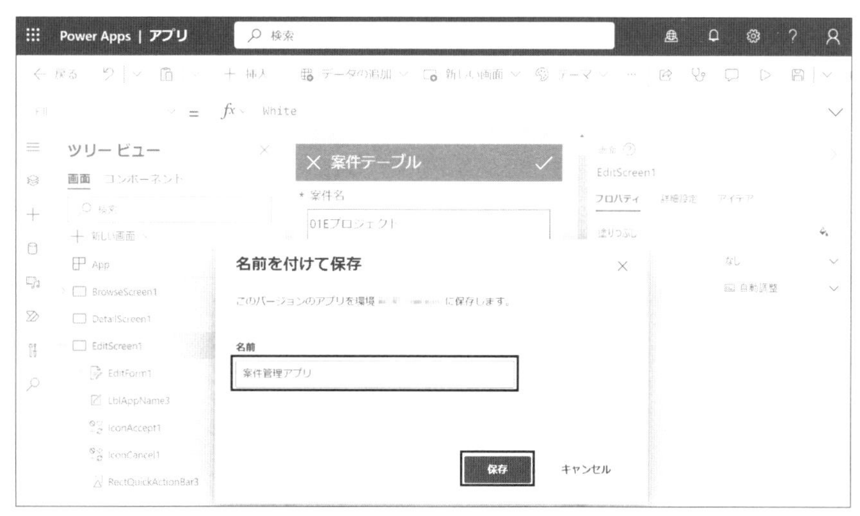

保存したアプリを再度編集するには、[アプリ]から、編集したいアプリの[…]⇒[編集]と遷移します(**画面4A-1**)。

▼画面4A-1

4-3　キャンバスアプリの画面とコントロールを設定する

ここからはキャンバスアプリをカスタマイズしていきます。

画面および、コントロールを配置する

Power Apps Studioの画面では、ボタンやテキストラベルなどの部品を「コントロール」と呼びます。利用できるコントロールは数多くあり、メニューバーの[＋挿入]、または[挿入]ペインからコントロールを選択することで、キャンバスに配置できます。

挿入可能なコントロールには**画面4-17**のようなものがあります。

▼画面4-17

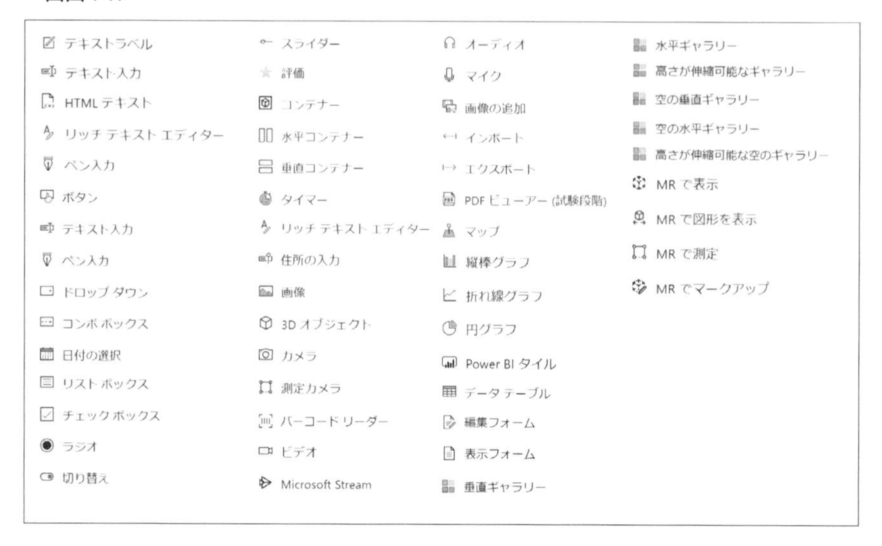

また、コントロールのほかに追加の画面を挿入し、複数画面を使うアプリを作成することもできます。

ここでは、サンプルで画面を1つ挿入し、よく使われる「画像」「テキストラベル」「ボタン」のコントロールを使って、画面とコントロールの操作やプロパティ設定を説明します。

［ツリービュー］⇒［＋新しい画面］⇒［空］をクリックし、空の画面を追加します（**画面4-18**）。

▼画面4-18

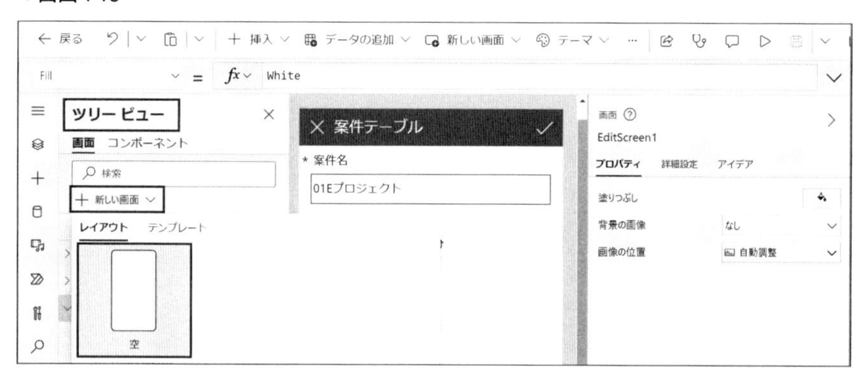

追加された空の画面は、「Screen1」という名前で[ツリービュー]に追加されます。

Power Appsの仕様で、アプリ起動時に最初に表示される画面はツリービューの最上位に位置するものになります。したがって、[Screen1]の横にある[…]をクリックし、[上へ移動]を複数回クリックして、画面を一番上に移動させる必要があります(**画面4-19**)。

▼画面4-19

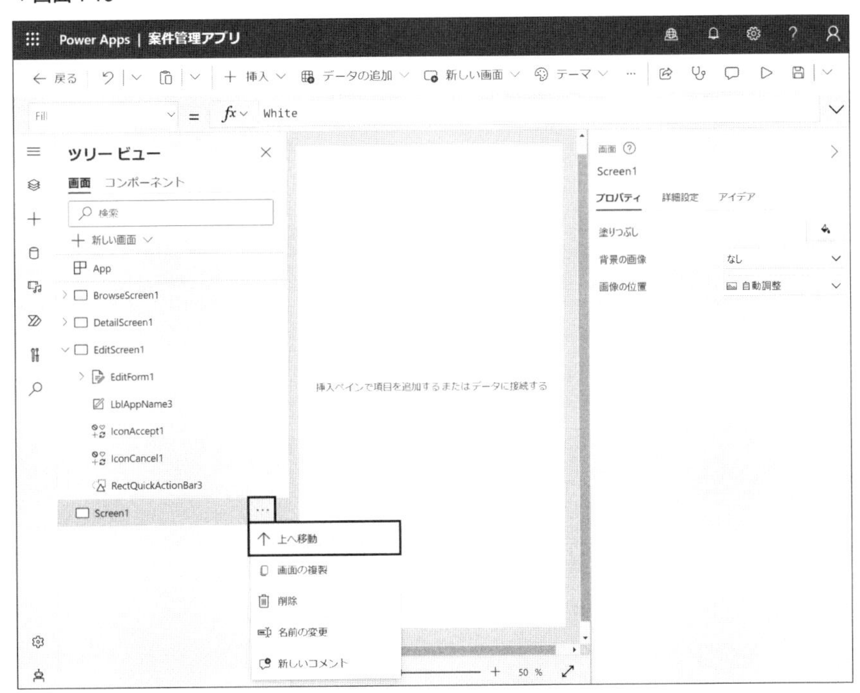

空の画面追加では、画面名が「Screen1」ですが、画面名は用途や担当する機能がわかるような名称を指定することが推奨されています。

今回は「Screen1」をアプリ起動時のトップ画面として利用します。ツリービューの[Screen1]横の[…]をクリックし、[名前の変更]で画面名を「TopScreen1」にします(**画面4-20**)。

▼画面4-20

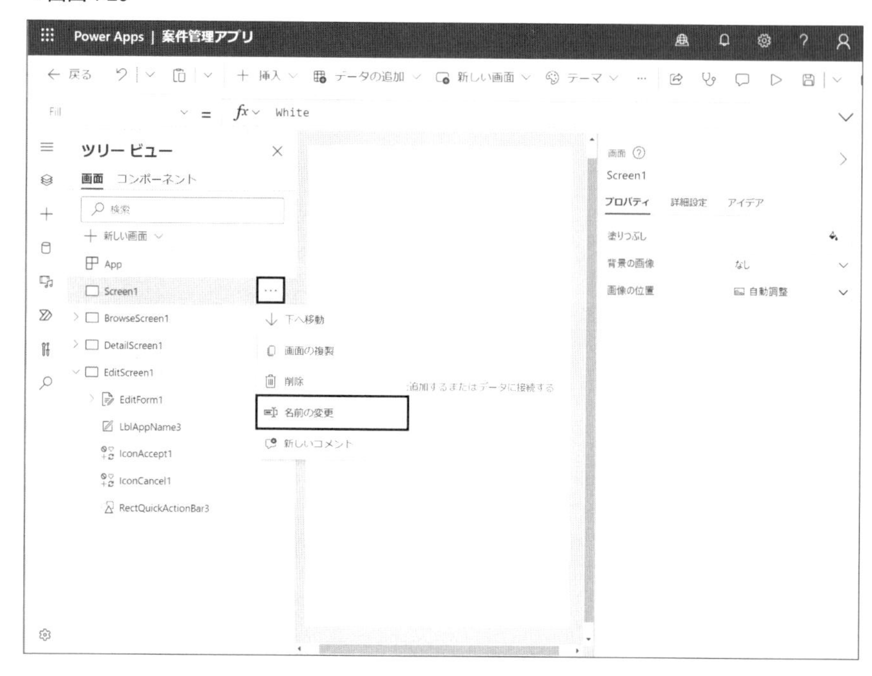

次はコントロールを配置していきます。画像、テキストラベル、ボタンの順でコントロールを挿入し、設定していきます。

[＋挿入]⇒[メディア]⇒[画像]をクリックすると、キャンバスに「画像」が配置されます(**画面4-21**)。

▼画面4-21

画像は名前のとおり、画像データを貼り付けることができるコントロールです。画像に企業ロゴを入れて利用する、テクスチャデータを入れて背景として利用するなど、アイデア次第でさまざまな表現ができるコントロールです。

では、画像のプロパティ設定を変更し、画像データを指定します。キャンバスにある画像を選択し、[プロパティ]⇒[画像]のプルダウンを選択し、[＋画像ファイルの追加]をクリック、任意の画像データを指定します(**画面4-22**)。

▼画面4-22

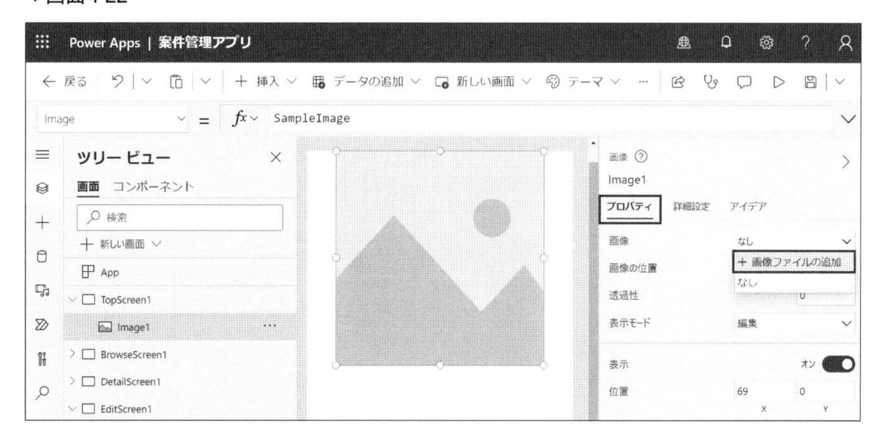

表示された画像の幅や高さを調整し、任意の位置とサイズに設定してみましょう。

次はテキストラベルを挿入します。[挿入]⇒[テキストラベル]をクリックすると、キャンバスにテキストラベルが配置されます(**画面4-23**)。

▼画面4-23

続いてテキストラベルのプロパティ設定を変更し、フォントや塗りつぶしなどの見た目を変更します。キャンバスにあるテキストラベルを選択し、[プロパティ]⇒[テキスト]に「案件管理アプリ」と入力します。同じく[フォントサイズ]を「32」に、[色(ペンキマーク)]を「水色」に変更すると、**画面4-24**のように変更されたテキストラベルが表示されます。

▼画面4-24

テキストラベルの位置、幅や高さ、配置(アラインメント)などはお好みで調整してください。

最後はボタンを挿入します。[挿入]⇒[ボタン]をクリックすると、キャンバスにボタンが配置されます(**画面4-25**)。

▼画面4-25

テキストラベルと同様に任意のフォントや塗りつぶしなどの見た目を変更します。[プロパティ]⇒[テキスト]に「案件一覧」と入力します(**画面4-26**)。

▼画面4-26

これでTopScreen1の画面デザインは完成です。ここまでの流れでコントロールの挿入方法、基本となる各プロパティの設定方法を説明しました。

次は、画面遷移や処理を起動する「アクション」について説明します。

コントロールにアクションを加える

作成したTopScreen1に「案件一覧」ボタンを挿入しましたが、そこにボタンがあるだけで何もアクションを定義していないため、このままではクリックしても何も起こりません。そこで「案件一覧」ボタンに「画面遷移」をさせるアクションを設定してみます。

「案件一覧」ボタンを選択します。ボタンの数式バーを見ると**OnSelect = false**という値が表示されています(**画面4-27**)。

▼画面4-27

これは、ボタンがクリックされたとき(**OnSelect**)、何もしない(**false**)ということを意味しています。

では今度は**OnSelect**にアクションを付与していきます。ボタンの数式バーに以下のように入力します(**画面4-28**)。

Button1.OnSelect

```
Navigate(BrowseScreen1,ScreenTransition.None)
```

▼画面4-28

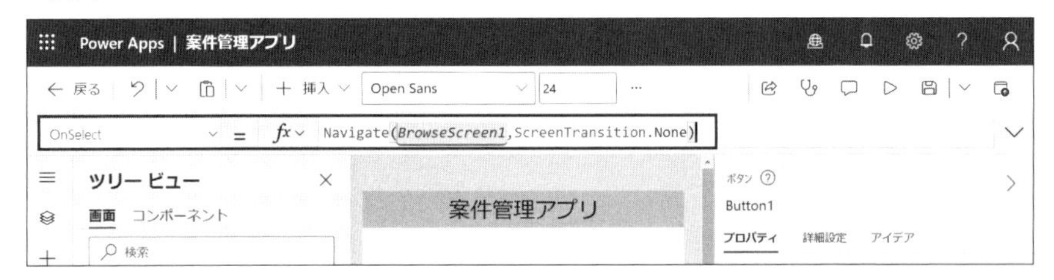

これは、ボタンがクリックされたとき(**OnSelect**)、画面[BrowseScreen1]に移動する(**Navigate(BrowseScreen1,ScreenTransition.None)**)ことを意味します。

> プロパティの設定で解説に使っている**Label.Text**などの表記は、どのコントロールの、どのプロパティかを表しています
>
> **コントロール.プロパティ**
> テキストや関数など
>
> 関数についてはPart 2で詳細に説明しています。

このようにボタンなどのコントロールに対しアクションを付与する場合は、コントロールのプロパティに値を設定しアクションを定義していきます。

動作を確認する(プレビュー)

設定したアクションが正しく動作するか確認してみましょう。動作確認には、作成したアプリをすぐに確認できるプレビュー機能を使用します。ツリービューの[TopScreen1]を選択し、画面右上にある[▷]([アプリのプレビュー])をクリックします(**画面4-29**)。

▼画面4-29

TopScreen1の[案件一覧]ボタンをクリックしてBrowseScreen1が表示され

るか確認してください(画面4-30)。

▼画面4-30

なお、プレビューを終了する場合は、画面右上の[×]をクリックします(画面4-31)。ブラウザの[×]をクリックしないように注意しましょう。

▼画面4-31

このように画面を複数作成して各画面のキャンバスにコントロールを挿入し、見た目を整えるプロパティ設定や画面移動などのアクションを設定、アプリを作成していくアプローチがキャンバスアプリの基本です。

ここで使用した画像、テキストラベル、ボタン以外のコントロールも実際に触ってプロパティ設定や動作の確認をしてみる際は、目的別に各コントロールの使用方法を解説しているPart2を参考にすると学習の理解が深まります。

4-4　キャンバスアプリのデータソースを管理する

ここでは、作成したキャンバスアプリ上で使用するデータソースを管理する方法を説明します。

Dataverseのデータからアプリを自動作成したキャンバスアプリでは、使用可能なデータソースとして、Dataverseの案件テーブルが割り当てられている状態ですが、使用できるデータソースはDataverseに限らず、SharePointリスト、Excel、別のデータベースソフトウェア、Google Driveなどのデータを保存するサービスのほか、Bing Maps、Gmailなど別サービスの情報へ接続、取得するものなど、その種類は多岐に渡ります。詳細はMicrosoft公式サイト[注4.3]を参照してください。

このように、キャンバスアプリにはさまざまなデータソースを接続・利用できるメニューが用意されているため、既存のデータソースを刷新する、移し替えるなどの作業なしに利活用することができます。

では実際に、Power Appsアプリにデータソースを追加する手順を見ていきましょう。ここでは、Microsoft社から標準で提供されているDataverseテーブルの「取引先企業」を追加してみます。

Power Apps Studioで開いている「案件管理アプリ」で[データ]⇒[＋データの追加]を選択し、[データソースの選択]の検索欄に「取引先企業」と入力して絞り込み表示された「取引先企業テーブル（Microsoft Dataverse）」を選択します（**画面4-32**）。

Chapter 4

注4.3）すべてのPower Appsのコネクタの一覧（2023年7月14日付で1,000種類以上）
https://learn.microsoft.com/ja-jp/connectors/connector-reference/connector-reference-powerapps-connectors

▼画面4-32

データの一覧に、接続した「取引先企業テーブル(Microsoft Dataverse)」が表示されました(**画面4-33**)。これでデータソースの追加は完了です。

▼画面4-33

では実際に、TopScreen1の「データテーブル」(データソースの一覧表示を行うコントロール)にデータソースを接続し、データが取得できるか確認してみましょう。[+挿入]⇒[レイアウト]を選択し、データテーブルを挿入します(**画面4-34**)。

▼画面4-34

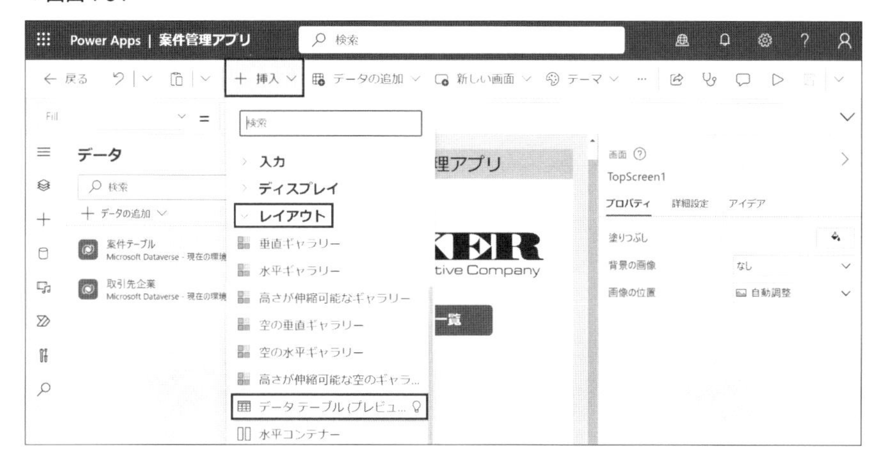

［データテーブル］のプロパティペインにある［データソース］を選択し、データソースの一覧から「取引先企業テーブル」をクリックします（画面4-35）。

▼画面4-35

［データテーブル］に「取引先企業テーブル」のデータソースの構造が表示されました(画面4-36)。

▼画面4-36

このように作成したPower Appsアプリ上で使用するデータソースの追加、コントロールのデータソースへ指定を行うことでPower Appsアプリを拡張することができます。

使用するデータソースは複数構成可能であるため、案件情報はDataverse、〇〇情報はExcel、△△情報はSharePointリストなど、組み合わせることもできます。

4-5　キャンバスアプリを公開、共有する

ここまで作成してきたキャンバスアプリはクラウド上に保存されていますが、「公開」や「共有」をするまでは、Power Apps Studioの画面上で編集可能なアプリとして確認できるだけです。公開や共有をすることで、組織内の利用者に利用してもらえるようになります。

アプリの公開

Power Apps Studioで一度［保存］し、［公開］から［このバージョンの公開］を

クリックします(画面4-37、4-38)。

▼画面4-37

▼画面4-38

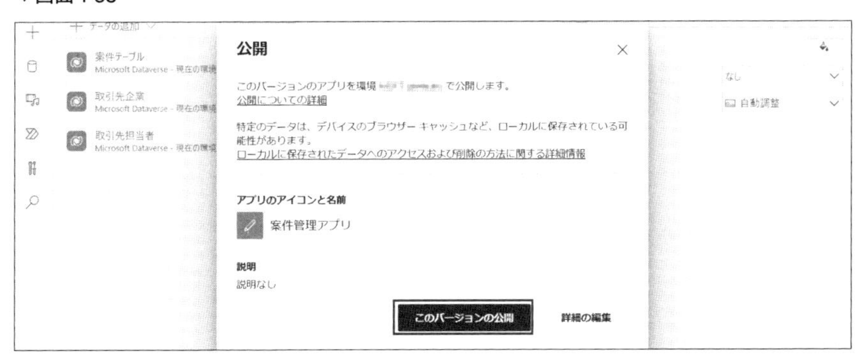

この操作でキャンバスアプリが組織内のアプリとして公開され、自分自身はキャンバスアプリをどこからでも利用できるようになります。

アプリの共有

次は、キャンバスアプリをほかの人と共有し、利用可能にする方法を説明します。Power Apps Studioで[戻る]をクリックし、Power Apps メーカーポータルに戻ります。[アプリ]⇒[案件管理アプリ]⇒[…]⇒[共有]で共有先を指定する画面を表示します(画面4-39)。

▼画面4-39

共有先として、ユーザー、またはグループ単位の範囲を指定できます。

本書で試用版ライセンスをサインアップした方は、初期状態では自分以外のユーザーはいないため、自分か組織しか選択できません。そのため、ここでは組織全体にアプリを共有する方法を例にします。

検索バーに「everyone」と入力すると、候補が表示されて組織全体が選択できるので、表示された組織の項目を選択し(**画面4-40**)、[共有]をクリックします。

▼画面4-40

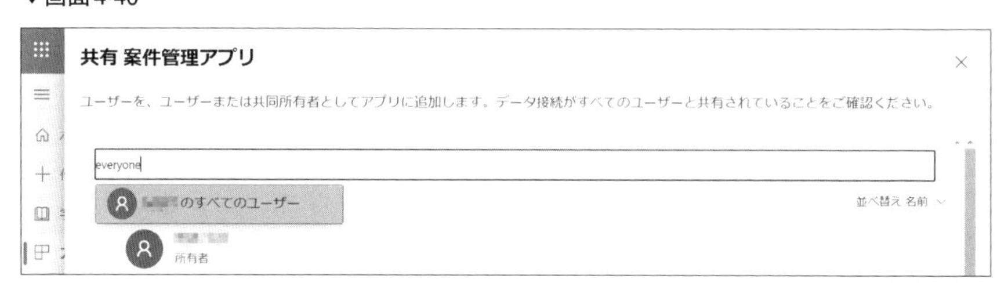

共有設定の画面(**画面4-41**)で表示される共有オプションは次のとおりです。

- 新しいユーザーに招待メールを通知する

　アプリが共有されたことを招待者に通知するオプション(チェックするとキャンバスアプリへのアクセスリンクがメールで送付される)。[メールメッセージ]にアプリの内容や概要などを記入し、[画像を含める]でアプリの外

観や紹介時の画像を設定する

- 共同所有者

　アプリの利用だけでなく、アプリを一緒に開発するメンバーに共同所有者（削除以外の編集権限）を付与（組織全体に共有する場合はチェックできない）

- データのアクセス許可

　キャンバスアプリ内で使用しているデータソースに対するアクセス制御（Dataverseは読み取り／書き込みなど）

▼画面4-41

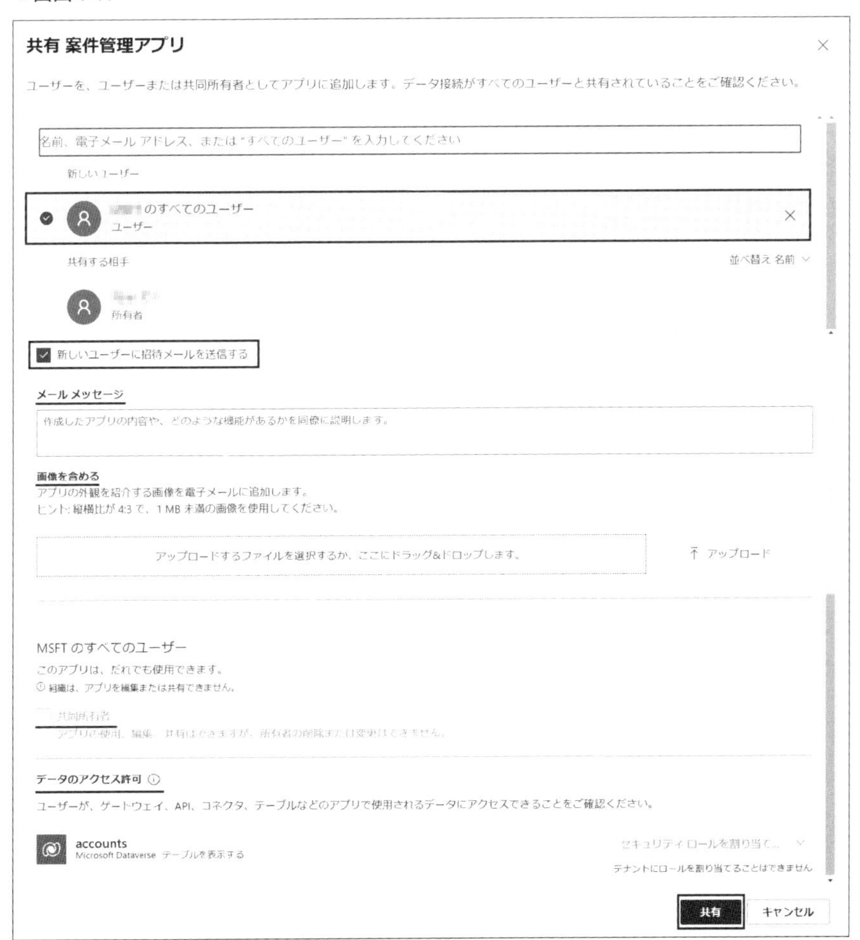

なお、組織全体にアプリを共有しても、有効なライセンスを保有しているユーザーのみの利用に限定されます。また、Power Apps内で使用しているデータソースでもアクセス制御の評価が行われるため、Dataverseのテーブルに対するアクセス(読み取り／書き込み)や、SharePointリストなどもアクセスできるようにするかなど、あらかじめ考慮しておく必要があるので留意しましょう。

アプリの共有が完了したら[キャンセル]をクリックします(画面4-42)。

▼画面4-42

アプリへのアクセスリンクの確認方法

共有時に招待メール通知をオンにしていれば、共有先にアプリへのアクセスリンクが送付されます。事後に再確認する場合は、[アプリ]⇒[案件管理アプリ]⇒[…]⇒[詳細](画面4-43)で表示される[Webリンク]のURL(画面4-44)をコピーします。

▼画面4-43

▼画面4-44

共有された利用者がPower Appsに初めてアクセスする場合は、Power Appsライセンスの同意や、言語の選択、利用するデータソースの利用許諾などの設

定画面が表示される場合があります。URLを案内する際に事前に補足しておくと、利用者も安心して利用できるでしょう。

Power Appsアプリをスマートフォンの Power Apps Mobileアプリで使う

Power Appsで作成したアプリは、パソコンだけでなくスマートフォンの「Power Apps Mobile」アプリでも使用できます。Power Apps MobileアプリでPower Appsアプリを使用するために必要な事前準備は以下のとおりです。

- アプリを公開する
- スマートフォンにPower Apps Mobileアプリをインストールする
- Power Apps Mobileアプリにサインインする

Power Apps Mobileアプリは、iOSとAndroidデバイスをサポートしています。

iOS（iPadまたはiPhone）の場合

App Storeで「Power Apps Mobile」をインストールします。

- https://itunes.apple.com/app/powerapps/id1047318566?mt=8

Androidの場合

Google Playで「Power Apps Mobile」をインストールします。

- https://play.google.com/store/apps/details?id=com.microsoft.msapps

インストールした「Power Apps Mobile」を起動してサインインします。ホーム画面で[すべてのアプリ]をタップすると、使用できるPower Appsアプリ一覧が表示されます(**画面4A-2**)。

▼画面4A-2

操作したいアプリを一覧から起動し、Power Apps Mobile でPower Appsアプリを動かしてみましょう。

近日公開の機能の設定

Power Appsでは利用者にとって最適な開発ツールになるように、常に機能の改善や新機能追加が行われます。

編集中のアプリを対象に「プレビュー中の機能（近日公開）」「実験段階の機能」「廃止済みの機能（正確には廃止予定の機能）」それぞれについて、オン／オフを指定することで、新機能の性能検証やアプリ公開前の事前検証、機能廃止に伴う影響確認に活用できます。

Power Appsの画面上部メニューの［設定］⇒［近日公開の機能］を選択し（**画面4A-3**）、「プレビュー」「実験段階」「廃止済み」から任意の機能のオン／オフを指定します。

▼画面4A-3

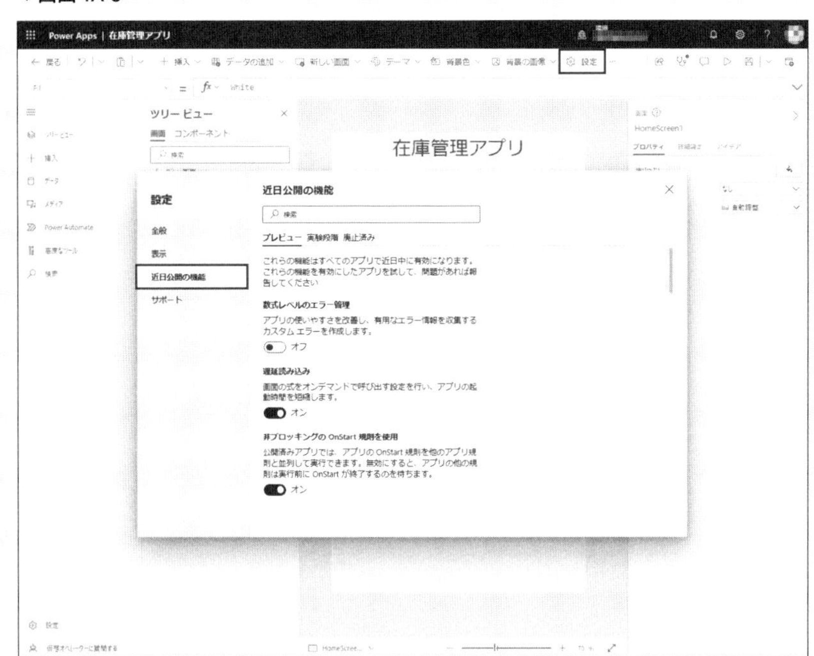

Chapter 5

モデル駆動型アプリ開発の流れ

5-1 モデル駆動型アプリの作成方法

データ参照、登録、変更などの管理機能を豊富に備えたビジネスアプリが開発できるモデル駆動型アプリを作成してみましょう。モデル駆動型アプリの作成方法は3種類あります。

- 空のアプリから作成する
- Dataverseテーブルを指定してアプリを自動作成する
- テンプレートから作成する

空のアプリから作成する

空のアプリから作成する方法は、ビジネスアプリの画面を一からデザインできます。空のアプリに対してどのDataverseのテーブルを使用するのか、すべてご自身で指定します(画面5-1、5-2)。

▼画面5-1

▼画面5-2

Dataverseテーブルを指定してアプリを自動作成する

Dataverseテーブルを指定してアプリを自動作成する方法は、最初に基となるDataverseテーブルを指定します。指定されたテーブルの読み込みが完了すると利用開始できる状態のモデル駆動型アプリが表示されます(**画面5-3、5-4**)。

▼画面5-3

▼画面5-4

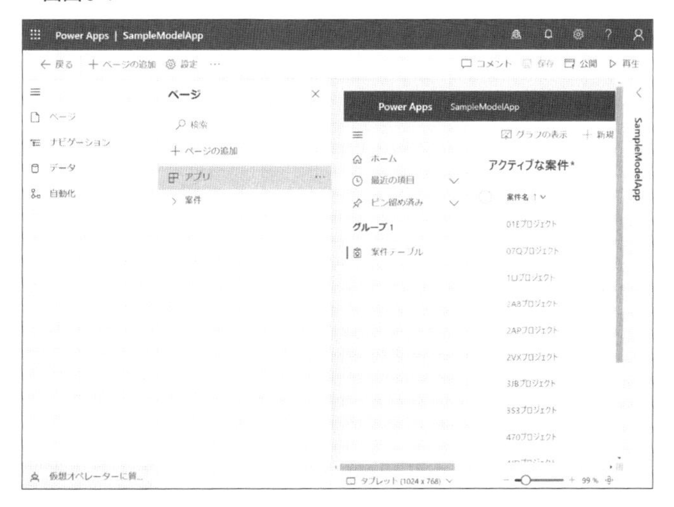

テンプレートから作成する

　テンプレートを利用する場合は、豊富に用意されているテンプレートから、希望と合致する見た目や画面構成を持つテンプレートを選択します(画面5-5、5-6)。

▼画面5-5

▼画面5-6

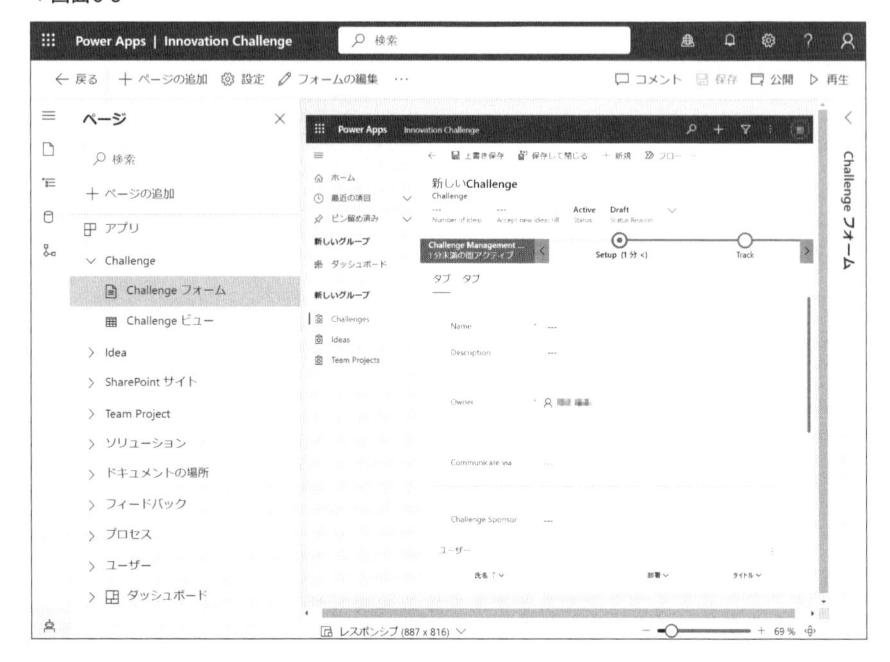

もし、イメージに近いテンプレートが存在する場合、その場でイメージをすぐに確認できる利点があります。

ただし、テンプレートを効果的に活用するには、組み込まれているデータモデリングを理解するスキルが必要です。キャンバスアプリ同様に、テンプレートの利用は中級者以上の開発者を対象としています。

5-2　データからモデル駆動型アプリを開発する

本節では前述した「Dataverseテーブルを指定してアプリを自動作成する」の開発方法で、モデル駆動型アプリを開発し、Power Appsの理解を深めていきましょう。

Dataverseテーブルを指定してアプリを自動作成する

Power Appsメーカーポータル注5.1の[テーブル]をクリックし、表示されたテーブル一覧から、Chapter 4で作成した[案件テーブル]を選択します(画面5-7)。

▼画面5-7

[案件テーブル]の概要ページが表示されます(画面5-8)。

注5.1) https://make.powerapps.com/

▼画面5-8

概要ページで表示されるDataverseテーブルの構成要素は**表5-1**のとおりです。

▼表5-1　Dataverseテーブルの構成要素

構成要素	内容
❶テーブルプロパティ	対象のDataverseテーブルの概要。名前、プライマリ列（テーブルの用途を表す代表的な列）、テーブルの説明、種類（環境に標準で用意されたテーブルや独自に作成したテーブルなど）、変更日などが確認できる
❷スキーマ	テーブルのデータ構造。テーブル内にある列や、テーブル間の関係付け（リレーションシップ、Chapter 3-3で解説）や、検索効率を高めるキーの設定ができる
❸データエクスペリエンス	テーブルのデータ構造の利用方法を規定。定義されたデータ構造に対して、どのように表示（ビュー）、利用する（フォーム）のかデータ構造の表現を定める。テキスト表現のほか、グラフおよびダッシュボードを使用すればビジュアルをつけることができる
❹カスタマイズ	テーブルを応用・利用するためのオプション。[ビジネスルール]はデータ構造に対する値の集計、不整な値の登録防止など業務で必要な処理やルールをテーブルに付与することができる。[コマンド] はモデル駆動型アプリで使用するコマンドバーの並び替え、追加、変更などの管理ができる
❺列とデータ	テーブルに定義されたデータ構造の列および値のプレビュー。編集ボタンをクリックすることで、同画面でデータ管理もできる

では、次にDataverseのテーブルからモデル駆動型アプリを作成してみましょう。[アプリの作成]をクリックし、アプリ名に「案件管理モデル駆動型アプリ」と入力します（**画面5-9**）。

▼画面5-9

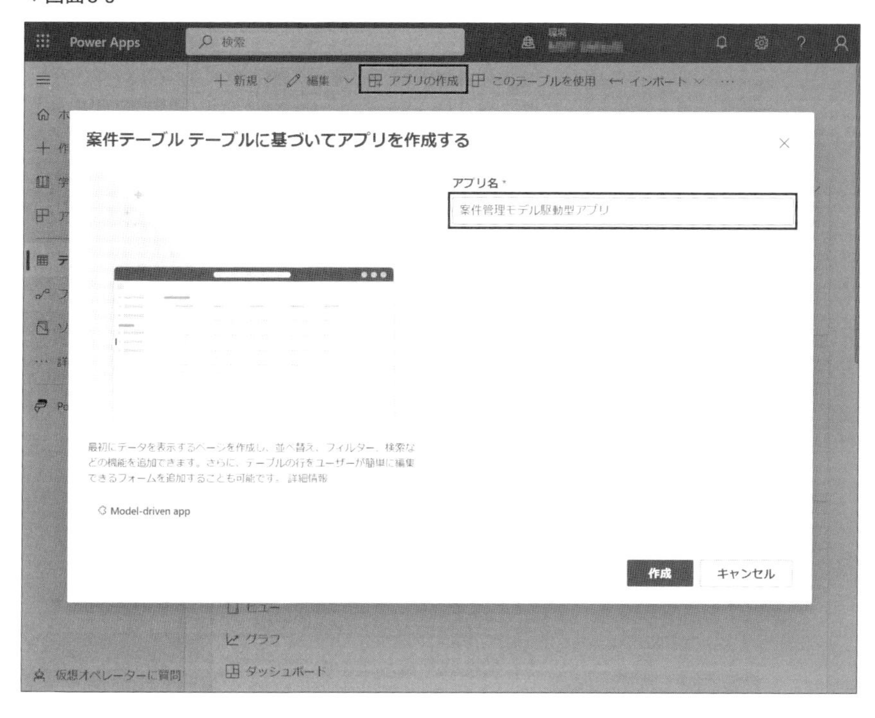

指定したDataverseのテーブルのデータ構造をもとにモデル駆動型アプリが作成されます(**画面5-10**)。

▼画面5-10

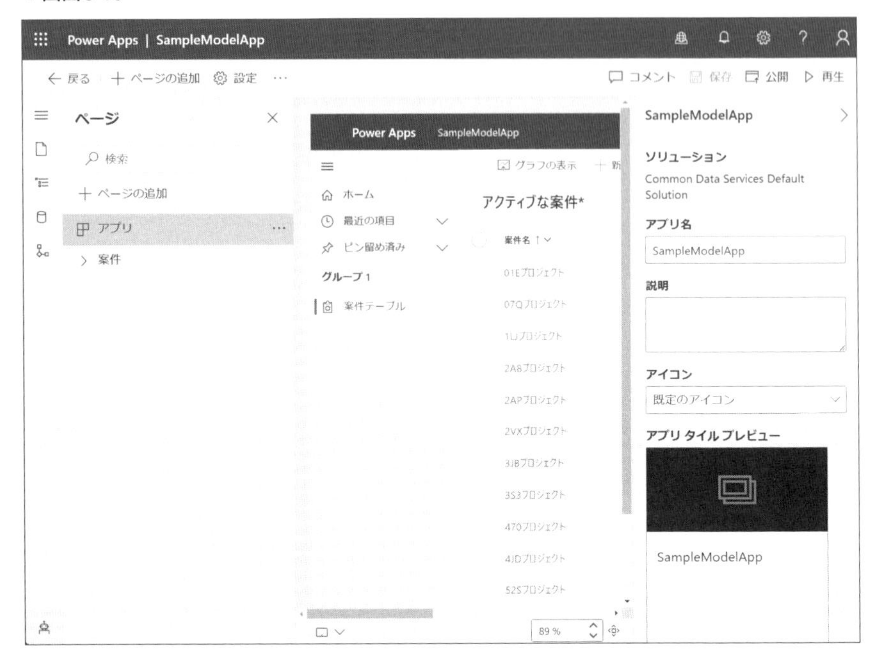

Power Apps Studioの画面構成

モデル駆動型アプリでも、アプリをカスタマイズするには、Power Appsのアプリ開発ツール「Power Apps Studio」(**画面5-11**)で列情報の表示／非表示や並び順などをカスタマイズする必要があります。モデル駆動型アプリにおけるPower Apps Studioの画面の構成要素は**表5-2**のとおりです。

▼画面5-11

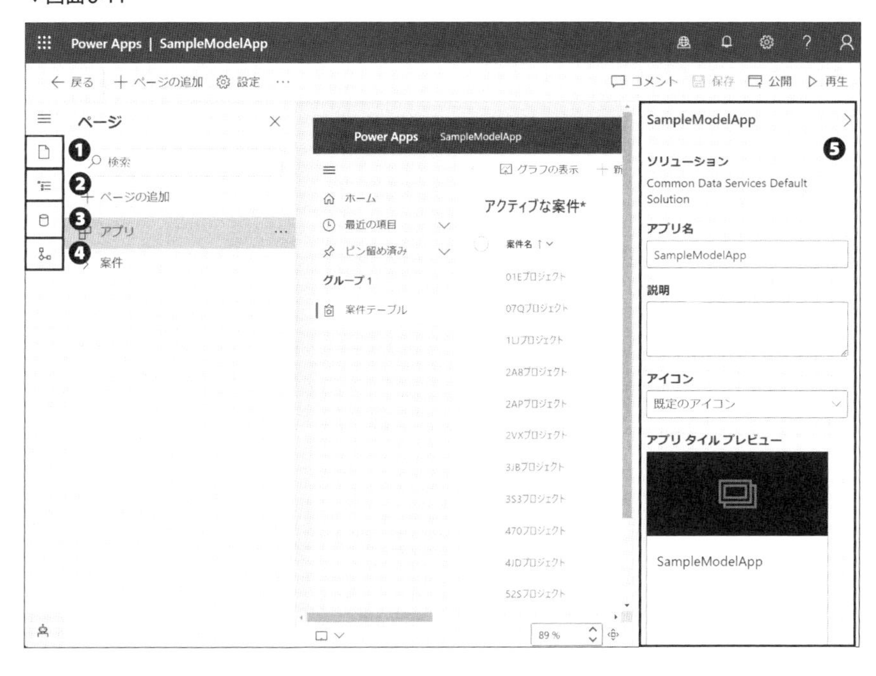

▼表5-2　Power Apps Studioの画面の構成要素（モデル駆動型アプリ）

構成要素	内容
❶ページ	モデル駆動型アプリの追加メニュー。ページの追加を行うとDataverseテーブルをもとにしたアプリの作成のほか、ダッシュボードや、独自のWebページを追加することができる
❷ナビゲーション	モデル駆動型アプリのペインメニュー。ナビゲーションは階層構造にすることができる。また複数ページを追加し、カテゴライズすることができる 例）ナビゲーションの階層構造化 グループ └ サブエリア 　├ ページ 　└ ページ
❸データ	モデル駆動型アプリが接続、利用しているDataverseテーブルおよび、そのほかのDataverseテーブルの管理メニュー。対象テーブルを選択し、テーブル概要への移動や、テーブルに対するデータ編集ができる
❹自動化	ビジネスプロセスフローと呼ばれるデータ入力補助のガイドを作成するメニューです。ビジネスプロセスフローは、データの強制入力や、データ構造に基づくガイドの分岐、データ管理のプロセスを徹底させることができる
❺プロパティペイン	モデル駆動型アプリの名称、アプリ内のコンポーネントに対する諸設定を行うメニュー

5-3　モデル駆動型アプリの画面とコンポーネントを設定する

ここからはモデル駆動型アプリをカスタマイズしていきます。

ビューおよび、フォームコンポーネントをカスタマイズする

作成直後のモデル駆動型アプリは、表示(ビュー)、登録(フォーム)などのデータ構造を表示する範囲が2列(プライマリ列と作成日)のみとなっているため、カスタマイズを行う必要があります。

ビューおよび、フォームコンポーネント(本Chapter最後のColumn「コンポーネントとは」参照)をカスタマイズする方法は2種類あります。

(1) Dataverseテーブルのデータエクスペリエンスメニューからビューやフォームを編集する
(2) モデル駆動型アプリ内に組み込んだDataverseテーブルのビューやフォームを編集する

今回はここまでの手順で表示されているPower Apps Studioの画面を使って(2)の方法を紹介します。[ページ]⇒[案件テーブル ビュー]の[ビューの編集]をクリックし、ビューの編集画面を表示します(**画面5-12**)。

▼画面5-12

ビューの編集画面（**画面5-13**）の構成要素は**表5-3**のとおりです。

▼画面5-13

▼表5-3　ビューの編集画面の構成要素

構成要素	内容
❶テーブル列	ビューで使用できるDataverseテーブルの列で、Dataverseテーブルのデータ構造で定義された列が表示される。表示された列をクリック、またはドラッグ＆ドロップすることでビューに対象列を組み込める。Dataverseテーブルがリレーションシップを有している場合は、［関連］タブをクリックすることでリレーションシップ先のDataverseテーブルの列を使用することができる
❷ビュー	モデル駆動型アプリでデータ表示する際のビュー。列の並び順、列幅、昇順／降順ソート、フィルタなどを設定することができる
❸プロパティペイン	ビューのプロパティ設定。ビューの名称、並び替えの基準列、昇順／降順ソートのほか、フィルタ基準が用意されている。ビューは複数定義可能なため、全件表示するビュー、フィルタ処理で絞り込み表示するビューなどを用意し、モデル駆動型アプリで使用、切り替えができる

ここでは、「概算見積」「受注時期」「受注確度」のテーブル列をクリック、またはドラッグ＆ドロップしてビューに追加します（**画面5-14**）。

▼画面5-14

ビューの編集後は[保存して公開]をクリックし、Dataverseのテーブルに最新のビュー情報を反映させます。[保存して公開]をした後、[←戻る]をクリックし、モデル駆動型アプリに戻ります(画面5-15)。

▼画面5-15

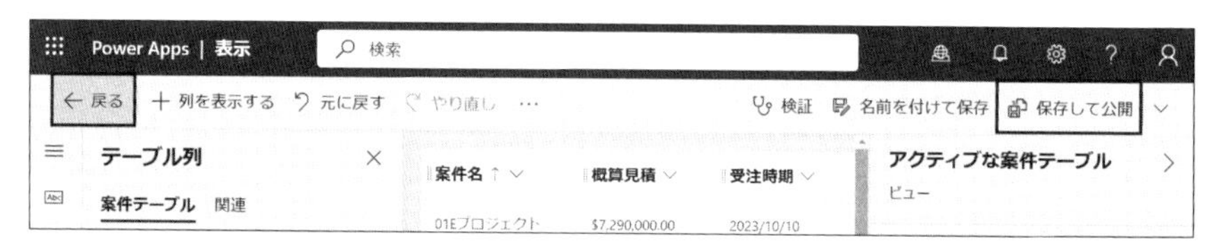

次はフォームを編集します。[ページ]⇒[案件テーブル フォーム]の[フォームの編集]をクリックし、フォームの編集画面を表示します(画面5-16)。

▼画面5-16

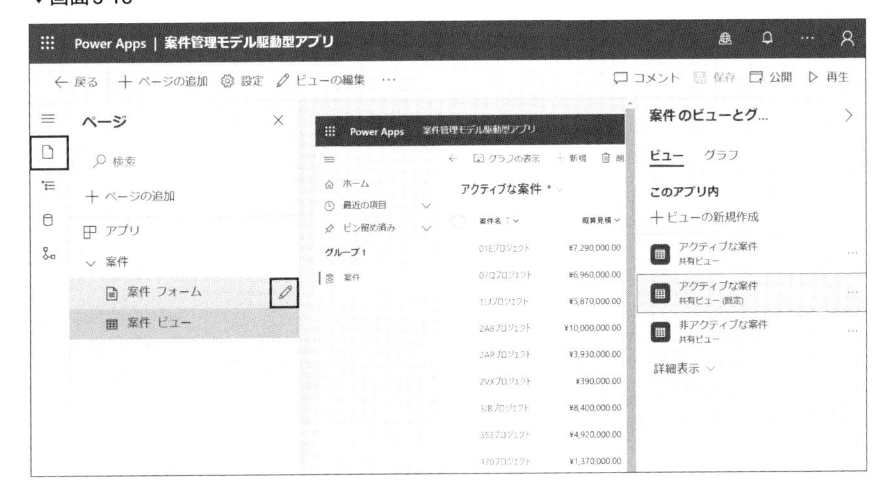

フォームの編集画面（**画面5-17**）の構成要素は**表5-4**のとおりです。

▼画面5-17

▼表5-4　フォームの編集画面の構成要素

構成要素	内容
❶コンポーネント	フォームのデザイン（フォームのセクション分け、タブの挿入）やオプション（カレンダー、タイムライン、タスク管理、名刺リーダー AIなど）をフォームに挿入できる。ただし、各コンポーネントにより事前事後の設定が必要なコンポーネントがある
❷テーブル列	フォームで使用できるDataverseテーブルの列。Dataverseテーブルのデータ構造で定義された列が表示される。表示された列をクリック、またはドラッグ&ドロップすることでフォームに対象列を組み込める
❸ツリービュー	フォーム内に存在するヘッダー、フッター、ボディ内で使用している列情報をツリー形式で表示するメニュー
❹フォームライブラリ	モデル駆動型アプリで提供している標準フォームでなく、独自にプログラム開発したフォームを組み込めるオプションメニュー
❺ビジネスルール	ビジネスルールの管理メニュー。ビジネスルールの作成、追加ができる
❻フォーム	モデル駆動型アプリでデータ登録する際のフォーム。列の配置を行う
❼プロパティペイン	フォームのプロパティ設定。フォームの名称、幅が設定できるほか、フォーム内の列やコンポーネントの諸設定ができる

ここでは、「概算見積」「受注時期」「受注確度」のテーブル列をクリック、またはドラッグ&ドロップしてフォームに追加します（**画面5-18**）。

▼画面5-18

次はフォームを2セクションに分けます。[ツリービュー]⇒[情報]⇒[全般]をクリックし、[プロパティ]⇒[書式設定]⇒[レイアウト]⇒[2件の列]をクリックします(**画面5-19**)。

▼画面5-19

別れたセクションに各列をドラッグ＆ドロップで移動し、**画面5-20**のように振り分けます。

▼画面5-20

フォームの編集後、[保存して公開]をクリックし、Dataverseのテーブルに最新のフォーム情報を反映させます。[保存して公開]をした後、[←戻る]をクリックし、モデル駆動型アプリに戻ります(画面5-21)。

▼画面5-21

モデル駆動型アプリの画面で[再生]をクリックし、モデル駆動型アプリを起動しましょう(画面5-22)。

▼画面5-22

設定したビューが表示されます(画面5-23)。

▼画面5-23

ビューのコマンドバーにある[+新規]をクリックし(画面5-24)、フォームを表示させます。

▼画面5-24

サンプルデータを入力し、[保存して閉じる]をクリックし、データ登録を完了させます(画面5-25)。

▼画面5-25

サンプルデータが登録され、一覧(ビュー)に表示されたことを確認します(画面5-26)。

▼画面5-26

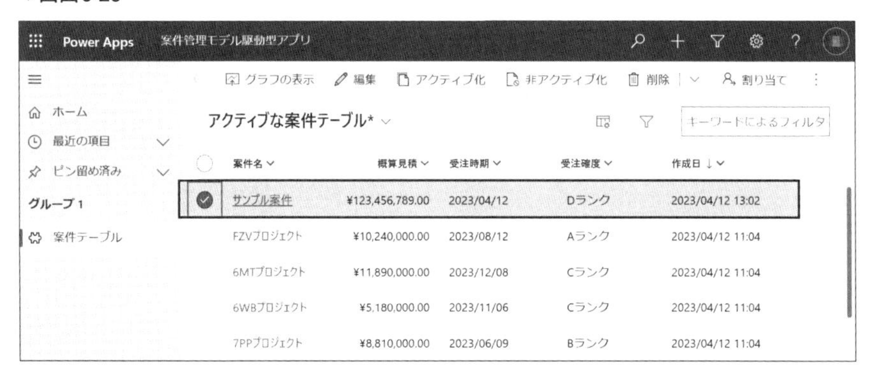

5-4 モデル駆動型アプリのデータソースを管理する

ここまでの手順で、Dataverseの「案件テーブル」を用いたモデル駆動型アプリが開発できました。モデル駆動型アプリでは、複数のページを追加でき、さまざまな情報を一元管理することができます。

ここでは、「案件テーブル」に加え、「取引先企業」をデータソースとしてモデル駆動型アプリに追加する手順を紹介します。

モデル駆動型アプリのPower Apps Studio画面で[+ページの追加]をクリックします(**画面5-27**)。

▼画面5-27

[Dataverseテーブル]を選択し、[次へ]をクリックします(**画面5-28**)。

Chapter 5

▼画面5-28

使用するテーブルを指定します。「既存のテーブルを選択する」を有効化し、検索バーに「取引先企業」と入力して、[取引先企業]をチェックして[追加]をクリックします(画面5-29)。

▼画面5-29

ページの一覧に「取引先企業テーブル」が追加されました。モデル駆動型アプ

リで使用できるかどうか、[再生]で動作を確認してみましょう(画面5-30)。保存確認画面が表示されるため、[保存して続行する]をクリックします。

▼画面5-30

左ペインに「取引先企業テーブル」が表示され、「案件テーブル」のときと同様に初期状態のビューとフォームが使用できるようになりました(画面5-31)。[再生]をクリックした後も、モデル駆動型アプリの情報が古い場合は、ブラウザを更新してください。

▼画面5-31

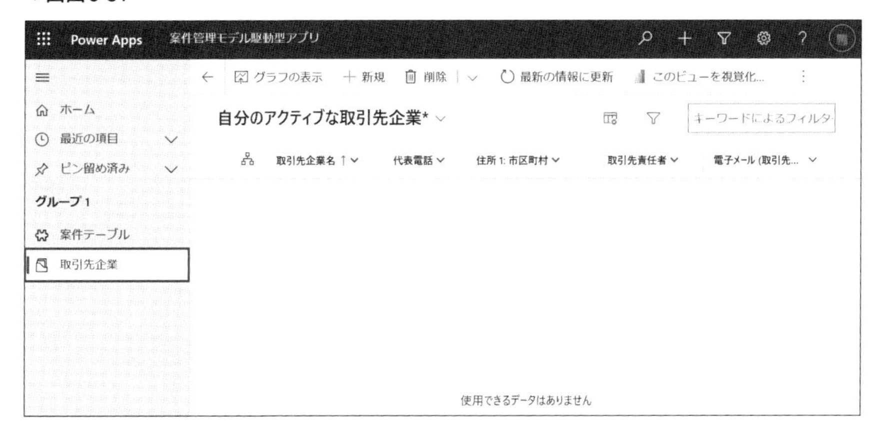

Chapter 5

このようにモデル駆動型アプリでは、モデリングされたデータを駆動させてアプリをすばやく開発できます。これで「案件テーブル」と「取引先企業テーブル」を一元管理できるモデル駆動型アプリができました。

「取引先企業テーブル」は初期状態のため、ビューとフォームはカスタマイズする必要がありますが、紹介した「案件テーブル」のカスタマイズ方法を参考に、「取引先企業テーブル」のビューとフォームもカスタマイズしてみましょう。

Column

コンポーネントとは

Power Appsのモデル駆動型アプリのフォームでは、レイアウト、グリッド、表示(メディア)、入力、AI Builder、Power BIというカテゴリごとに、コンポーネント群が用意されています(**画面5A-1**)。

▼画面5A-1

レイアウト
- 1 列のタブ
- 2 列のタブ
- 3 列のタブ
- 1 列のセクション
- 2 列のセクション
- 3 列のセクション
- 4 列のセクション
- スペーサー

グリッド
- サブグリッド
- 編集可能グリッド

表示
- HTML Web リソース
- カレンダー
- キャンバス アプリ
- クイック ビュー
- サポート情報検索
- タイムライン
- フォーム
- 画像 Web リソース
- 外部 Web サイト

入力
- CC_OptionSet_Name
- チェック ボックス
- フォーム
- ペン入力
- リッチ テキスト エディター
- 数値入力
- 星評価
- 切り替え
- 名刺リーダー

メディア
- 画像 Web リソース

コンポーネントを使用することで、フォームは見やすく、データ入力は簡略に、関連するデータはすぐに編集できるようになるなど、フォームの利便性を拡張することができます。

レイアウト

フォーム内の情報を整理し、アプリの利用者が使用しやすいフォームを作成できます。タブやセクションなど、フォームのレイアウトの構造を変更するコンポーネントがあります。

グリッド

関連するデータをまとめて表示し、必要な情報に簡単にアクセスできるフォームを作成できます。関連するビューを表示するサブグリッド、編集可能なビューを表示する編集可能グリッドなど、データの一覧表示／編集を可能にするコンポーネントがあります。

表示(メディア)

視覚的な要素を追加し、フォームの表示表現を拡張できます。カレンダーで日付情報を表示・入力する、Power Appsキャンバスアプリを埋め込んでビジュアル性の高い入力フォームを提供する、Webから指定した情報を取得、表示するなど、さまざまなコンポーネントがあります。

入力

アプリの利用者が簡単にデータを入力できるフォームを作成できます。ドロップダウン、チェックボックス、ペン入力、星評価、切り替えなどのデータ入力をサポートするコンポーネントがあります。

これらのほか、AI BuilderとPower BIのカテゴリのコンポーネントを追加することで、AI機能やビジュアル分析をフォームに追加できます。

AI Builder

AI Builderは、Power AppsのためのAI(人工知能)サービスで、コードを書かずにAI機能をアプリに組み込むことができます。AI Builderコンポーネントを使用することで、アプリに以下のような機能を追加できます。

- 画像認識：画像内のオブジェクトやテキストを検出・分類
- フォーム処理：フォームやドキュメントから情報を抽出
- テキスト分析：テキストからキーワードや感情を抽出
- 予測モデル：既存のデータを基に未来のデータを予測

Power BI

Power BIは、ビジュアルなデータ分析を提供し、データを直感的に理解し、意思決定をサポートするビジネスインテリジェンスツールです。Power BIコンポーネントを使用することで、フォームにインタラクティブなダッシュボードを組み込むことができます。

Part 2

リファレンス編

本Partでは、Power Appsのキャンバスアプリでのアプリ開発で使用頻度の高い関数やコントロールについて、リファレンス形式で紹介します。関数やコントロールをジャンル別に紹介していますので、Power Appsでのアプリ開発を一通り勉強していなくても、関数やコントロールのユースケースや開発する際のイメージが明確になるはずです。一からアプリを開発する際に「どのようなことができるのか」「どのようなことができないのか」を理解していることはとても大切です。ご自身が思い描いたイメージを形にするために、本Partでアプリ開発の第一歩を踏み出しましょう。

Chapter 6 画面遷移

紹介する関数：**Navigate**、**Back**

6-1 画面の命名について

Power Appsのキャンバスアプリ開発においては、多くの画面を設定する必要がありますが、画面の構成は主な機能ごとに管理することが推奨されています。

たとえばChapter4-1では、データを基にした3つの画面を持つアプリが自動作成されています。画面名を確認すると「BrowseScreen1」「DetailScreen1」「EditScreen1」となっています。ここで「Browse」は閲覧、「Detail」は詳細、「Edit」は編集といったように、各画面に代表的な機能名が割り当てられています。

組織によっては、画面の命名に異なるルールを採用している場合もあるかもしれませんが、アプリ開発時には画面の命名規則を統一し、共通の認識を持って開発・運用することが重要です[注6.1]。

6-2 画面遷移のための関数について

各画面が持つ機能と名称が決まったら、画面遷移や1つ前の画面に戻るためのコントロールの操作を学んでいきましょう。

Power Appsでは2種類の画面遷移方法があります。

- 指定した画面に移動する（**Navigate**関数）
- 最後に表示された画面に移動する（**Back**関数）

注6.1）"PowerApps canvas app coding standards and guidelines"
https://aka.ms/powerappscanvasguidelines

本書では多くの関数を紹介しています。関数を正しく使うには、関数ごとに決められた書き方のルール（構文）があります。また、関数のあとに続く括弧内には複数の情報（引数）を書きます。

関数の構文

```
関数(引数1, [引数2])
```

引数のうち大括弧（[]）で囲まれているものは省略可能です。任意の引数を省略した場合、デフォルト値（既定値）が自動的に指定されます。

Navigate関数

Navigate関数を使った複数画面間の画面遷移では、Top画面のBrowseボタンをクリックしたらBrowse画面へ、Browse画面のTopボタンをクリックしたらTop画面へ、といったように、各コントロールを操作した際に移動する画面を明示して画面遷移を構成します（図6-1）。

Navigate関数の構文

```
Navigate(移動先の画面名称, [画面遷移時の効果])
```

▼図6-1　Navigate関数を使用した画面遷移操作

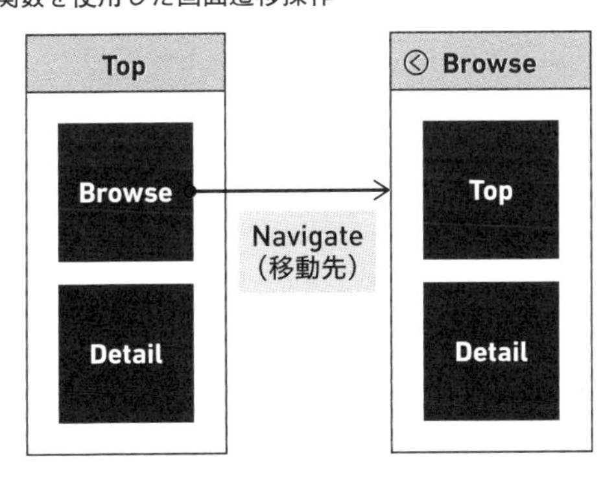

画面遷移情報（Top→Browse）は、アプリ内の画面遷移履歴で記録・管理されます。

Back関数

Back関数を使った複数画面間の画面遷移では、前述した画面遷移情報(Top→Browse)を記録したアプリ内の画面遷移履歴を参照して画面を逆遷移します(Browse→Top)。最後のTopまで戻ったあとは、**Back**関数を使用しても逆遷移先がないため、画面遷移は起こりません(図6-2)。

Back関数の構文
Back ([画面遷移時の効果])

▼図6-2　Back関数を使用した1つ前の画面に戻る操作

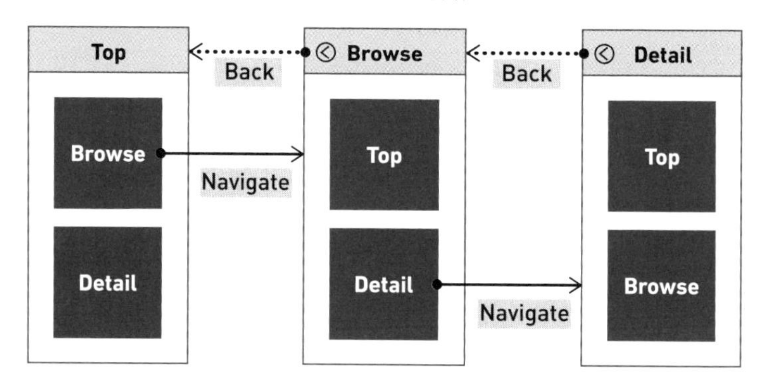

◆ ◆ ◆

Navigate関数と**Back**関数の違いは図6-3のとおりです。

▼図6-3　Navigate関数とBack関数の違い

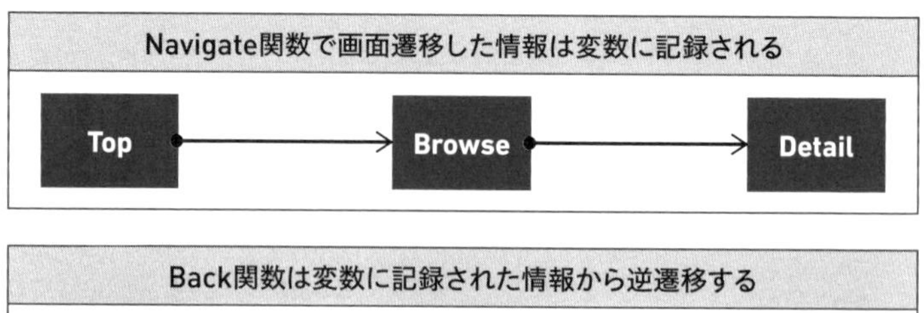

関数の引数にある**[]**内の情報は省略可能な情報を指しています。今回紹介した**Navigate**関数、および**Back**関数にある[**画面遷移時の効果**]は画面遷移時に設定する効果(エフェクト)です注6A-1。省略時はデフォルト値が使用されます。画面が横からスライドするようにしたい、画面をフェードアウトさせたいなど効果を加えたい場合は、[**画面遷移時の効果**]を明示してみましょう(表6A-1)。

注6A-1) Power AppsのBackおよびNavigate関数
https://learn.microsoft.com/ja-jp/power-platform/power-fx/reference/function-navigate

▼表6A-1　画面遷移時の効果

引数	内容
ScreenTransition.Cover	右から左に覆うように遷移先の画面が表示される
ScreenTransition.CoverRight	左から右に覆うように遷移先の画面が表示される
ScreenTransition.Fade	遷移先画面がフェードインで表示される
ScreenTransition.None (デフォルト値)	画面遷移時の効果なし
ScreenTransition.UnCover	現在の画面を押し出すように右から左に遷移先の画面が表示される
ScreenTransition.UnCoverRight	現在の画面を押し出すように左から右に遷移先の画面が表示される

※典拠元：注6A-1のページ

6-3　アプリを準備する

Power Apps メーカーポータルの[＋作成]⇒[空のアプリ]をクリックし、空のキャンバスアプリの[作成]をクリックします(**画面6-1**)。

▼画面6-1

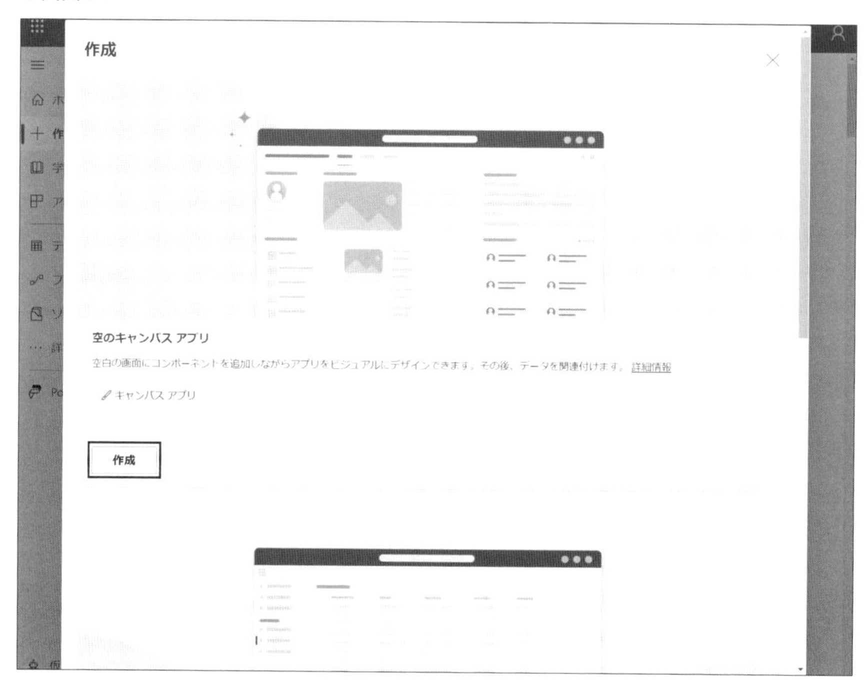

アプリに名前を付け、開発するアプリの形式を選択します。ここではアプリ名に「SampleApp」と入力し、[形式]は「電話」を選択して[作成]をクリックします(**画面6-2**)。

- タブレット形式
  タブレットやパソコン向けの横長画面アプリ
- 電話形式
  スマートフォン向けの縦長画面アプリ

▼画面6-2

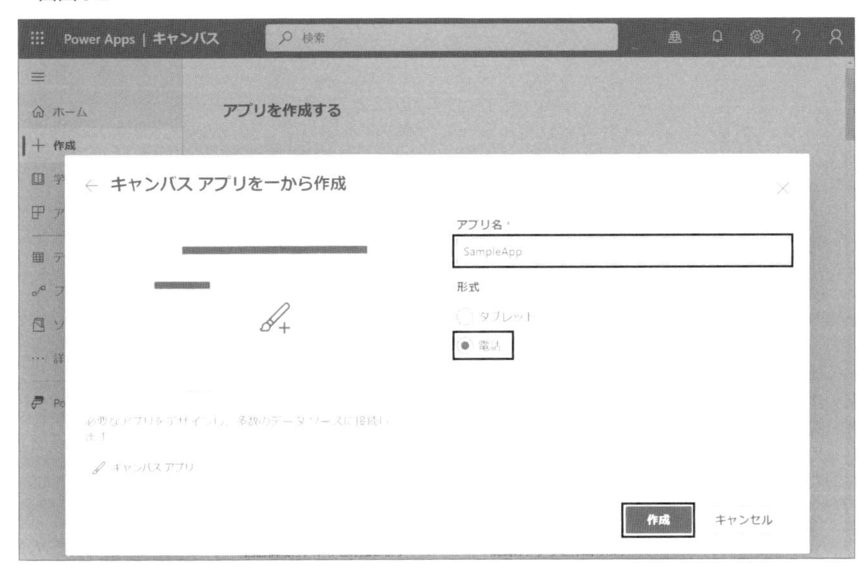

ここまで進めると、Power Appsのアプリ開発ツール「Power Apps Studio」が表示されます。Part 1で解説したとおり、誤ってブラウザを閉じたり、パソコンのトラブルでブラウザが突然終了したりした場合でも、作業内容を失わないように、空のアプリでも保存をしましょう。

画面にコントロールを配置する

今回は既出の図6-2のような3つの画面を作成し、各画面にテキストラベルを1つ、ボタンを2つ配置していきます。はじめにTop画面を作成していきましょう。

[挿入]⇒[テキストラベル]でコントロールを挿入し、プロパティペインの[テキスト]に「Top」と入力します。同じく[フォントサイズ]を「100」に、[色(ペンキマーク)]を「水色」に変更すると、**画面6-3**のように変更されたテキストラベルが表示されます(「Screen1」といったコントロールのナンバリングについては本Chapter最後のColumn「Part 2で紹介する各コントロールのナンバリング表記について」参照)。テキストラベルの位置、幅や高さ、配置(アラインメント)などはお好みで調整してください。

▼画面6-3

次は「ボタン」コントロールを挿入します。[挿入]⇒[ボタン]でボタンを挿入し、プロパティペインの[テキスト]に「Browse」と入力します。同じく[フォントサイズ]を「80」に、[色(ペンキマーク)]を「青色(デフォルト)」に変更すると、画面6-4のように変更されたボタンが表示されます。

▼画面6-4

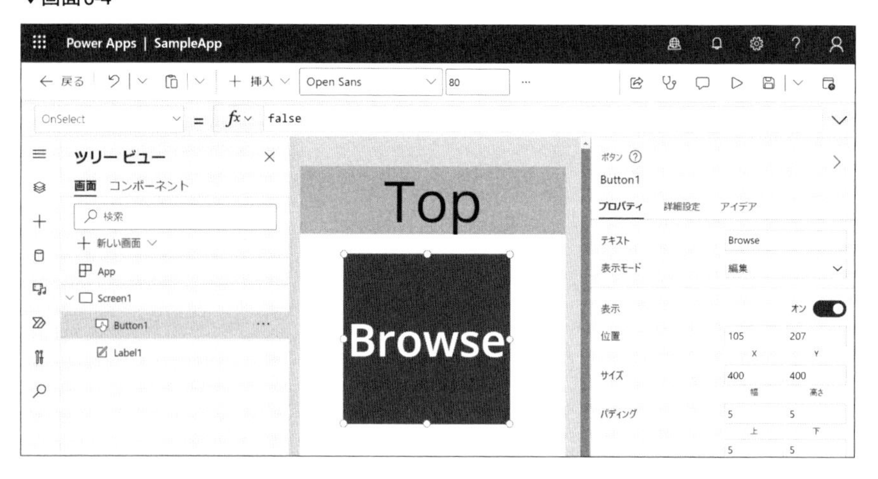

同じ操作でボタンをもう1つ追加する、または「Browse」ボタンを選択して右クリックして、[コピー]と[貼り付け]で複製したら、[テキスト]を「Detail」に変更し、2つのボタンの設定は完了です(画面6-5)。

▼画面6-5

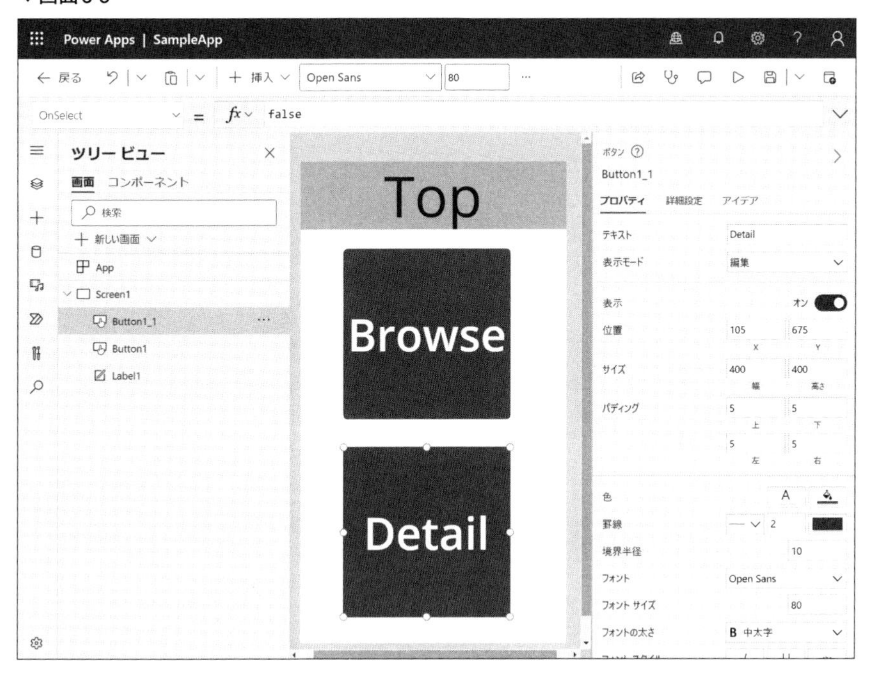

作成画面をもとに画面を複製する

ここまでの手順で1つ目の画面作成は完了です。同様の手順で2つ目、3つ目の画面を作成することもできますが、今回は画面名称のみ異なる同一構成の画面を用意するため、「画面複製」という操作で1つ目の画面を複製して複数の画面を作成します。

ツリービューの[Screen1]⇒[…]をクリックし、[画面の複製]をクリックすると、「Screen1_1」という名前の画面が複製されます(画面6-6)。同じ操作をもう一度行い、3つ目の画面も複製します。

▼画面6-6

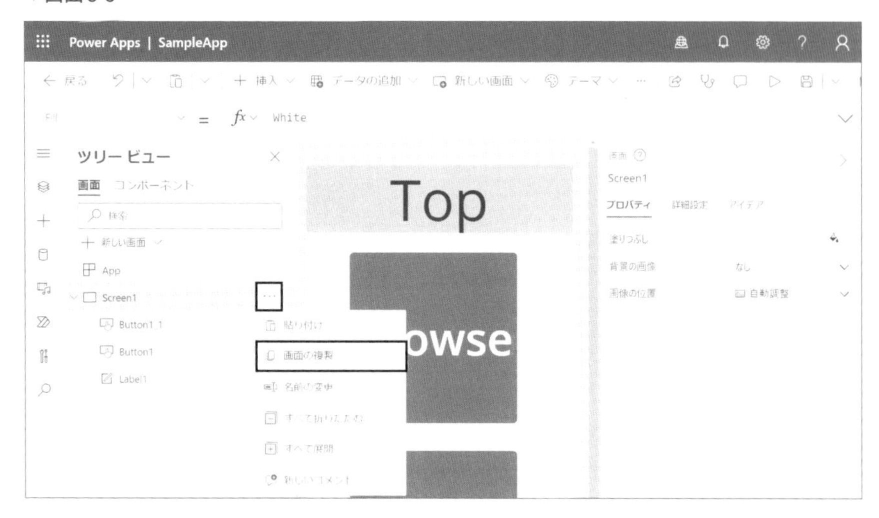

ツリービューの中には同一構成の画面が3つありますが、このままではどの画面が何を担うのか識別できないため、画面の名称を変更します。ツリービューの[Screen1]⇒[…]をクリックし、[名前の変更]で画面名を「TopScreen1」にします(**画面6-7**)。

▼画面6-7

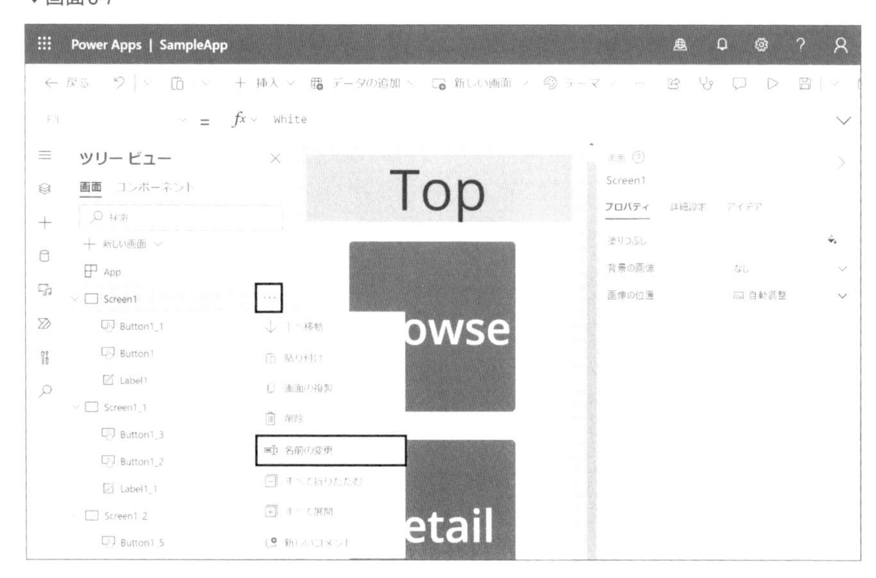

同様の操作で、残り2つの画面の名称を以下のように変更します(画面6-8)。

- BrowseScreen1
- DetailScreen1

▼画面6-8

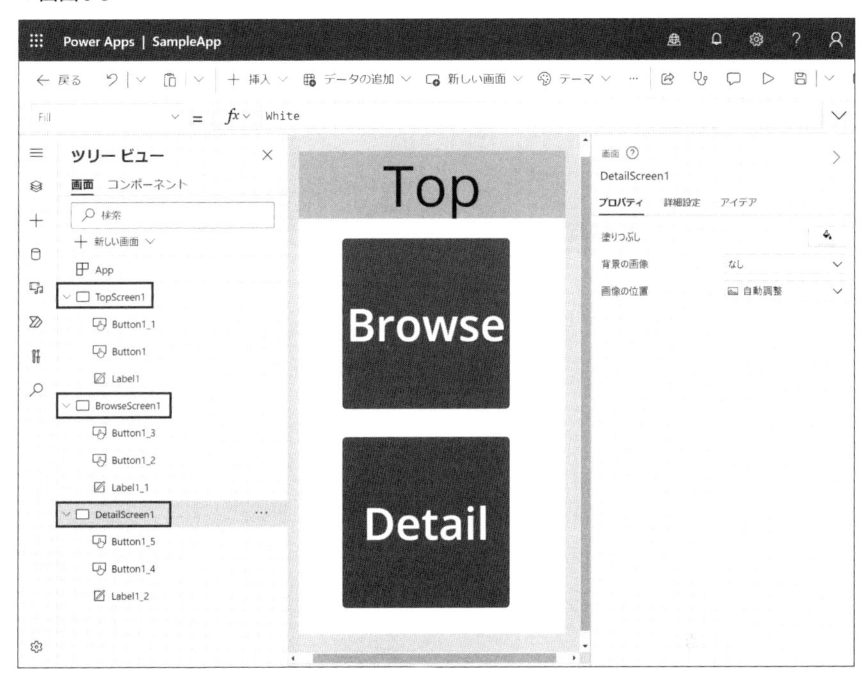

画面の名称変更が完了したら、次は各画面内のテキストラベル、ボタンの[テキスト]を図6-4のように変更します。

▼図6-4　各画面のテキストプロパティ

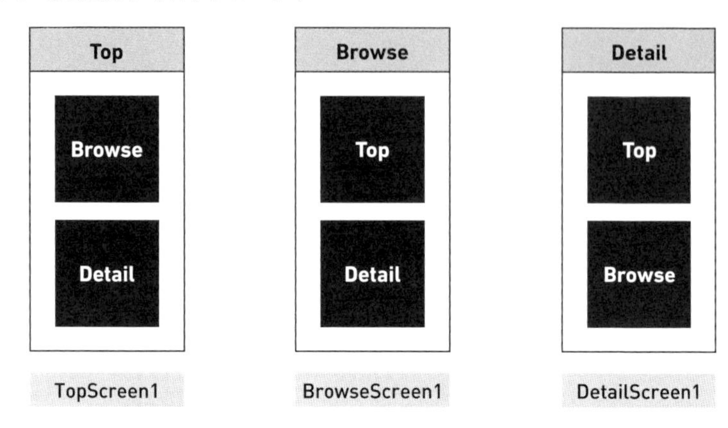

最後に、[TopScreen1]以外の画面に、1つ前に戻るアクションを担う「アイコン」コントロールを挿入します。

アイコンは豊富な種類用意されており、各アイコンにはボタンと同様にアクションを付けることができます。視覚でアクションをイメージさせたいときは、積極的に活用しましょう。

ツリービューの[BrowseScreen1]をクリックし、[挿入]⇒[アイコン]⇒[戻る矢印]を挿入します(**画面6-9、6-10**)。同様にツリービューの[DetailScreen1]をクリックし、[戻る矢印]を挿入します。

▼画面6-9

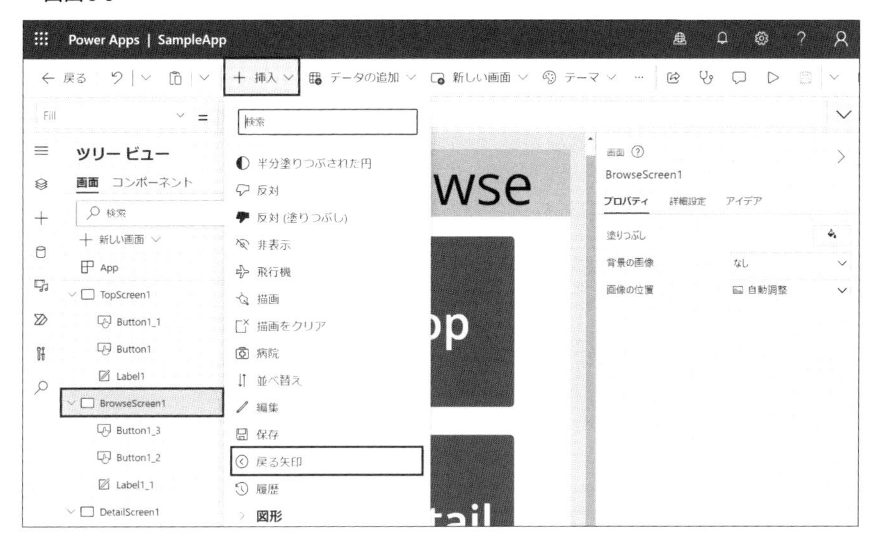

Power Apps | SampleApp
戻る
挿入
データの追加
新しい画面
テーマ
Fill
ツリー ビュー
画面
コンポーネント
検索
新しい画面
App
TopScreen1
Button1_1
Button1
Label1
BrowseScreen1
Button1_3
Button1_2
Label1_1
DetailScreen1
半分塗りつぶされた円
反対
反対 (塗りつぶし)
非表示
飛行機
描画
描画をクリア
病院
並べ替え
編集
保存
戻る矢印
履歴
図形
画面
BrowseScreen1
プロパティ
詳細設定
アイデア
塗りつぶし
背景の画像
なし
画像の位置
自動調整

▼画面6-10

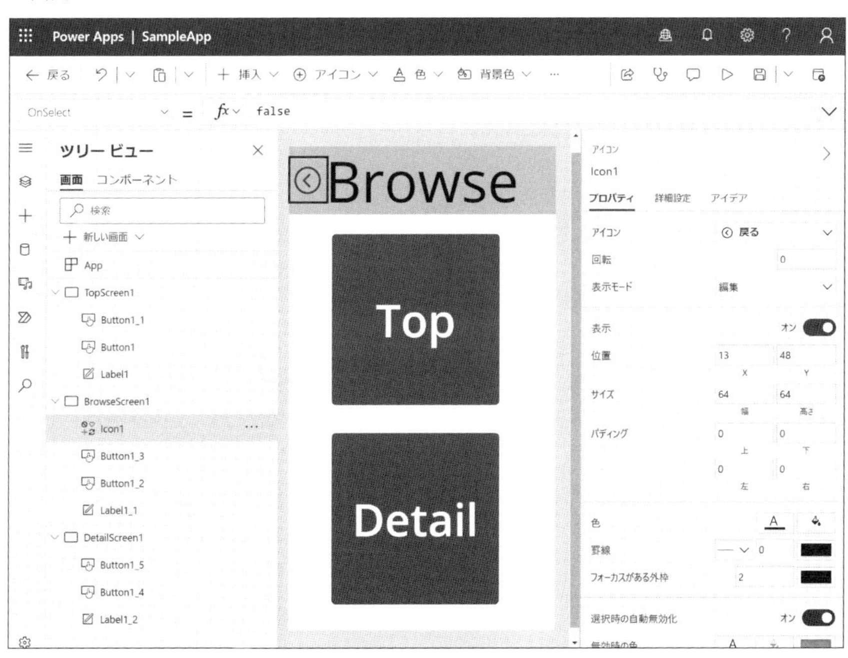

Power Apps | SampleApp
戻る
挿入
アイコン
色
背景色
OnSelect
false
ツリー ビュー
画面
コンポーネント
検索
新しい画面
App
TopScreen1
Button1_1
Button1
Label1
BrowseScreen1
Icon1
Button1_3
Button1_2
Label1_1
DetailScreen1
Button1_5
Button1_4
Label1_2
Browse
Top
Detail
アイコン
Icon1
プロパティ
詳細設定
アイデア
アイコン
戻る
回転
表示モード
編集
表示
オン
位置
サイズ
パディング
色
罫線
フォーカスがある外枠
選択時の自動無効化

6-4　コントロールに遷移のアクションを加える

次は、各画面にあるボタン・戻る矢印の**OnSelect**プロパティ（画面6-11）に、**Navigate**関数および**Back**関数を設定していきます。

▼画面6-11

設定する箇所は図6-5のとおりです。

▼図6-5　アイコン・ボタンにアクションを定義

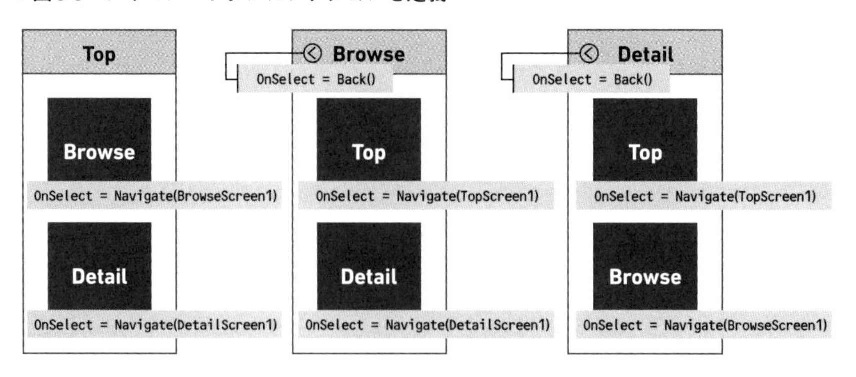

設定したアクションが正しく動作するか確認してみましょう。ツリービューの「TopScreen1」を選択して、画面右上にある［▷］（［アプリのプレビュー］）をクリックします（画面6-12）。

▼画面6-12

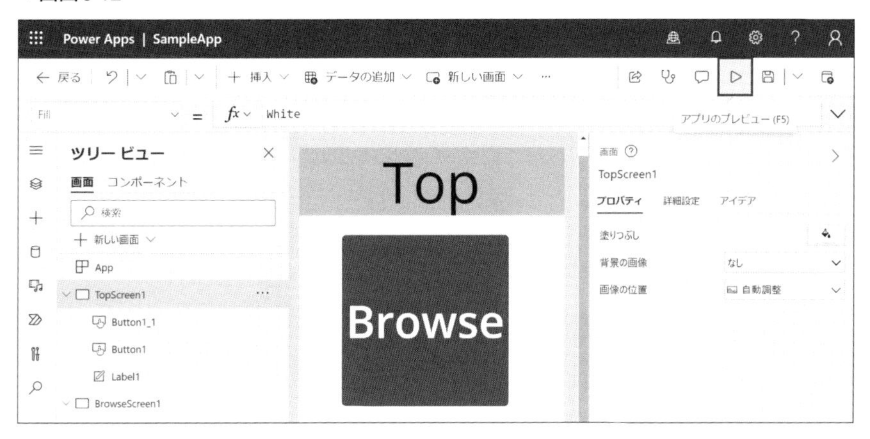

［TopScreen1］の［Browse］ボタンをクリックし（画面6-13）、［BrowseScreen1］画面が表示されることを確認します（画面6-14）。

▼画面6-13

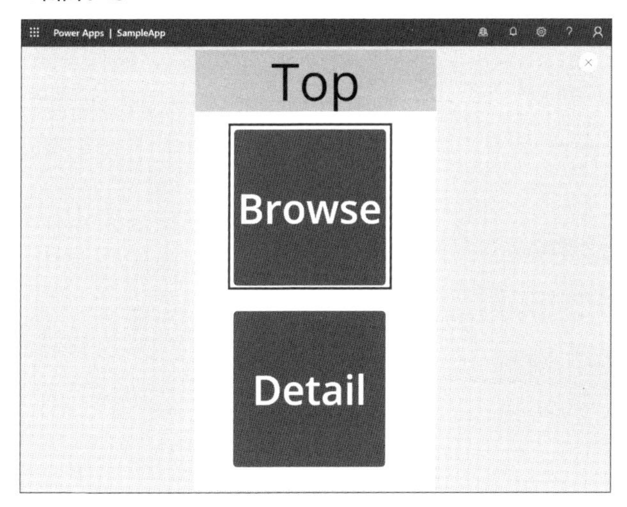

▼画面6-14

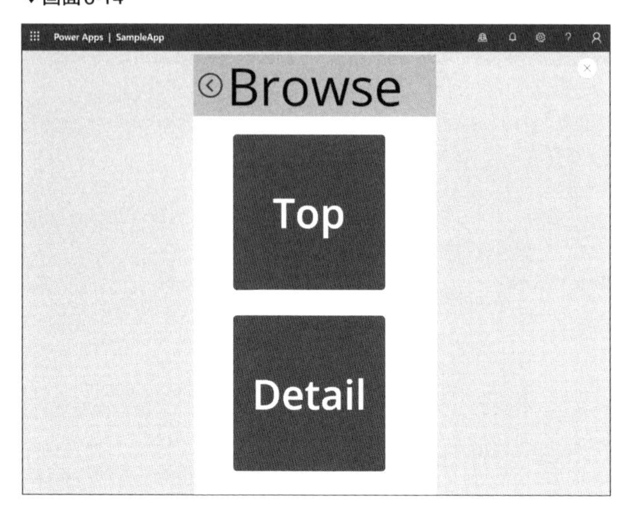

同様に[BrowseScreen1]画面上にある「Detail」ボタンをクリックして、[DetailScreen1]画面が表示されることを確認します。

次は**Back**関数のアクションを使用し、画面の逆遷移のアクションが正しく動くか確認してみましょう。[DetailScreen1]の[戻る矢印]アイコンをクリックし(**画面6-15**)、[BrowseScreen1]画面が表示されることを確認します(**画面6-16**)。

▼画面6-15

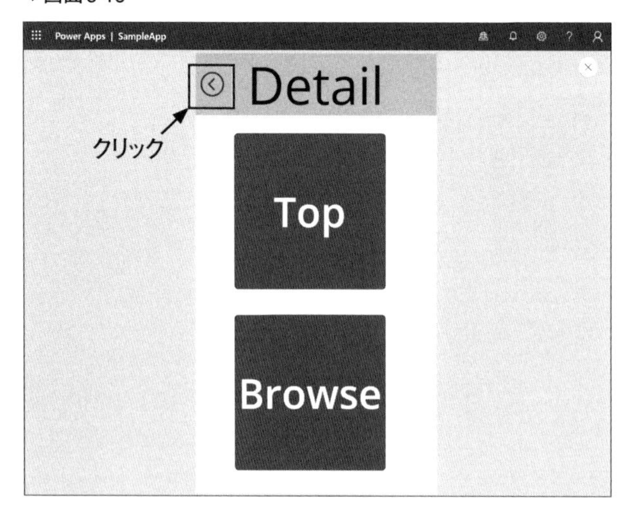

▼画面6-16

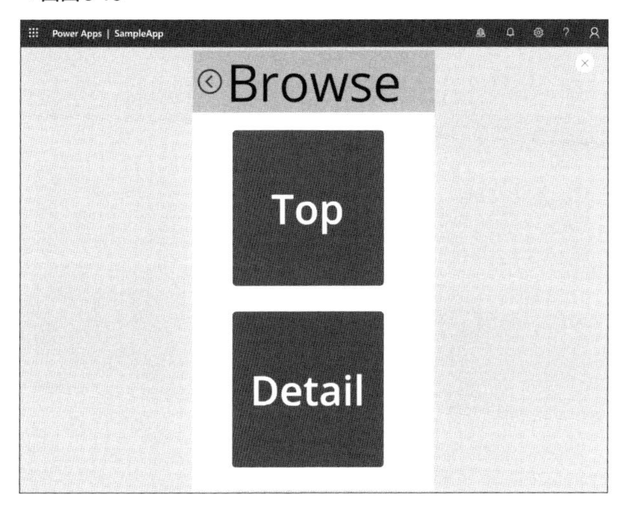

同様に[BrowseScreen1]の[戻る矢印]アイコンをクリックし、[TopScreen1]画面が表示されることを確認します。

このように画面遷移の操作は、画面遷移を指定する**Navigate**関数と、遷移した情報をもとに逆遷移する**Back**関数の2種類があることを覚えておきましょう。

Part 2で紹介する各コントロールのナンバリング表記について

Power Appsでは複数の画面やコントロール(ボタン、テキストラベルなど)を使用する場合、標準で画面およびコントロール名の末尾に、自動的にナンバリングが付与される仕様です。Part 2では自動でナンバリングされた画面、コントロール名を使用して手順を説明しています。ご自身の検証環境で説明手順以外の画面やコントロールを追加、削除した場合は、ナンバリングが本書とお手元の環境で異なるものになる可能性があります。その際は、ナンバリングは各環境で適切に読み替えください。

```
アプリ
├画面 (Screen1)
│ ├ボタン (Button1)
│ ├ボタン (Button2)
│ └ボタン (Button3)
├画面 (Screen2)
│ └ボタン (Button4)
└画面 (Screen3)
  └ボタン (Button5)
```

Chapter 7

日付・時刻操作

紹介する関数：Today、Now、Date、Year、Month、Day、DateAdd

7-1　アプリ開発における「日付と時刻」

アプリ開発において、日付と時刻を適切に「加工」することは必要不可欠です。

たとえば、アプリ上に今日の日付と時刻を表示したいとします。日付はリアルタイム表示が前提なので、今日が2023年4月1日なら「2023/04/01」と表示されますが、明日になれば「2023/04/02」と表示されなければなりません。

Power Appsには「現在」「過去」「未来」の日付や時刻を取得する関数が用意されています。これらの関数を使うことで、アプリ起動時の日付が表示されるというような、動的な機能を作成できます。

本Chapterでは、Power Appsでの日付や時刻の取得・表示・加工について説明します。前半では、日付や時刻を取得してコントロールに表示する方法について、後半は応用として、それらの加工や任意の日付を取得する方法について学んでいきます。

7-2　現在の日付や時刻を取得する

本節では、現在の日付や時刻を取得して、「テキストラベル」コントロールに表示する方法を説明します。

キャンバスアプリの編集画面（Chapter 6で作成したSampleAppなど）で、[挿入]⇒[ディスプレイ]から[テキストラベル]を選択します（**画面7-1**）。

▼画面7-1

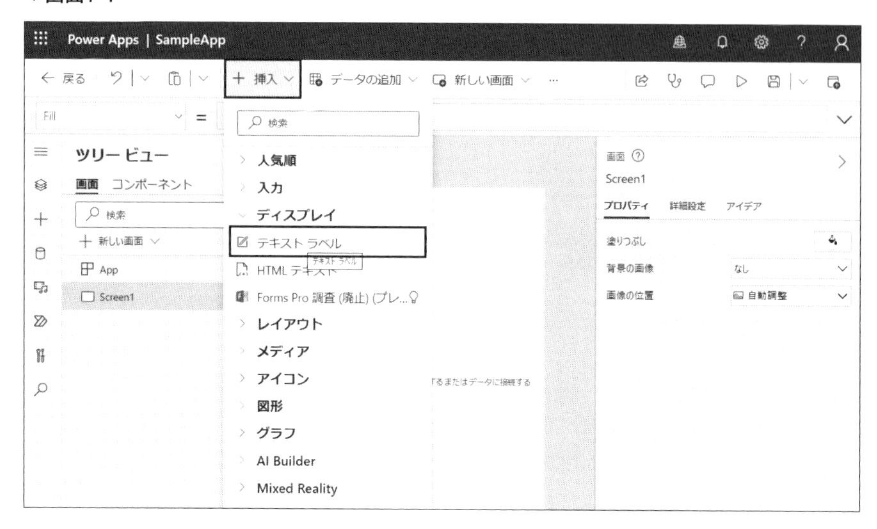

デフォルトでは「"テキスト"」が設定されているため、画面上にはテキストと表示されています(**画面7-2**)。

▼画面7-2

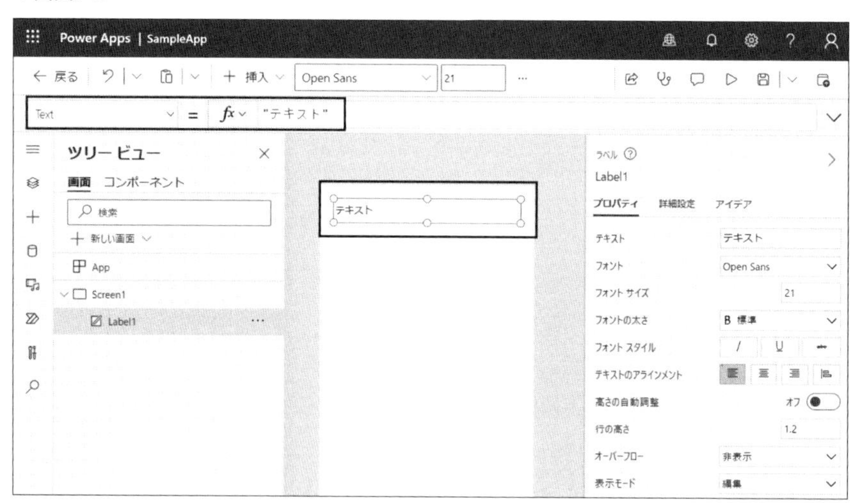

Today関数

現在の日付を取得するには**Today**関数を使用します。

Today関数の構文　※()内には何も記述しない

```
Today()
```

テキストラベルの**Text**プロパティを以下のように入力します。

Label1.Text

```
Today()
```

執筆現在の日付が表示されます(**画面7-3**)。

▼画面7-3

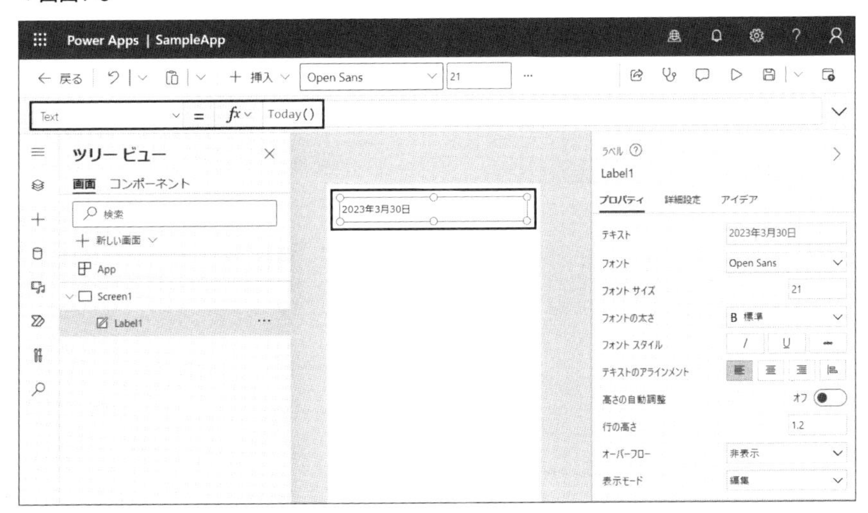

Now関数

現在時刻を取得するには**Now**関数を使用します。

Now関数の構文　※()内には何も記述しない

```
Now()
```

テキストラベルの**Text**プロパティを以下のように入力します。

```
Label1.Text
Now()
```

執筆現在の時刻が表示されました(**画面7-4**)。

▼画面7-4

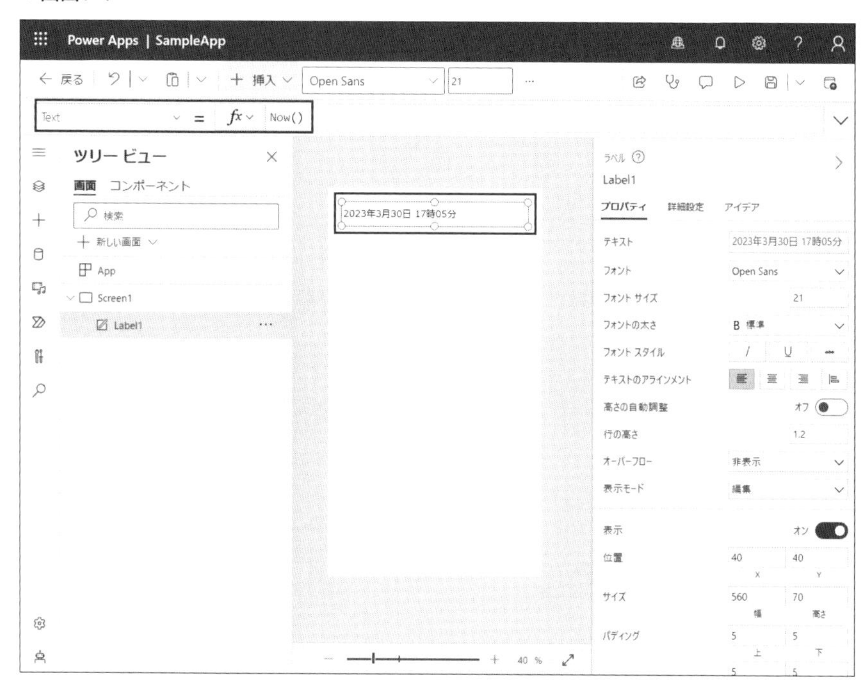

7-3　任意の日付をDate(日付)型で取得する

「日付の選択」コントロールは、カレンダーアイコンを押すことで日付を選択できるコントロールです。ここでは日付の選択の初期値(初期日付)をDate(日付)型で指定する方法を説明します。

[挿入]⇒[入力]⇒[日付の選択]の順に選択します(**画面7-5**)。

▼画面7-5

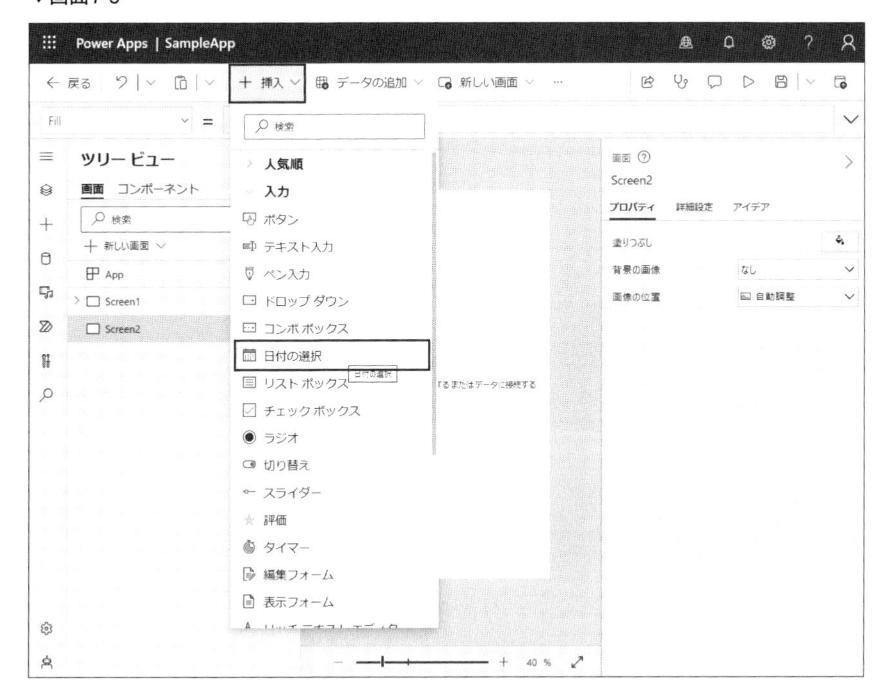

Power AppsではPower Fx注7A-1というローコード言語が使われています。Power Fxのデータ型はDataverseのデータ型とは異なります。

注7A-1) https://learn.microsoft.com/ja-jp/power-platform/power-fx/data-types

日付の選択の初期値は**DefaultDate**プロパティで設定できます。初期値は**Today()**になっており、画面上には執筆現在の日付が表示されています(画面7-6)。

▼画面7-6

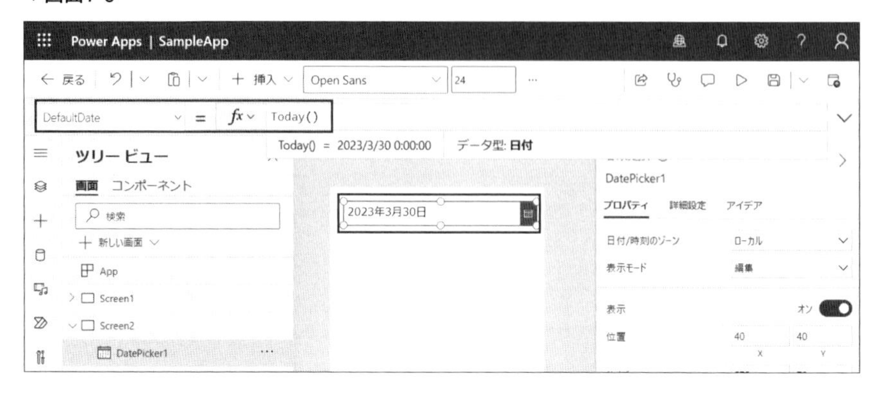

任意の日付をDate(日付)型で取得するには**Date**関数を使用します。

Date関数の構文

```
Date(年, 月, 日)
```

「2024年2月4日」を指定してみます。**DefaultDate**プロパティを以下のように入力します。

DatePicker2.DefaultDate

```
Date(2024,2,4)
```

初期値として画面上に2024年2月4日が表示されます(**画面7-7**)。

▼画面7-7

7-4　日付からNumber(数値)型を取得する

Year関数、**Month**関数、**Day**関数を使用すると、日付からそれぞれ年、月、日の数字をNumber(数値)型で取得することができます。

Year関数の構文

```
Year(日付)
```

Month関数の構文

```
Month(日付)
```

Day関数の構文

```
Day(日付)
```

本節では、テキストラベルに現在の日付が何日なのかをNumber(数値)型で表示する方法を説明します。

先ほどと同様に[挿入]⇒[ディスプレイ]から[テキストラベル]を選択し、テキストラベルの**Text**プロパティを以下のように入力します。

Label1.Text

```
Day(Today())
```

執筆現在は2023年3月30日なので、「日」部分にあたる数字の30が表示されました(画面7-8)。

▼画面7-8

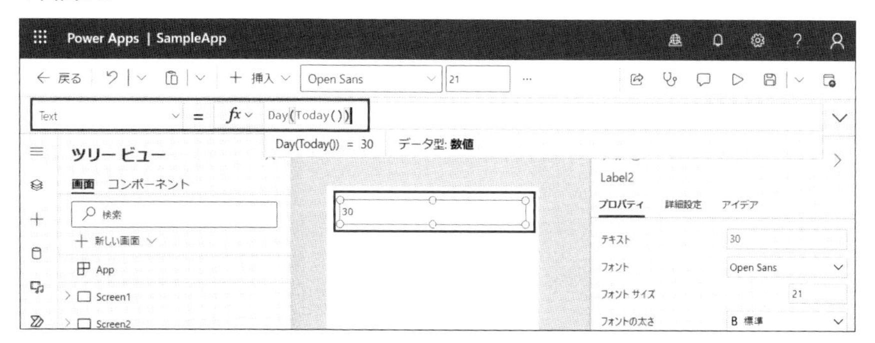

数式バーの補足情報を見ても、**Day(Today())**によって得られた値がNumber(数値)型であることがわかります。

同様に**Month**関数や**Year**関数を使用すると、月や年をNumber(数値)型で取得することができます。

7-5 過去や未来の日付を取得する

Power Appsでは、**Today**関数で現在の日付を取得する、**Date**関数で任意の日付を取得するほかに、**DateAdd**関数で過去や未来の日付を取得することも可能です。では、今日から見て昨日や明日の日付を取得して、テキストラベルに表示してみましょう。

[挿入]⇒[ディスプレイ]から[テキストラベル]を選択し、追加したテキストラベルに明日の日付を表示します。特定の日付から前後した日付を取得するには**DateAdd**関数を使用します。

DateAdd関数の構文

```
DateAdd(日付,加算する日数)
```

テキストラベルの**Text**プロパティを以下のように入力します。

Label.1Text

```
DateAdd(Today(),1)
```

執筆現在は2023年3月30日なので、2023年3月31日が表示されます(画面7-9)。

▼画面7-9

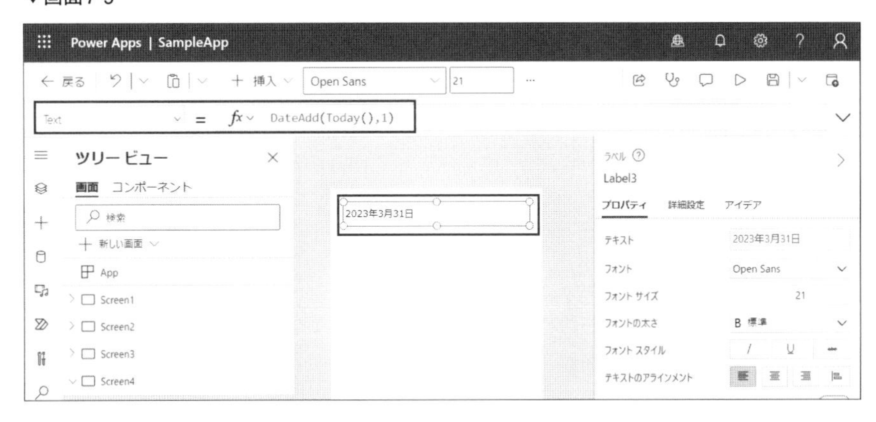

同様に、昨日の日付を表示するには**Text**プロパティを以下のように入力します。

Label2.Text

```
DateAdd(Today(),-1)
```

昨日の日付である、2023年3月29日が表示されました(**画面7-10**)。

▼画面7-10

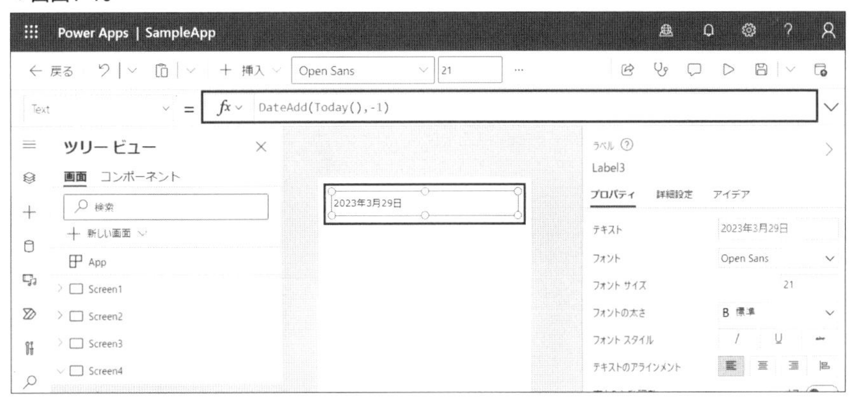

Today関数は常に「今日」の日付を表示するので、翌日アプリを起動すると2023年3月30日が表示されています。

このように、**Today**関数と**DateAdd**関数を組み合わせることで、過去や未来の日付を取得することができます。

今月末の日付を取得する

本Chapterでは明日や昨日といった日付を取得しました。しかし、たとえば今月末の日付を表示したい場合、どのように取得したらよいのでしょうか。月末日は31日だけでなく30日や28日の場合もあるため、**DataAdd**関数では月によって何日足せば良いかが変わってきてしまいます。

いくつか取得する方法はありますが、ここでは**Today**関数、**Year**/**Month**/**Date**関数、**Day**関数、**DateAdd**関数をすべて使用して今月末を取得する方法を紹介します。

[挿入]⇒[ディスプレイ]から[テキストラベル]を選択し、テキストラベルの**Text**プロパティを以下のように入力します。

```
Label1.Text
DateAdd(Date(Year(Today()),Month(Today())+1,Day(1)),-1)
```

上記の式では、**Date**関数で来月の1日を取得し、**DateAdd**関数でその前日を取得しています。執筆現在の月末の日付が表示されました(画面7A-1)。

▼画面7A-1

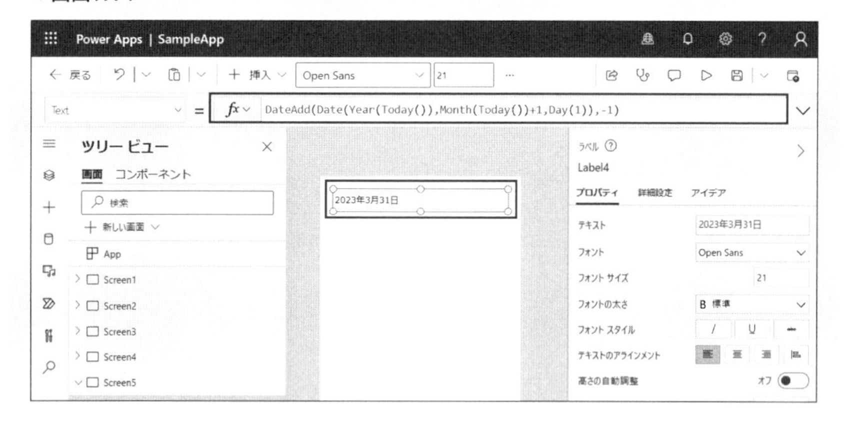

Chapter 8 集計

紹介する関数：**Sum、Average、Max、Min、CountIf**

8-1 Excelのようにデータを集計する

Power Appsではさまざまなデータソースからデータを読み込むことができます。読み込んだデータはそのまま使うだけでなく、集計することもできます。本ChapterではExcelの関数で使用頻度の高いMAX関数やSUM関数に相当する集計関数の使用方法について説明します。

例として表8-1、8-2のようなテスト結果テーブルを集計し、結果をアプリ上に表示します。Chapter 3を参考に、あらかじめテーブルを作成し、データを追加しておきましょう。

▼表8-1　テスト結果テーブルの定義（スキーマ名：trnTestResult）

表示名	スキーマ名	データの種類	書式	必須
生徒（プライマリ列）	studentName	1行テキスト（プレーンテキスト）	テキスト	必要なビジネス
点数	scoreNumber	整数	－	必要なビジネス

▼表8-2　テスト結果

生徒	点数
青井航平	90
荒井隆徳	90
佐藤晴輝	68
萩原広揮	84

DataverseのテーブルをPower Appsのキャンバスアプリで読み込みます。例として、「空のキャンバスアプリ」（Chapter 6参照）を作成した後に[名前を付けて保存]をクリックし、適当な名前を付けて保存します。その後、Dataverseを読み込みます。画面左のメニューから[データ]⇒[データの追加]⇒[テーブル]⇒[テスト結果]とクリックします（画面8-1）。

▼画面8-1

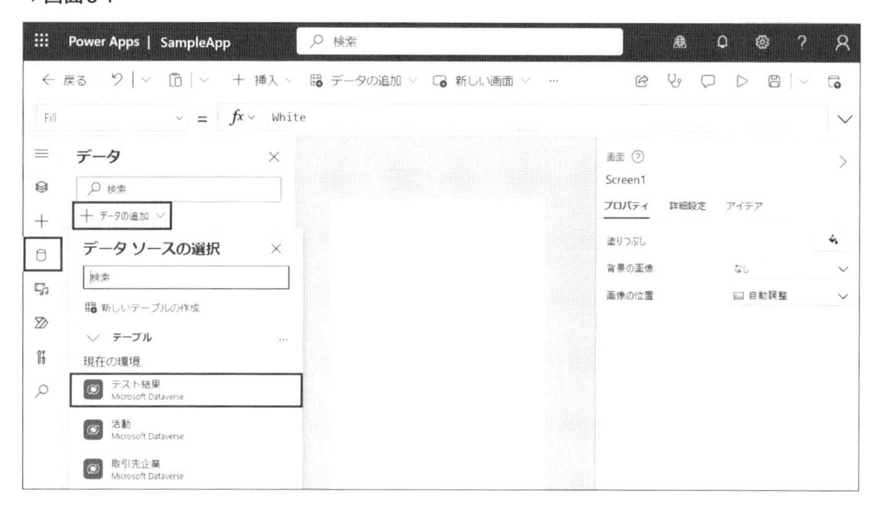

8-2　合計値と平均値を取得する

Sum関数

テーブルの特定の列をすべて合計するには**Sum**関数を使用します。

Sum関数の構文

```
Sum(集計したいテーブル,[集計したい列名])
```

今回は例として、テスト結果テーブルの点数列の合計をテキストラベルに表示します。[挿入]⇒[テキストラベル]をクリックし、テキストラベルを追加します。追加したテキストラベルの**Text**プロパティを以下のように入力します。

Label1_1.Text

```
Sum(テスト結果,点数)
```

点数列の合計値が表示されました(**画面8-2**)。

▼画面8-2

Average関数

テーブルの特定の列の平均値を取得するには**Average**関数を使用します。

Average関数の構文

```
Average (集計したいテーブル,[集計したい列名])
```

テキストラベルを追加して、**Text**プロパティを以下のように入力します。

Label1_2.Text

```
Average(テスト結果,点数)
```

点数列の平均値が表示されました(**画面8-3**)。

▼画面8-3

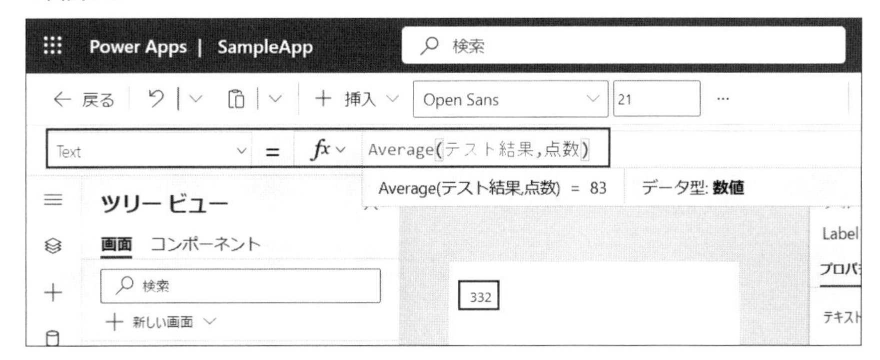

8-3　最大値と最小値を取得する

Max関数

テーブルの特定の列の中から最大値を取得するには**Max**関数を使用します。

Max関数の構文

```
Max(集計したいテーブル,[集計したい列名])
```

新しい画面を追加し（画面8-4）、テキストラベルを画面に配置します。

▼画面8-4

追加したテキストラベルの**Text**プロパティを以下のように入力します。

Label2_1.Text

```
Max(テスト結果,点数)
```

点数列の最大値が表示されました（画面8-5）。

▼画面8-5

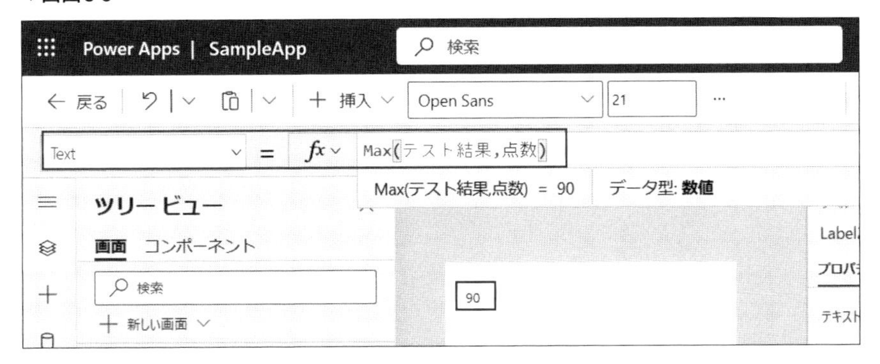

Min関数

テーブルの特定の列の中から最小値を取得するには**Min**関数を使用します。

Min関数の構文

```
Min(集計したいテーブル,[集計したい列名])
```

テキストラベルを追加し、**Text**プロパティを以下のように入力します。

Label2_2.Text

```
Min(テスト結果,点数)
```

点数列の最小値が表示されました(画面8-6)。

▼画面8-6

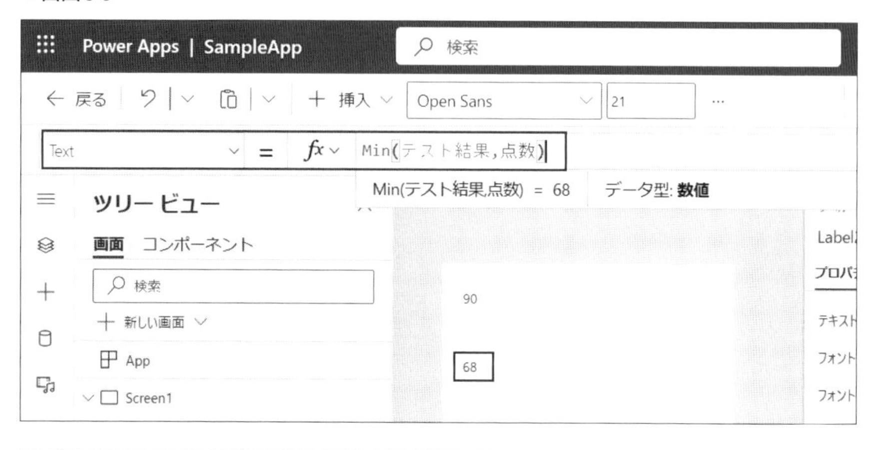

8-4　テーブルのレコード数を取得する

CountIf関数

テーブルの中で特定の条件を満たすレコードの数を取得するには**CountIf**関数を使用します。

CountIf関数の構文

```
CountIf(集計したいテーブル,[条件])
```

条件の中では、列名を指定することでその列に対しての比較を行うことができます。たとえば、「点数」が「70」以上のレコード数を取得したい場合、**Text**プロパティを以下のように入力します(**画面8-7**、比較演算子についてはChapter 7参照)。

Label3_1.Text

```
CountIf(テスト結果,点数>=70)
```

▼画面8-7

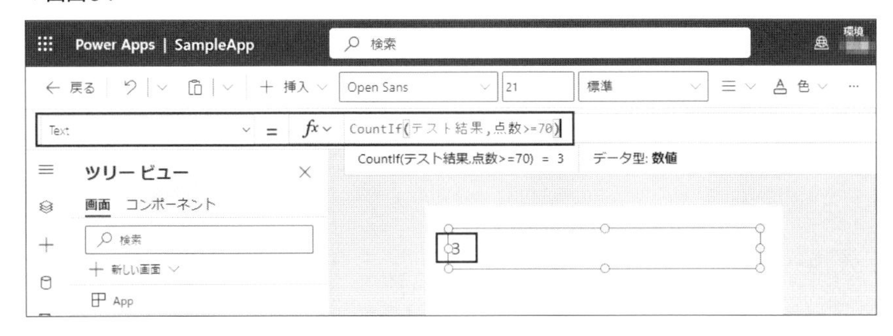

また、すべてのレコード数を取得したい場合は「条件」に「true」と入力します。

Label3_2.Text

```
CountIf(テスト結果,true)
```

レコードの全数である4が表示されました(画面8-8)。

▼画面8-8

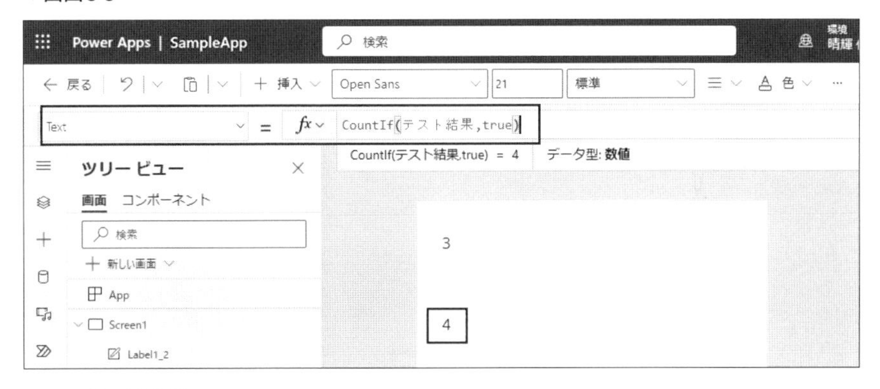

Column

キャンバスアプリのデータソースへの委任

Power Apps のキャンバスアプリには、データソースへの「委任」というしくみがあります。本書で扱っているデータソースであるDataverseも委任をサポートしています。

Power Appsにおける委任とは、対象の関数をデータソース側で実行し、結果だけをアプリへと送信することです。そうすることで、データの通信量を大幅に削減することができます。また、データソースはデータを扱うことに特化しているので、アプリ側で実行するよりも効率的に処理できます（図8A-1）。

▼図8A-1　Dataverseへの計算の委任

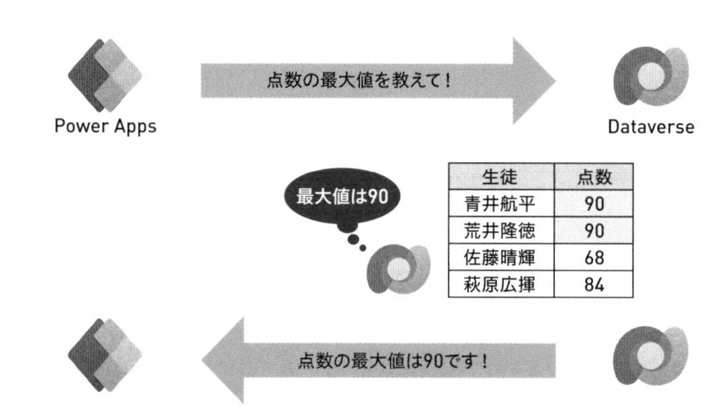

委任ができない場合は、元となるデータをアプリへと送信し、アプリ側で関数を実行します（図8A-2）。

▼図8A-2　Power Appsで計算を実行

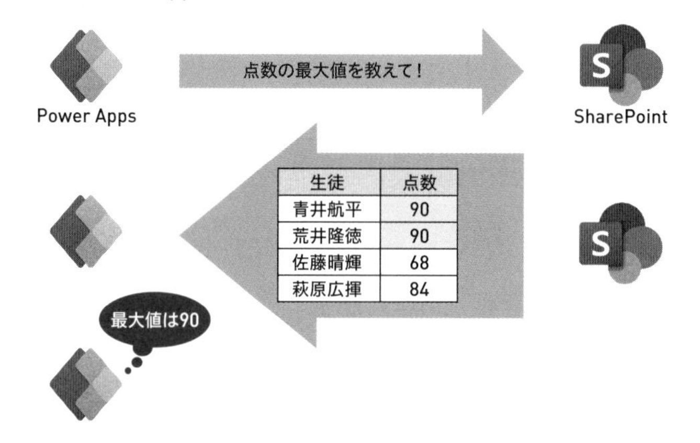

このとき、送信できる元データの量に上限があるため、想定していた結果とは異なる結果が表示されることがあります(図8A-3)。

▼図8A-3 送信データに不足があり、間違った結果になってしまう

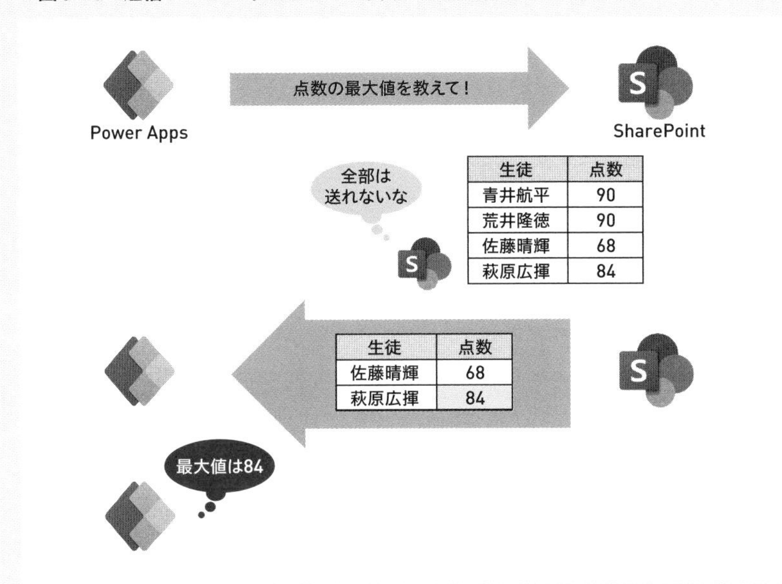

送信するデータの上限は設定により変更が可能です。しかし、大きすぎるデータの送信はアプリのパフォーマンスを下げる可能性があります。変更方法についてはMicrosoft公式のリファレンス注8A-1を参照してください。

Power Appsでは委任が可能な場合、自動で委任されるようになっています。なるべく委任が可能な関数や実行方法を選択するようにしましょう。委任が可能な関数や条件はデータソースによって異なるので、注8A-1のリファレンスを参照してください。

注8A-1 https://learn.microsoft.com/ja-jp/power-apps/maker/canvas-apps/delegation-overview

Chapter 9 変数

紹介する関数：**UpdateContext**、**Set**

9-1 変数とは

「変数」とは、数値や文字などの値を一時的に格納できる箱のようなものです。アプリ開発を始めたばかりの方にとって変数は難しく感じるかもしれませんが、変数を使用することには多くのメリットがあります。その都度設定をしなくても同じ値を使いまわせたり、条件に合わせて表示情報を変えられたりなど、アプリ開発の幅が大きく広がります。本Chapterでは Power Appsの変数とその使用方法について説明します。

Power Appsの変数には、「コンテキスト変数」と「グローバル変数」の2種類があります(**表9-1**)。これらの変数の主な違いは、変数を箱としたとき、箱から値を出し入れできる範囲(スコープ)です。

▼表9-1　Power Appsの変数

	コンテキスト変数	グローバル変数
使用関数	UpdateContext関数	Set関数
スコープ	1つの画面内で使用可能	すべての画面で使用可能
記法	**UpdateContext({変数名 : 値})**	**Set(変数名,値)**

グローバル変数は、アプリ内のどの画面からでも作成・更新・読み取りができます。対してコンテキスト変数は、変数を作成した画面でのみ更新・読み取りができます。グローバル変数は、どの画面からでも呼び出せるため便利である反面、逆に言えばどの画面からでも値を更新できてしまいます(**図9-1**)。

そのため、用途が同一画面内で完結する場合はなるべくコンテキスト関数を使うことが望ましいでしょう。逆に、「アプリ全体を通して同じスタイル(フォント、サイズ、色など)を使いたい」という場合や、「ある画面で選択されたギャラリーのレコードをほかの画面でも利用したい」などの場合であれば、グローバル変数が有効です。

▼図9-1　グローバル変数のスコープ

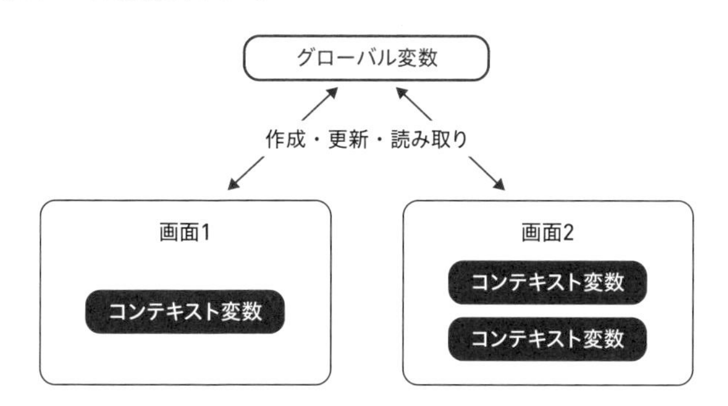

変数の数が多くなると、それぞれの変数がどのような用途で使われているのかや、その変数がコンテキスト変数なのか、グローバル変数なのかといったことがわかりづらくなります。そのため命名規則を工夫して「loc_」「glb_」などの接頭辞を付けたり、小文字始まりと大文字始まりで使い分けたりするなど、わかりやすい名前を心がけましょう。

コンテキスト変数、グローバル変数ともに、任意のデータ型の値を入れることができます。ただし注意点として、最初に変数を作成したときの値のデータ型と異なるデータ型の値に更新することはできません（たとえば、最初にDate（日付）型として作成した変数の値をText（文字列）型に更新することはできません）。また、変数はアプリを閉じると値がリセットされます。

9-2　変数の値をテキストラベルに表示する

変数は、それぞれのコントロールのプロパティに設定することで、自由に扱うことができます。本節では、事前に設定した値を、変数を介してテキストラベルに表示する方法を説明します。あらかじめText（文字列）型のコンテキスト変数を定義し、その変数をテキストラベルの**Text**プロパティに設定します。

本節では例として、**OnVisible**プロパティに**UpdateContext**関数を設定する手順を説明します。**OnVisible**プロパティは、その画面が表示されたときに設定した関数を実行するプロパティです。たとえば、Screen1の**OnVisible**プロパティに**UpdateContext**関数を設定した場合、Screen1を表示するたびに変数に値が代入されるため、初期化する処理を設定するのに便利です。

[空のキャンバスアプリ]を[電話]形式で作成します。手順はChapter 6-3で解説しています。

UpdateContext関数

コンテキスト変数を定義するには**UpdateContext**関数を使用します。

UpdateContext関数の構文

```
UpdateContext({変数名 : 値})
```

UpdateContext関数が実行されると変数に値が格納されます。[Screen1]のプロパティとして、ドロップダウン(プロパティリストの[v]ボタン)から**OnVisible**を選び、以下のように入力します(画面9-1)。

Screen1.OnVisible

```
UpdateContext({contextVariable : "コンテキスト変数"})
```

▼画面9-1

変数の内容を表示するテキストラベルを追加します。[挿入]⇒[ディスプレ

イ]からテキストラベルを追加し、追加したテキストラベルの**Text**プロパティを以下のように入力します(画面9-2)。

```
Label1.Text
contextVariable
```

▼画面9-2

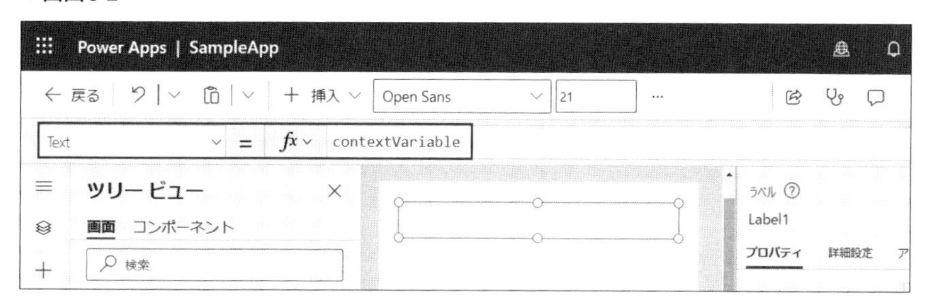

OnVisibleプロパティの動作を確認するには画面の切り替えを行う必要があるため、ここでは新規の画面を作成し、2画面で画面遷移させ、**OnVisible**プロパティの動作を確認していきましょう。

[ツリービュー]⇒[新しい画面]⇒[空]を選択し、新しい画面を追加します。[Screen2]が追加され、自動で[Screen2]に移動します。次に[ツリービュー]から、あらためて[Screen1]を選択します(画面9-3)。

▼画面9-3

テキストラベルに設定した「コンテキスト変数」が画面に表示されれば成功です。

9-3　変数の値を変更する

変数の値は、**Set**関数や**UpdateContext**関数を実行することで上書きできます。また、変数をコントロールに指定している場合は、変数に格納した値が変わるとコントロールの表示も自動で変更されます。

本節では、ボタンが押された際にテキストラベルに設定されている値を変更する手順を説明します。

まず、テキストラベルに最初に表示する値(変数の初期値)を設定します。[Screen2]の**OnVisible**プロパティを以下のように入力します(**画面9-4**)。

Screen2.OnVisible
```
UpdateContext({contextVariable : "ボタンが押される前"})
```

▼画面9-4

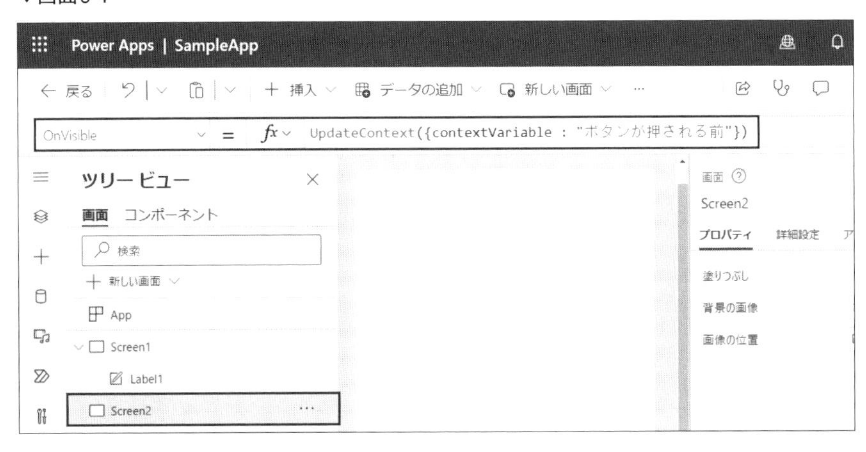

[挿入]から、変数の表示先であるテキストラベルと、上書き処理を行うためのボタンを追加します(**画面9-5**)。

▼画面9-5

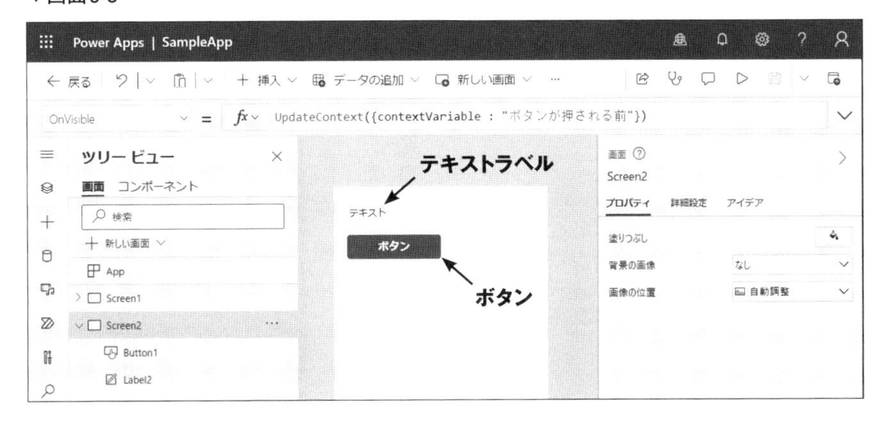

テキストラベルとボタンのプロパティを以下のように入力します。

Label1.Text

```
contextVariable
```

Button1.OnSelect

```
UpdateContext({contextVariable : "ボタンが押されました"})
```

一度、[Screen2]の**OnVisible**を起動するためにツリービューから[Screen1]など別の画面に遷移してから戻ってきます。テキストラベルに初期値(「ボタンが押される前」)が表示されました(**画面9-6**)。

▼画面9-6

右上の[▷]([アプリのプレビュー])ボタンからプレビューに移り、ボタンをクリックします。テキストラベルの表示が「ボタンが押されました」に変わっていることを確認します(画面9-7)。

▼画面9-7

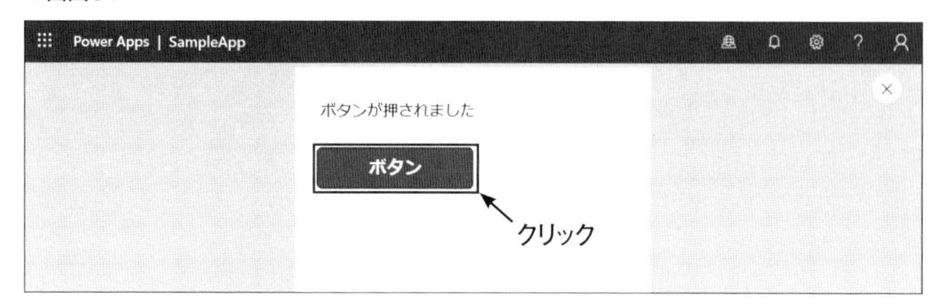

再度ボタンを押しても、テキストラベルの表示は「ボタンが押されました」から変更されることはありません。ボタンが押されると、変数の値に「ボタンが押されました」を格納する処理が動きますが、一度めのクリックで既に値が更新されているからです。

このように、変数を使用することで表示や条件などを動的に設定することができます。さらに**If**関数(Chapter 11参照)を併用することで、より細かい条件設定が可能になります。

9-4　変数の値を別画面から読み取る

このChapterの冒頭で説明したように、**Set**関数を使ったグローバル変数はアプリ内のすべての画面で使用できます。変数の数が増えてくると、間違えて対象ではない変数を読み取ったり変更したりしてしまう可能性が大きくなるため、画面ごとに作成するコンテキスト変数を使うことが推奨されます。ただ、あまり変数を多く使わない場合や、同じ変数の値を複数の画面で読み取る場合は、グローバル変数が便利です。

本節では、**Set**関数を使ってグローバル変数を作成する画面と読み取る場面を分け、変数が別の画面からも読み取れることを確認します。具体的には、[Screen3]で選択された「ドロップダウン」コントロールの値を[Screen4]のテキストラベルに表示する手順を見ていきましょう。

Set関数

まず[新しい画面]⇒[空]の順に選択し、[Screen3]と[Screen4]を作成します。その後、[Screen3]に[挿入]からドロップダウン([入力]⇒[ドロップダウン])とボタンを追加します(**画面9-8**)。

▼画面9-8

次に、追加したコントロールのプロパティを設定します。ドロップダウンにはわかりやすい選択肢を設定し、ボタンには変数定義と画面遷移を設定するとしましょう。

Set関数は以下のように使用します。

Set関数の構文

```
Set(変数名,値)
```

この関数が実行されると変数に値が格納されます。関数が実行されると変数が定義されるのは**UpdateContext**関数と同じですが、記法が異なるので注意してください。

コントロールのプロパティを以下のように入力します。

Chapter 9

```
Dropdown1.Items
["タコス", "ブリトー", "ケサディーヤ"]
Button2.OnSelect
Set(grobalVariable,Dropdown1.Selected.Value);
Navigate(Screen4);
```

> 1つのプロパティでも、「;」(セミコロン)を使用することで複数の処理を設定することが可能です(行が分かれていても問題ありません)。なお、最初に書かれている処理から順に動きます。

これで、ボタンが押されるとドロップダウンで選択された選択肢を変数に格納し、[Screen4]へ遷移する設定が完了しました。

変数を作成する側の処理は設定できましたが、今のままでは読み取るしくみがありません。[Screen4]に[挿入]からテキストラベルを追加し、プロパティを以下のように入力します(**画面9-9**)。

```
Label3.Text
grobalVariable
```

▼画面9-9

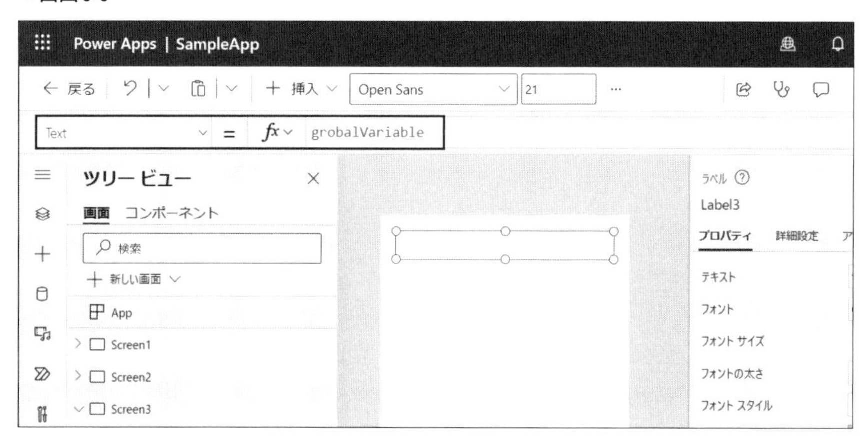

これで、**grobalVariable**変数に格納された値を表示できるようになりました。実際に変数が渡されていることを確認しましょう。[Screen3]に戻り、[▷]

をクリックしてプレビューモードに移ります。初期選択はタコスなので、ブリトーを選択してボタンをクリックし、[Screen4]に遷移します(**画面9-10**)。

▼**画面9-10**

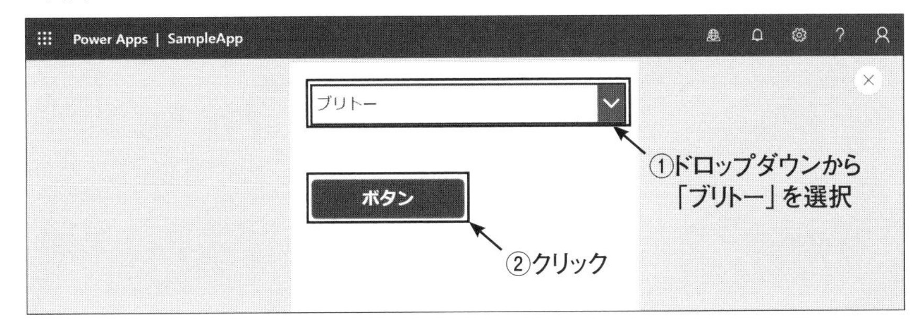

ブリトーが表示されていることを確認します(**画面9-11**)。

▼**画面9-11**

Chapter 10 データを扱う

紹介する関数：Filter、StartsWith、SubmitForm、First

10-1 アプリでデータを扱うには

Chapter 3ではデータモデリングやDataverseについて学びました。Power Appsには、データを扱うためのコントロールや関数が多数用意されています。これらを駆使することで、パッケージとして販売されているアプリと比べても遜色(そんしょく)のないWebアプリを手軽に開発できます。

本Chapterでは、あらかじめ作成した表10-1～10-4のDataverseのテーブルにアプリ上からアクセスし、データの表示・検索・追加・編集をするための機能の作成方法を説明します。テーブルの作成方法はChapter 3を参照してください。

▼表10-1　部署テーブルの定義（スキーマ名：mstDepartment）

表示名	スキーマ名	データの種類	書式	必須
部署名（プライマリ列）	departmentName	1行テキスト（プレーンテキスト）	テキスト	必要なビジネス
責任者	managerName	1行テキスト（プレーンテキスト）	テキスト	任意
所在地	location	1行テキスト（プレーンテキスト）	テキスト	任意

▼表10-2　部署テーブル

部署名	責任者	所在地
営業部	責任 太郎	愛知
管理部	責任 次郎	東京
技術部	責任 三郎	三重
マーケティング部	責任 四郎	石川

▼表10-3　従業員テーブルの定義（スキーマ名：mstEmployee）

表示名	スキーマ名	データの種類	書式	必須
従業員名（プライマリ列）	employeeName	1行テキスト（プレーンテキスト）	テキスト	必要なビジネス
生年月日	birthday	日付と時刻	日付のみ	任意
メールアドレス	emailAddress	1行テキスト（電子メール）	電子メール	任意
部署	referDepartment	検索（関連テーブル：「部署」）	―	任意

▼表10-4　従業員テーブル

従業員名	生年月日	メールアドレス	部署
荒井	2001/1/1	arai@example.com	営業部
青井	2002/2/2	aoi@example.com	技術部
佐藤	2003/3/3	sato@example.com	技術部

従業員テーブルで「部署」列を作成する際、関連テーブルとして「部署」テーブルを選択する手順がありますが、このとき、標準で作成されている「部署」（スキーマ名：businessunit）テーブルではなく、本Chapterで作成した表10-1の「部署」テーブル（スキーマ名：mstDepartment）を選択してください。関連テーブルを選択する際に、テーブル名にカーソルを合わせるとスキーマ名が表示されます。

10-2　ギャラリーを使ってテーブルのデータを表示する

ギャラリーコントロール

本節では、「ギャラリー」コントロールを使ってテーブルのデータを表示する方法について説明します。ギャラリーは、データソースや表示内容を指定して1レコード目のフォーマットを定めることで、すべてのレコードに対して同じフォーマットでデータを表示するコントロールです。ギャラリーには以下のように、用途に応じたさまざまな種類があります（図10-1）。

- **垂直ギャラリー**
  データソースのレコードを下に伸びるように表示
- **水平ギャラリー**
  データソースのレコードを横に伸びるように表示
- **高さが伸縮可能なギャラリー**
  表示する文字の数によって高さが伸縮する。垂直、水平それぞれで選択可能

▼図10-1 ギャラリーコントロール

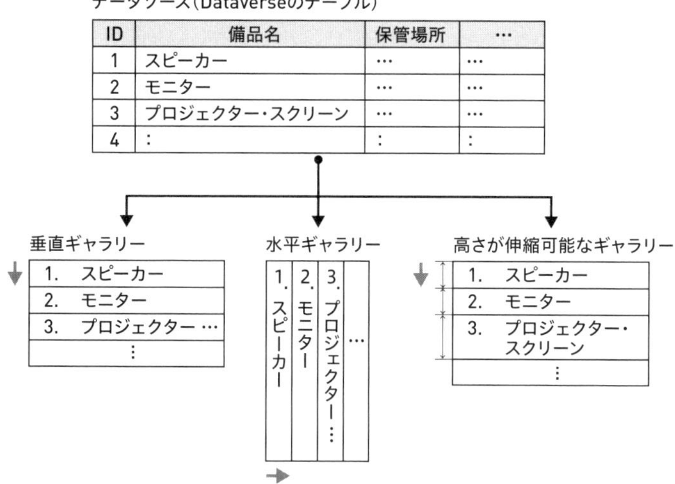

なお、ギャラリーのプロパティを書き換えることで、どの種類のギャラリーを使用しても同じものを作成することが可能です。

既にあるフォーマットを加工するほうが簡易なため、本節では垂直ギャラリーを例にデータを表示する方法を紹介します。

ギャラリーを使ってデータを表示するには、以下の2つの方法があります。

(1) コントロールのプロパティペインから表示を切り替える方法
(2) コントロールのプロパティを直接書き換える方法

(1)の方法では、視覚的に表示内容を変更することができますが、条件によっ

て表示を切り替えたり、リレーションシップ先の列情報を表示したりなどの複雑なことはできません。本節前半では、検索型列を持たない部署テーブルを(1)の方法で表示します。後半では、検索型列を持つ従業員テーブルを(2)の方法で表示します。

検索型列を持たないテーブルをギャラリーに表示する

この項ではギャラリーコントロールの基本的な使用方法を説明するとともに、部署テーブルを実際にギャラリーに表示する方法、プロパティペインから表示内容を切り替える方法を紹介します。

新しい画面を作成し、[挿入]⇒[レイアウト]から、[垂直ギャラリー]を選択します(**画面10-1**)。

▼画面10-1

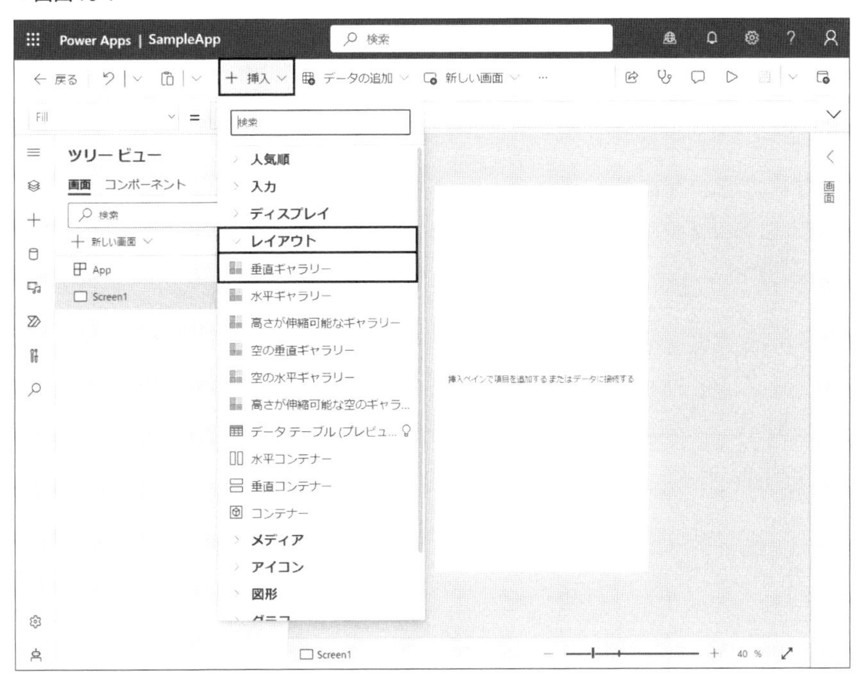

初期状態では、サンプルテーブルが設定されています。[データソースの選択]からテーブルを選択することで、ギャラリーのデータソースとして指定でき

ますので、作成した「部署」テーブルを選択します(**画面10-2**)。

▼画面10-2

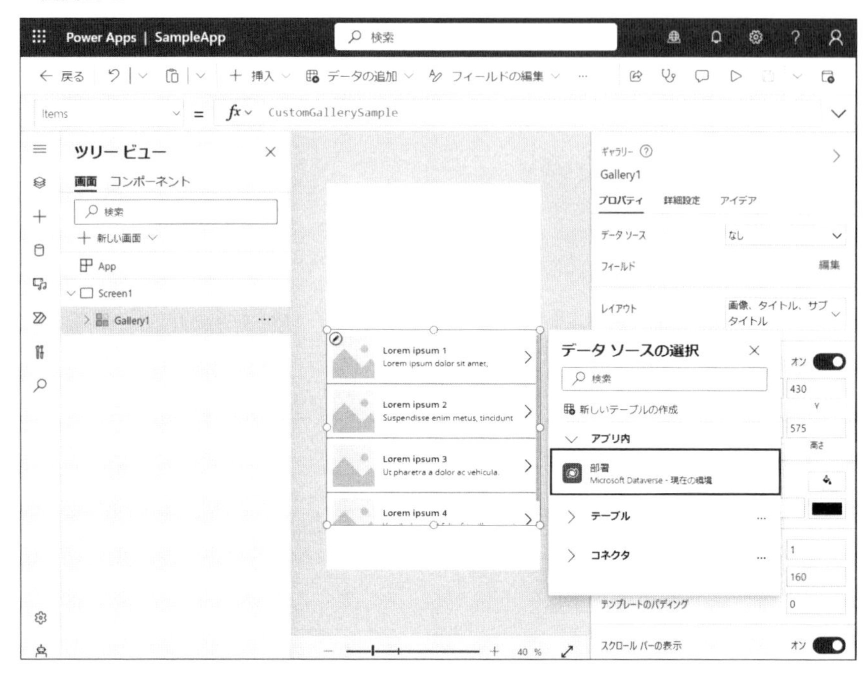

　また、右のプロパティペインの[データソース]からテーブルを設定することも可能です。

　データソースを選択すると、ギャラリーに部署テーブルの情報が表示されていることが確認できます(**画面10-3**)

▼画面10-3

冒頭で説明したように、ギャラリーは1レコード目のフォーマットを定めると、すべてのレコードに対して同じように表示するコントロールです。ギャラリーの中にテキストラベルやボタンなどのコントロールを追加し、データソースを指定することでフォーマットを変更します。

まずは標準の垂直ギャラリーで使用されているコントロールを確認します。ツリービューの[Gallery1]横の[>]を選択します(**画面10-4**)。

▼画面 10-4

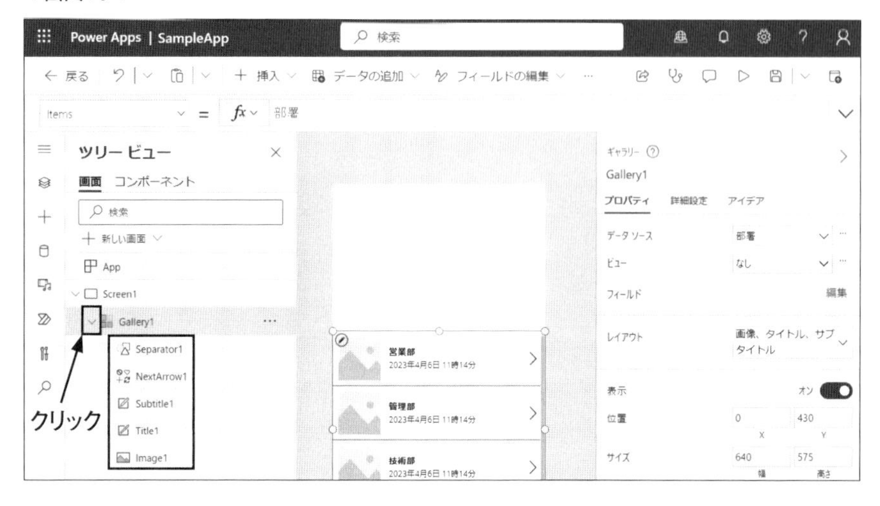

垂直ギャラリーはSeparator(四角形)、NextArrow(アイコン)、Subtitle(テキストラベル)、Title(テキストラベル)、Image(画像)という5つのコントロールから構成されていることがわかります。ここにテキストラベルを追加してみます。

ギャラリーを選択した後、[挿入]⇒[テキストラベル]を選択します(**画面10-5**)。

▼画面 10-5

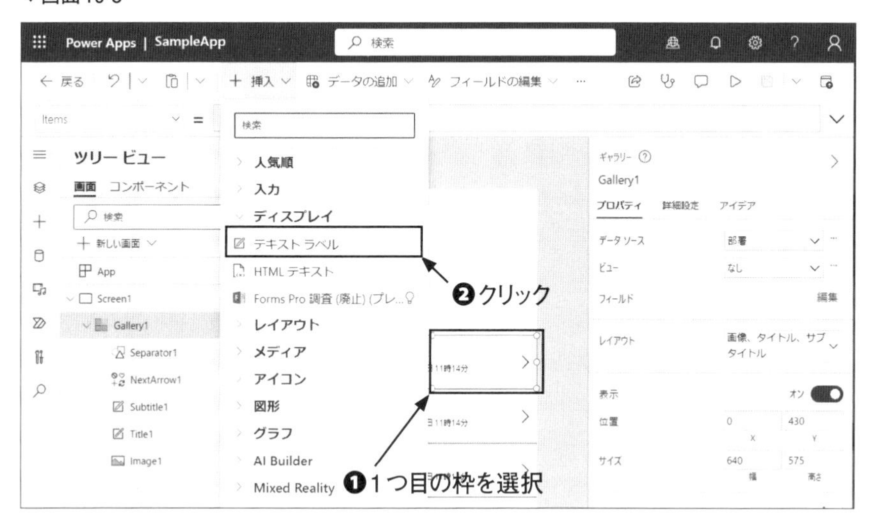

このとき、[Gallery1]の1つ目の枠が選択できていないと、[Gallery1]の外部にコントロールが追加されたり、列が自動で割り当てられなかったりするため注意してください。

新たにテキストラベルが追加されたので、サイズと位置を調整します。テキストラベルを追加した際、自動的に列が割り当てられます。ここでは初期値に「所在地」列が表示されています。営業部の枠には営業部の所在地「愛知」が、管理部の枠には管理部の所在地「東京」がそれぞれ表示されていることが確認できます(**画面10-6**)。

▼画面10-6

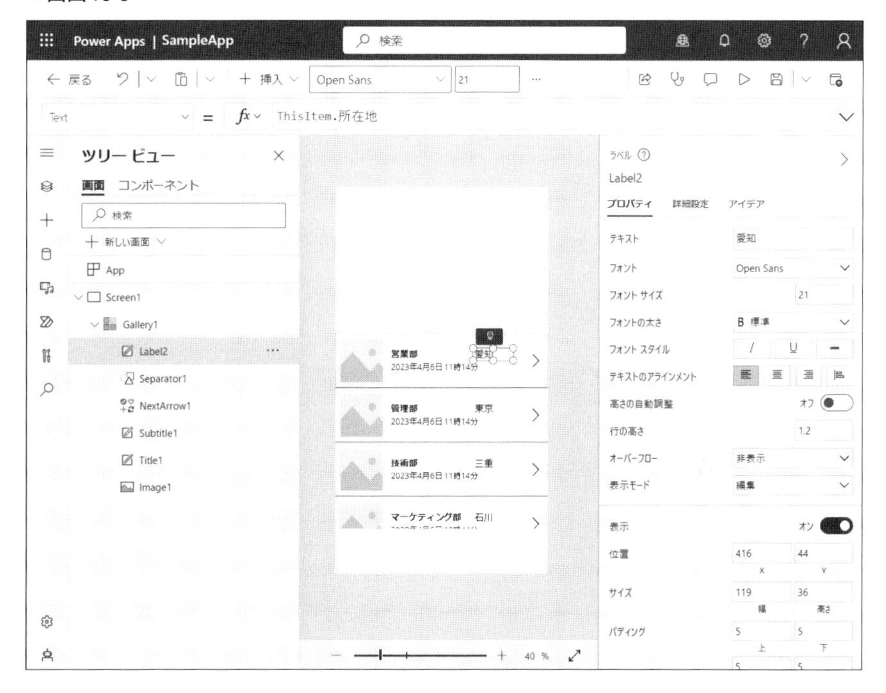

データソース選択時に割り当てられた列や追加したテキストラベルに自動的に割り当てられた列が、表示したい内容ではない場合も考えられます。続いては、表示内容を変更する方法について説明します。

[Gallery1]を選択し、プロパティペインから[フィールド]の[編集]をクリックします(**画面10-7**)。

▼画面10-7

ギャラリーの中にあるコントロールと、それに割り当てられているテーブルの列が表示されます。[Subtitle1]を選択し、「作成日」から「責任者名」に変更します（画面10-8）。

▼画面10-8

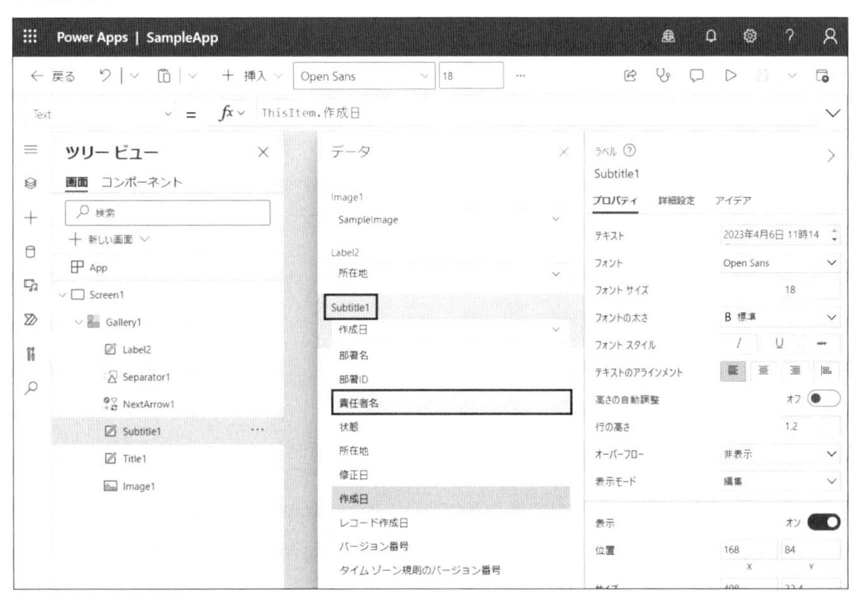

初期表示ではレコードの作成日が表示されていましたが、責任者名に切り替わりました(**画面10-9**)。

▼画面10-9

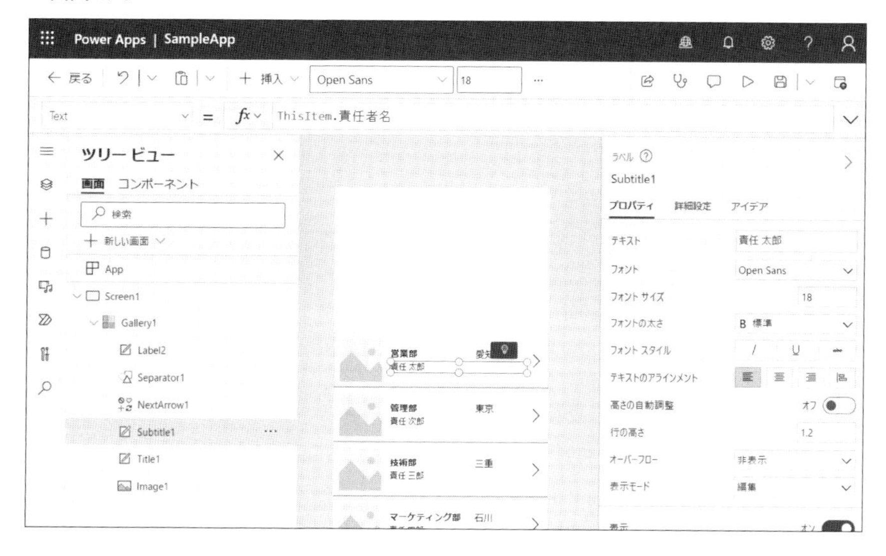

検索型列を持つテーブルをギャラリーに表示する

前項では、検索型列を持たないテーブルをギャラリーで簡単に表示しました。キャンバスアプリでは、Chapter 3の貸出記録テーブルや従業員テーブルのような検索型列を持つテーブルの場合、検索型列を介してリレーションシップ先のテーブルの列情報にアクセスすることができます。ギャラリーではこのしくみを利用して、リレーションシップ先の列情報を表示することができます。しかし、リレーションシップ先の列情報はプロパティペインのフィールドからは選択できないため、プロパティを直接書き換えて表示する必要があります。

本項では、プロパティからギャラリーの表示を変更する方法と、リレーションシップ先の列情報を表示する方法を説明します。

[新しい画面]から空の画面を追加し、[挿入]から[垂直ギャラリー]を選択します。追加された垂直テーブルのデータソースに「従業員テーブル」を指定すると、ギャラリーに従業員テーブルが反映されます(**画面10-10**)。

▼画面10-10

上部のプロパティをみると、**Items**プロパティに「従業員」と入力されています。ギャラリーでは、**Items**プロパティにデータソースの名前を入力することでもデータソースを指定できます。

次に、テキストラベルのプロパティから表示内容を変更します。ギャラリー内の[Title2]を選択します。[Title2]の**Text**プロパティを見ると「**ThisItem.従業員名**」が指定されています(**画面10-11**)

▼画面10-11

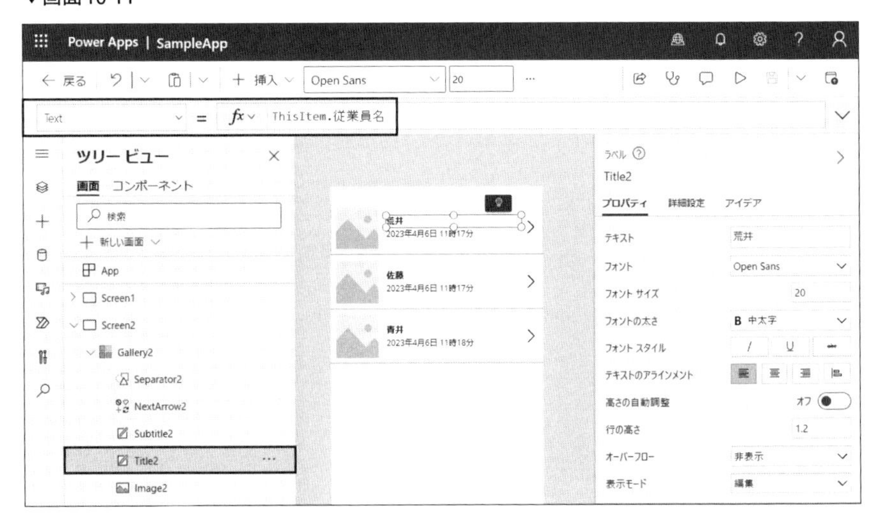

ThisItem

ThisItemは、ギャラリーに指定されているテーブルのレコードを表します。**ThisItem.列名**と書くことで、該当のレコードの列のデータを表示できます。**ThisItem**については本Chapter最後にあるColumn「名前付き演算子」を参照してください。

Title2の**Text**プロパティを以下のように入力します(**画面10-12**)。

Title2.Text

```
ThisItem.メールアドレス
```

▼画面10-12

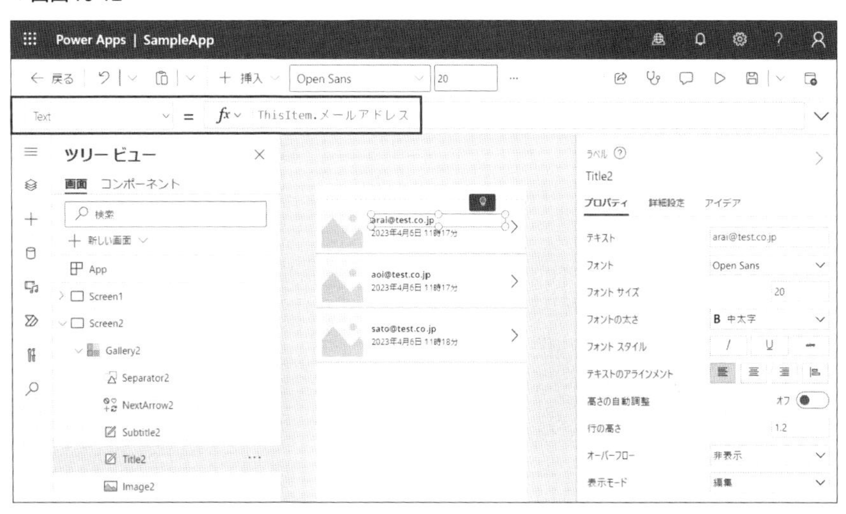

1行目のテキストラベルには1レコード目のメールアドレスが表示され、2行目のテキストラベルには2レコード目のメールアドレスが表示されます。

次に、**ThisItem**を使うことなく、固定の文字列を入力してみます。**Text**プロパティを以下のように入力します(**画面10-13**)。

Title2.Text

```
"従業員"
```

▼画面 10-13

レコードごとに値は変わらないため、すべてのレコードに「従業員」と表示されます。

次に、ギャラリーのテキストラベルにリレーションシップ先の列情報を指定してみます。リレーションシップ先の列情報を指定するには、**ThisItem.検索型列名.リレーションシップ先テーブルの列名**のように指定します。

部署テーブルの部署名を指定してみましょう。従業員テーブルから部署テーブルへのリレーションシップは、従業員テーブル内の部署列で設定しています。**Text** プロパティを以下のように入力します(**画面 10-14**)。

```
Title2.Text
ThisItem.部署.部署名
```

▼画面 10-14

検索型の列は、その列自体がレコードになっています。部署列を指定しただけでは1列に定まらないため、その先の列(ここでは「部署名」)も指定する必要があります。

10-3　検索機能を作成する

ギャラリーを使うことで、テーブル形式のデータを表示できることがわかりました。しかし、ただデータソースを指定するだけではすべてのデータが表示されてしまいます。特定のデータのみを表示するにはどのようにすれば良いのでしょうか。本節では、**Filter**関数を使用して、データソースの一部を表示する方法を学んでいきます。

先ほどと同様に[新しい画面]から空の画面を追加し、[挿入]から[垂直ギャラリー]を追加、「従業員テーブル」をデータソースとして指定します。

検索結果をわかりやすくするため、表示内容を変更します。テキストラベルを2つ追加し、それぞれの**Text**プロパティを以下のように入力します。

Title3.Text

```
ThisItem.部署.部署名
```

Subtitle3.Text

```
ThisItem.メールアドレス
```

Label2.Text

```
"名前："
```

Label3.Text

```
ThisItem.従業員名
```

それぞれのテキストラベルのサイズや位置を調整します(画面10-15)。

▼画面10-15

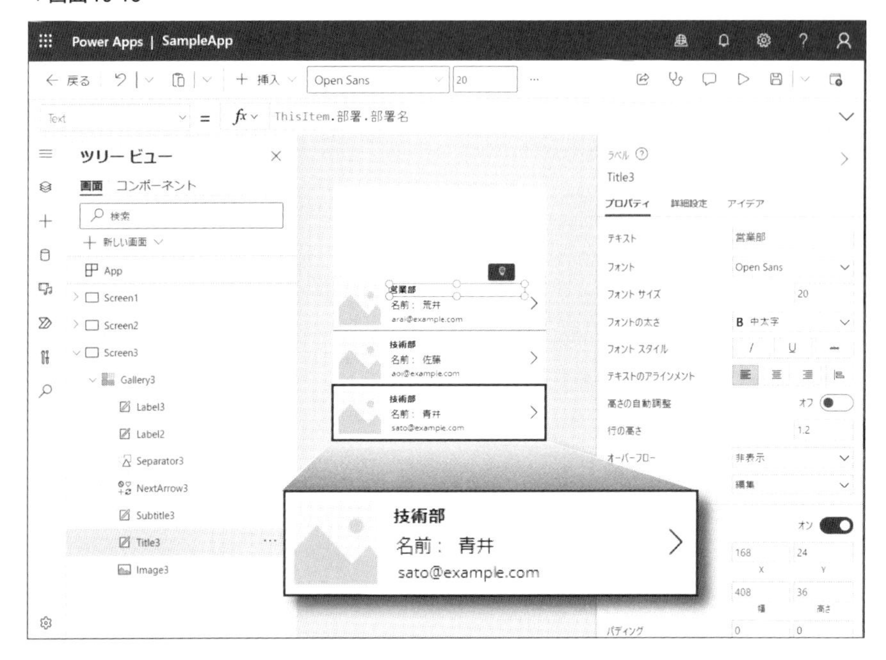

Filter関数

データソースから特定のデータを絞り込むときには**Filter**関数を使用します。

Filter関数の構文

```
Filter(データソース,条件式)
```

まずは、「技術部」に所属する従業員だけを表示してみます。ギャラリーを選択し、**Items**プロパティを以下のように入力します(画面10-16)。

Gallery3.Items

```
Filter(従業員,部署.部署名 = "技術部")
```

▼画面10-16

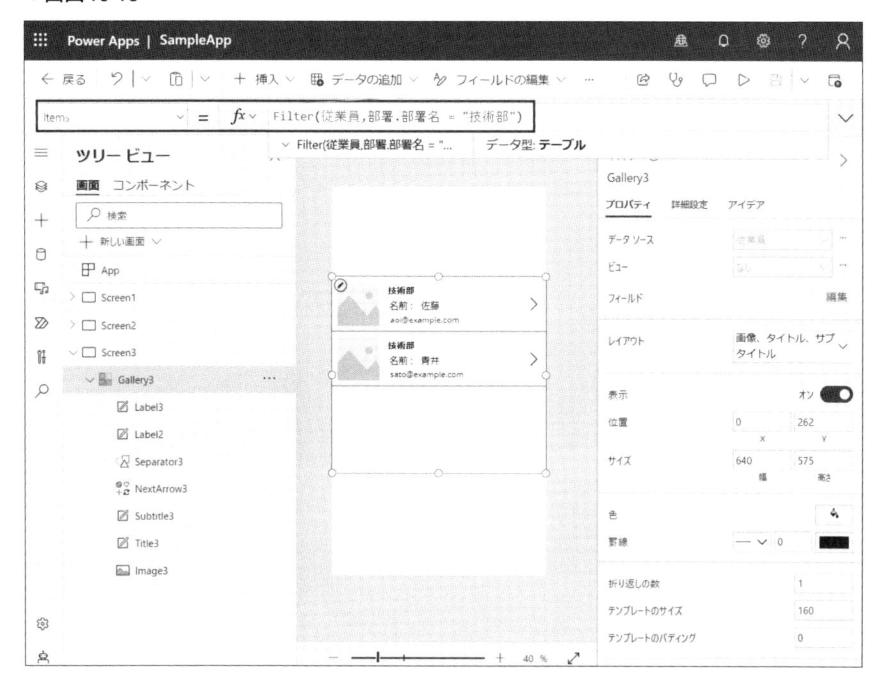

StartsWith関数

技術部の従業員のみを表示することはできましたが、このままでは固定の文字列と一致するレコードを表示できるだけで、検索とは言えません。「テキスト入力」コントロールと連動するギャラリーを作成します。

[挿入]から[テキスト入力]を追加します(**画面10-17**)。

▼画面10-17

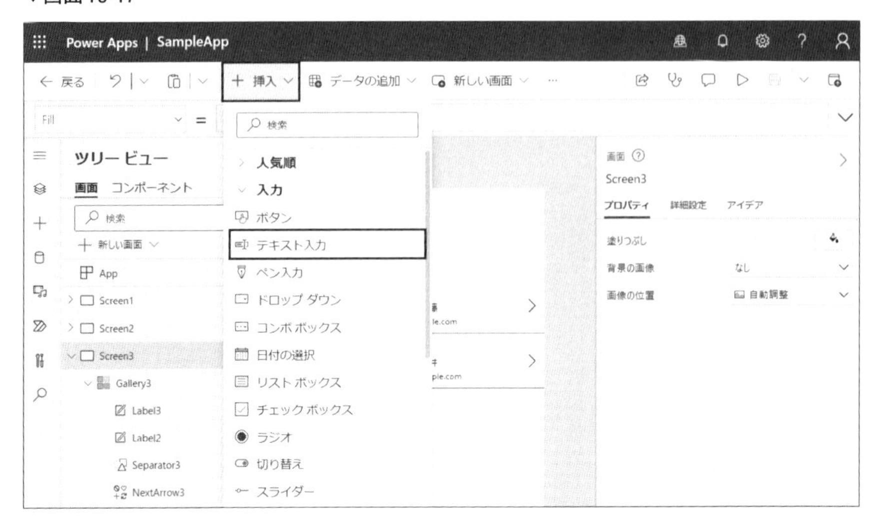

追加したら、**Default**プロパティ、またはプロパティペインの[既定]から「テキスト入力」の文字を削除し、初期値を空欄にします(**画面10-18**)。

```
TextInput1.Default
""
```

▼画面10-18

Filter関数と**StartsWith**関数を一緒に使用することで、動的に変化する検索機能を作成できます。**StartsWith**関数は、列名と「最初の文字」を指定する

ことで、その列にある「最初の文字」から始まるデータを抽出する関数です。

StartsWith関数の構文

```
StartsWith(列名,最初の文字)
```

たとえば、**StartsWith(従業員名,"あ")**であれば、従業員名列の値が「あ」から始まるレコードを表示します。

Filter関数の条件式で、テキスト入力に入力された値を使用してみましょう。テキスト入力に入力された情報は、**TextInput1(コントロール名).Text**を指定することで取り出すことができます。ギャラリーを選択し、**Items**プロパティを以下のように入力します(**画面10-19**)。

Gallery3.Items

```
Filter(従業員,StartsWith(部署.部署名,TextInput1.Text))
```

▼**画面10-19**

テキスト入力と連動する検索機能が作成できました。実際に検索ができるか確認してみます。画面右上の[▷]([アプリのプレビュー])をクリックしてプレビュー画面を表示します。テキスト入力に「営」と入力すると、「営業部」の従業員のみを表示できました(**画面10-20**)。

▼画面 10-20

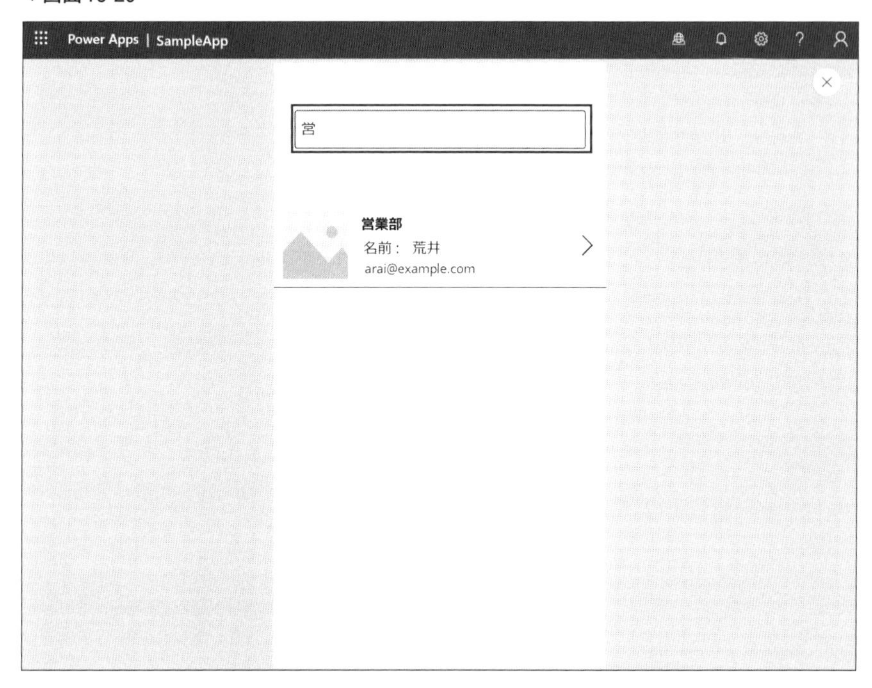

10-4　レコードの追加や修正をする

フォームコントロール

アプリ上からレコードの追加・修正・表示をするには、「フォーム」コントロールを使用します。ギャラリーは、テーブル内のレコードすべてを表示するのに適していますが、フォームはテーブル内の1つのレコードにフォーカスして表示することができます。

フォームには「編集フォーム」と「表示フォーム」の2種類があります。

- 編集フォーム
  モード：新規／編集／ビュー(表示)
- 表示フォーム
  モード：ビュー(表示)

編集フォームにはレコードの新規・編集・ビュー(表示)の3つのモードがあり、用途に合わせて切り替えることができます。一方、表示フォームは表示にだけフォーカスしているため新規追加や編集はできませんが、データソースを指定するだけで簡単にデータを表示できます(**図10-2**)。

▼図10-2　フォームコントロール

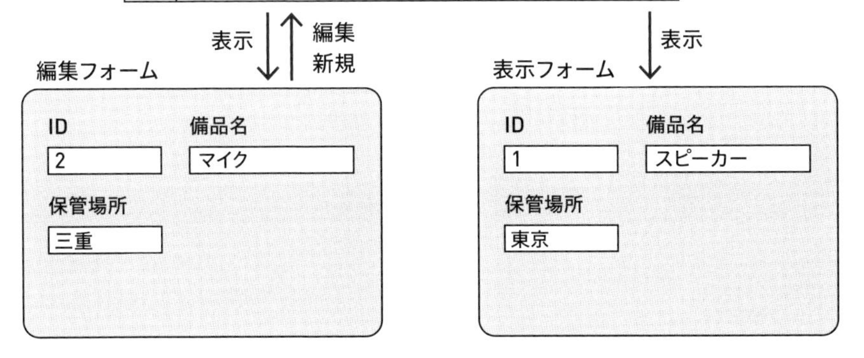

本節では、編集フォームを使って新規レコードを追加する方法と、レコードを編集する方法について説明します。

まずは編集フォームを追加します。[新しい画面]から空の画面を追加し、[挿入]から[編集フォーム]を選択します(**画面10-21**)。

▼画面10-21

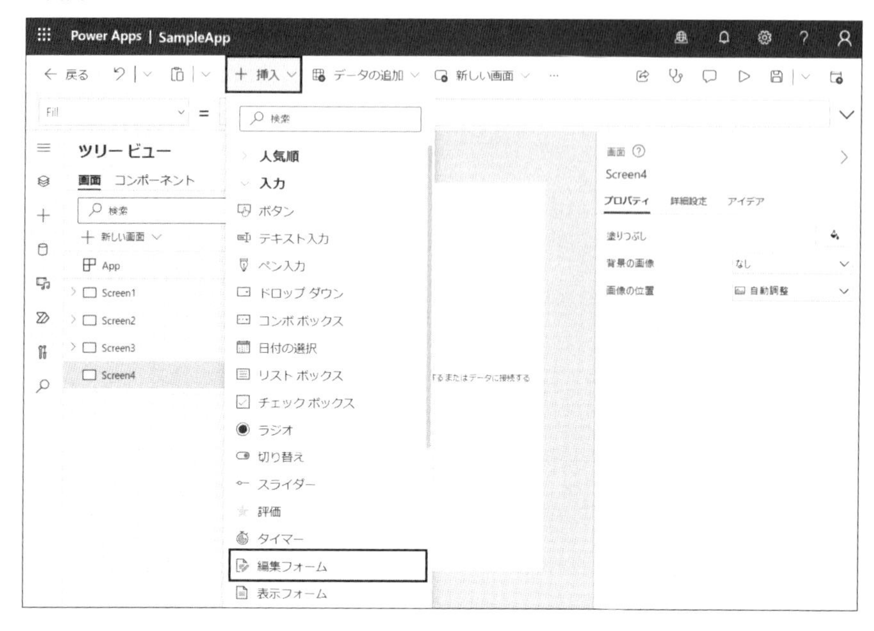

追加された編集フォームのデータソースに従業員テーブルを選択します（**画面10-22**）。

▼画面10-22

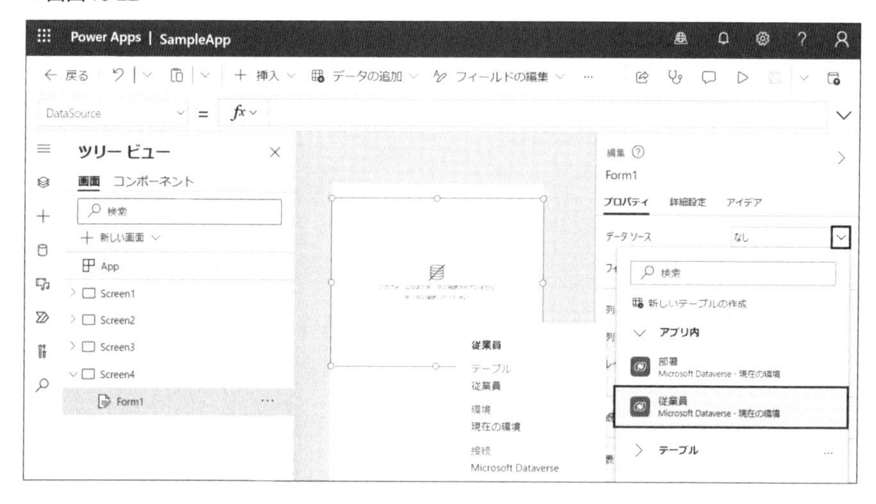

デフォルトでは、編集フォームの既定モードが[編集]になっています。今回はレコードの新規追加のためモードを[新規]に変更します(**画面10-23**)。

▼画面10-23

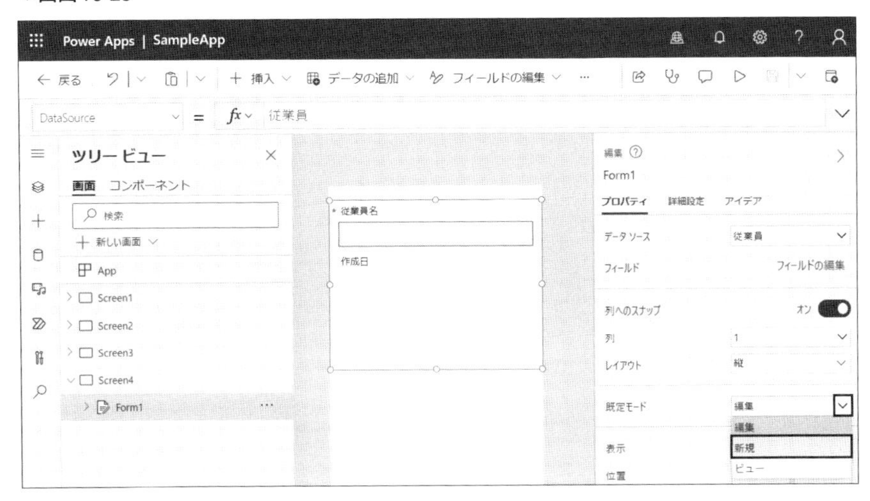

デフォルトの編集フォームでは、項目はプライマリ列と作成日列だけなので、項目を追加します。編集フォームに項目を追加するには、プロパティペインから[フィールドの編集]⇒[フィールドの追加]の順に選択します(**画面10-24**)。

▼画面10-24

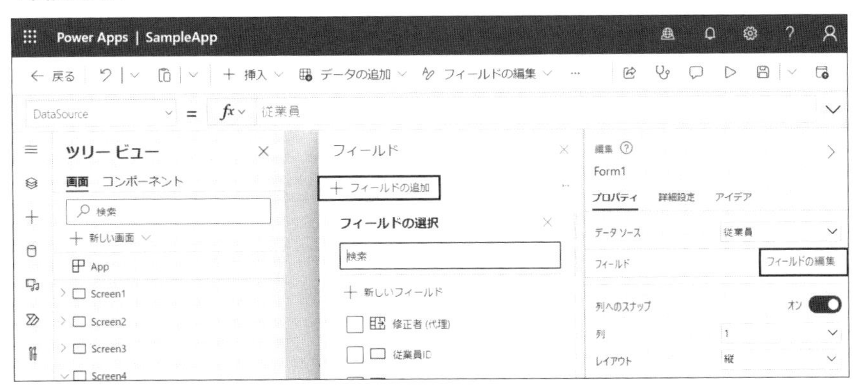

[部署][生年月日][メールアドレス]をチェックして[追加]をクリックします。今回は、作成日は不要なため削除しましょう(**画面10-25、10-26**)。

▼画面10-25

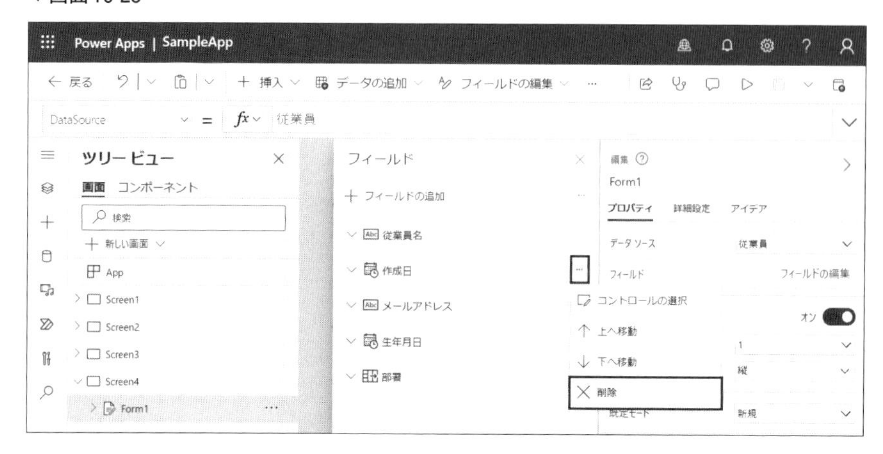

▼画面10-26

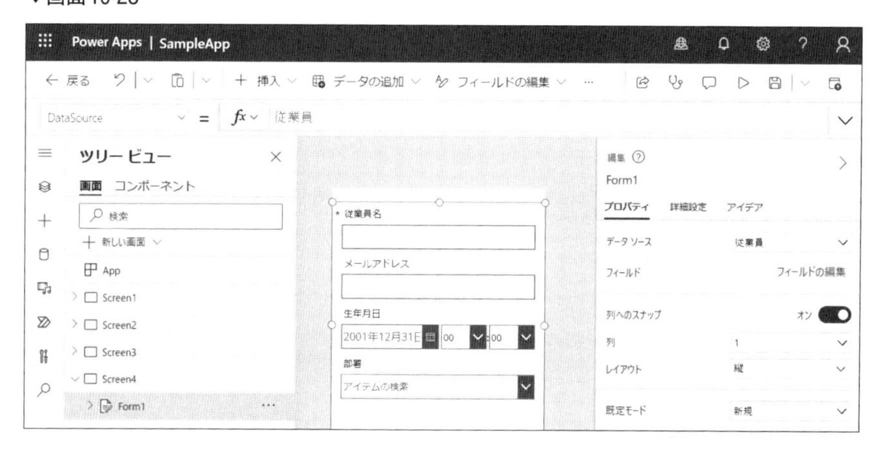

編集フォームでは、項目を追加するとそれぞれのデータ型に合わせて自動でコントロールが追加されます。Date(日付)型は年月日を入力するドロップダウン、検索型はリレーションシップ先のテーブルのプライマリ列が選択できるようになっています。

フォームが完成しましたが、このまま入力してもレコードは作成されません。編集フォームの内容をテーブルに反映するためのボタンを作成します。

SubmitForm関数

［挿入］からボタンを追加します。編集フォームの内容をテーブルに反映するには、**SubmitForm**関数を使用します。

SubmitForm関数の構文

```
SubmitForm(フォーム名)
```

ボタンのプロパティを以下のように入力します(**画面10-27**)。

- **Text**：**"確定"**
- **OnSelect**：**SubmitForm(Form1)**

▼画面10-27

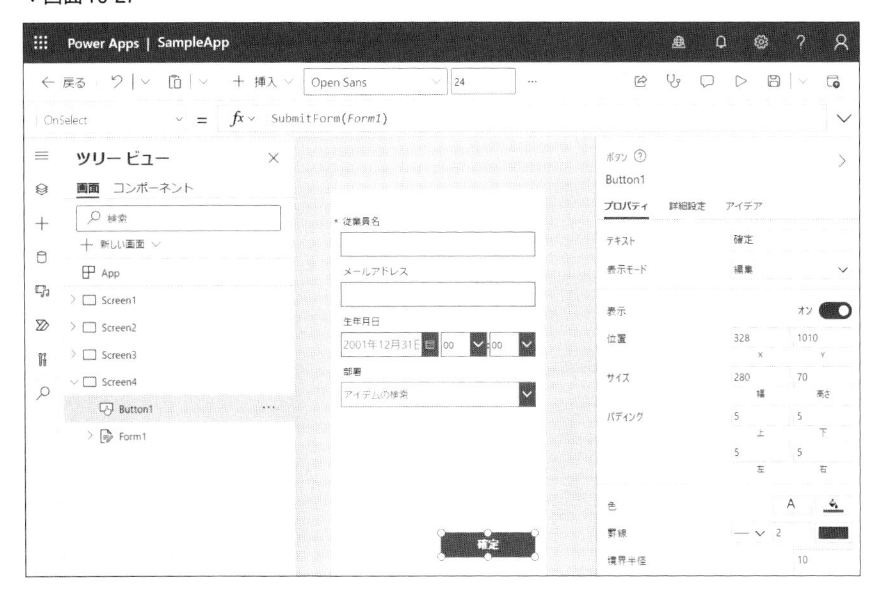

これでレコードを追加するボタンが完成しました。では、実際にレコードを追加してみます。［▷］からアプリのプレビュー画面に遷移します。情報を入力して［確定］ボタンをクリックします(**画面10-28**)。

▼画面10-28

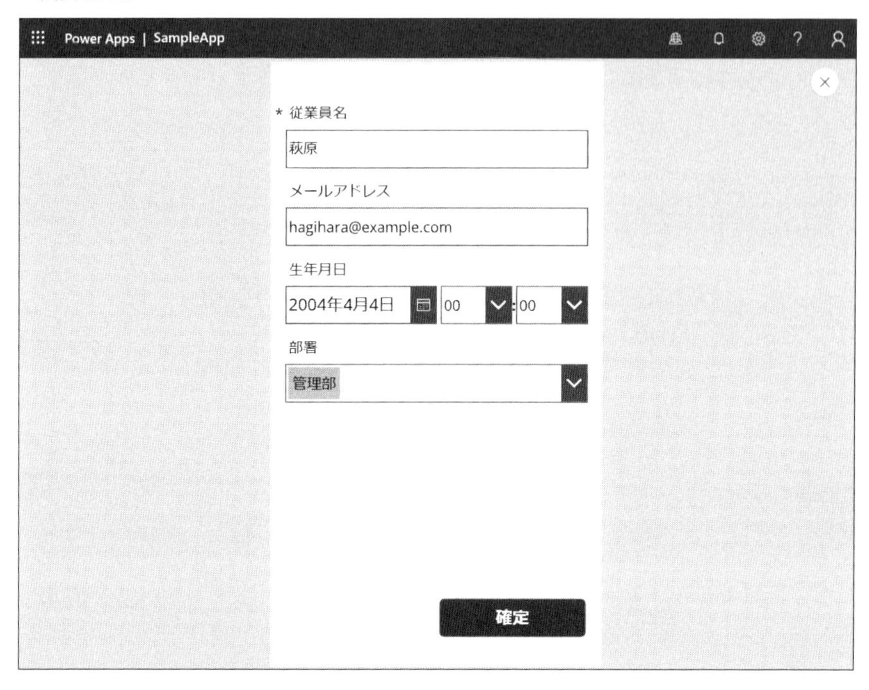

入力したレコードが追加されていることを確認しましょう。[←戻る]で一度アプリの編集画面を閉じて、[テーブル]から従業員テーブルを確認します(画面10-29)。

▼画面10-29

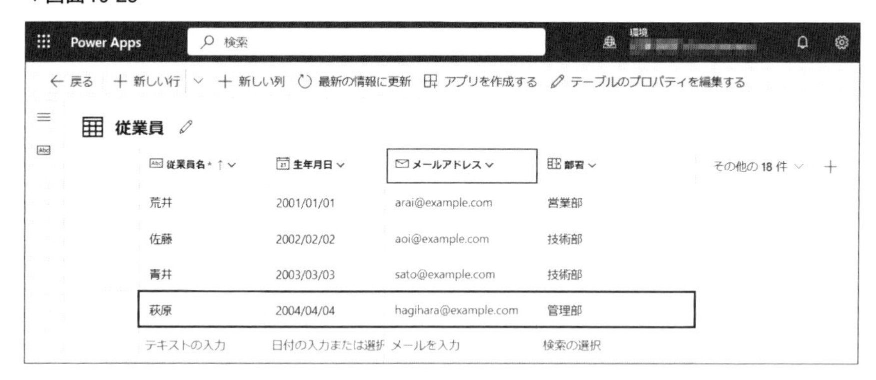

ここまでは、新規モードの説明を行ってきました。続いて、編集モードについても簡単に説明します。編集と新規で異なるところは、編集するレコードを

選択する点だけです。新規の場合は、「どのテーブルに追加するのか」を決めれば良いのでデータソースの指定だけで済みましたが、編集の場合はデータソースだけでなく、「どのレコードを編集するのか」も指定する必要があります。

First関数

従業員テーブルの1番目のレコードを編集してみます。プロパティペインから編集フォームのモードを「新規」から「編集」に変更します(**画面10-30**)。

▼画面10-30

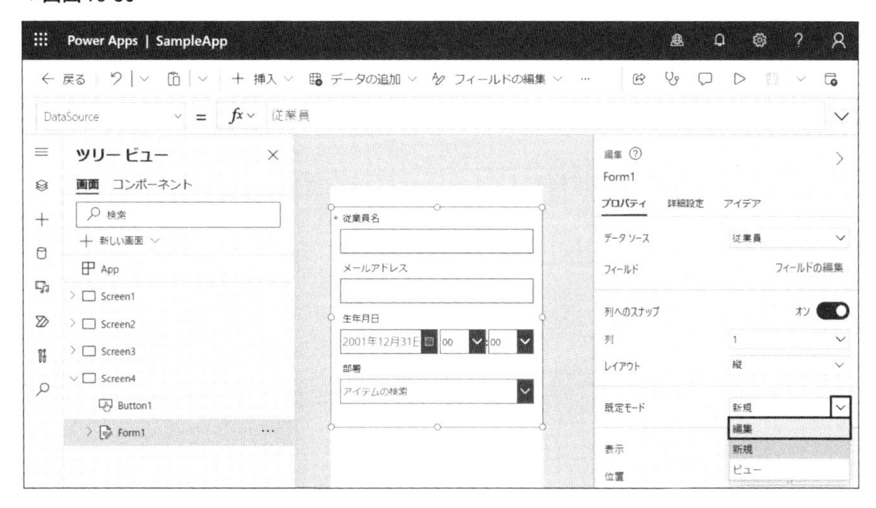

レコードの指定は、編集フォームの**Item**プロパティから指定できます。ここでは、1番目のレコードを編集してみます。

テーブルの1番目のレコードを取得するには、**First**関数を使用します。

First関数の構文

```
First(データソース)
```

編集フォームの**Item**プロパティを以下のように入力します(**画面10-31**)。

Form1.Item

```
First(従業員)
```

▼画面10-31

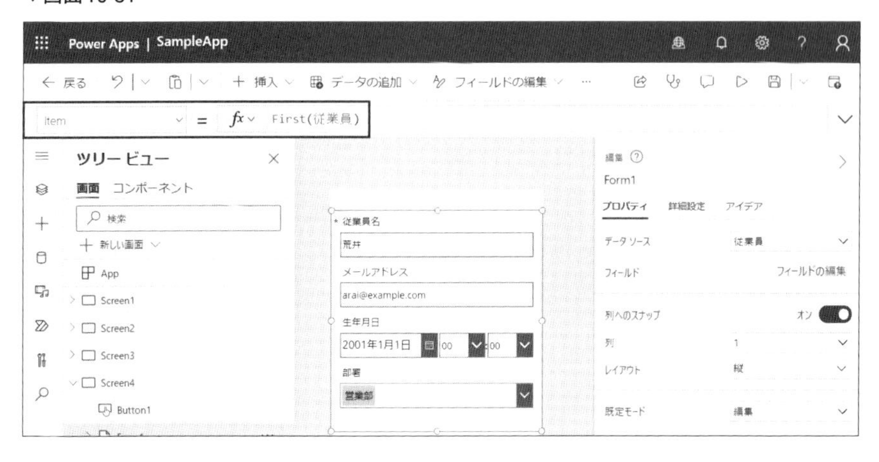

これで、1番目のレコードを編集できるようになりました。実際にレコードを編集してみます。[▷]を選択し、プレビューモードから編集したい項目を変更します。部署を「営業部」から「マーケティング部」に変更して、[確定]をクリックします(画面10-32)。

▼画面10-32

このとき、**Item**プロパティでレコードが指定されていない場合は、編集フォームが表示されないため注意してください。

変更されたレコードを確認してみましょう。[テーブル]から従業員テーブルを確認します(画面10-33)。

▼画面10-33

10-5　ギャラリーで選択したレコードを編集する

前項で編集フォームを使って編集する方法を説明しましたが、例として1行目のレコードを選択したため、任意のレコードを修正することはできませんでした。この項では、より応用的にギャラリーで選択されたレコードの内容を変更するしくみを作成する方法を説明します。

本節では、Chapter 10-3で作成した[Screen3]のギャラリーとChapter 10-4で作成した[Screen4]のフォームを利用します。

まずは、ギャラリー画面[Screen3]からフォーム画面[Screen4]への遷移を設定します。[Screen3]のギャラリーを選択し、**OnSelect**プロパティを以下のように入力します(画面10-34)。

```
Gallery3.OnSelect
Navigate(Screen4)
```

▼画面10-34

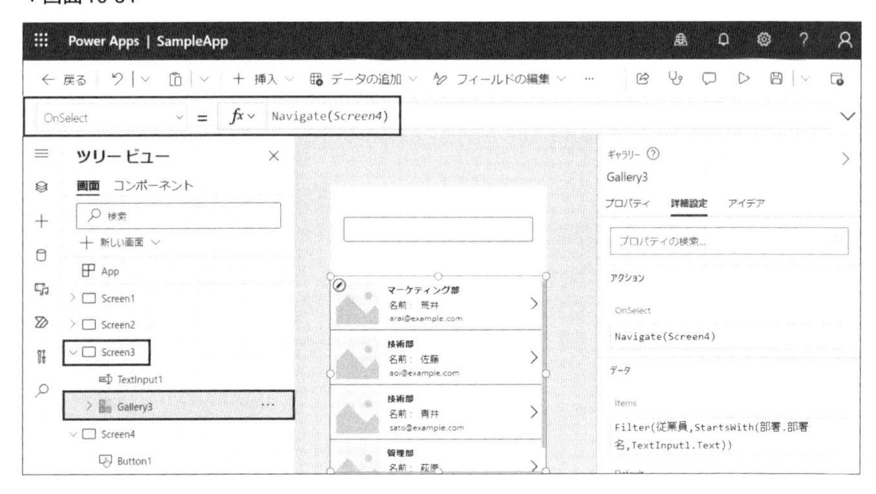

同様に、フォーム画面のボタンに、[フォーム画面]⇒[ギャラリー画面]の遷移を追加します。[Screen4]のボタンを選択し、**OnSelect**プロパティを以下のように入力します(画面10-35)。

```
Button1.OnSelect
SubmitForm(Form1);
Navigate(Screen3);
```

▼画面10-35

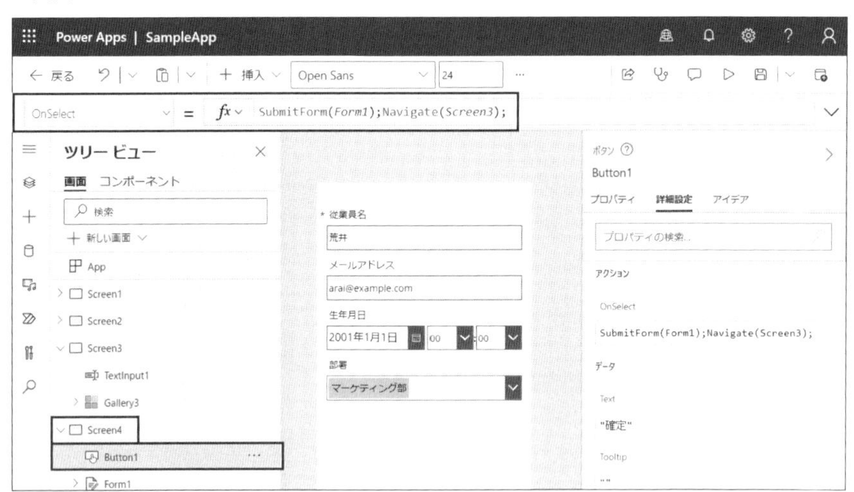

今回のケースでは[確定]ボタンがクリックされると、フォームを編集する処理が動いた後、ギャラリーの画面[Screen3]に戻る処理が動きます。これで、相互に画面遷移ができるようになりました。

Selectedプロパティ

フォームを編集するレコードとして、ギャラリーで選択されたレコードを設定します。ギャラリーで選択された内容をほかのコントロールに受け渡すにはいくつか方法がありますが、本節では**Selected**プロパティを使用します。

Selectedプロパティは、現在指定されているレコードを取得するプロパティです。**Text**プロパティなどのようにプロパティ自体に値を設定するのではなく、他のプロパティから呼び出す形で使用します。 ギャラリーで選択されたレコード全体を指定したい場合は「**ギャラリー名.Selected**」を入力し、指定されているレコードの列を指定したい場合は「**ギャラリー名.Selected.列名**」のように使用します。

[Screen4]の編集フォームを選択し、**Item**プロパティを以下のように入力します(画面10-36)。

Form1.Item

```
Gallery3.Selected
```

▼画面10-36

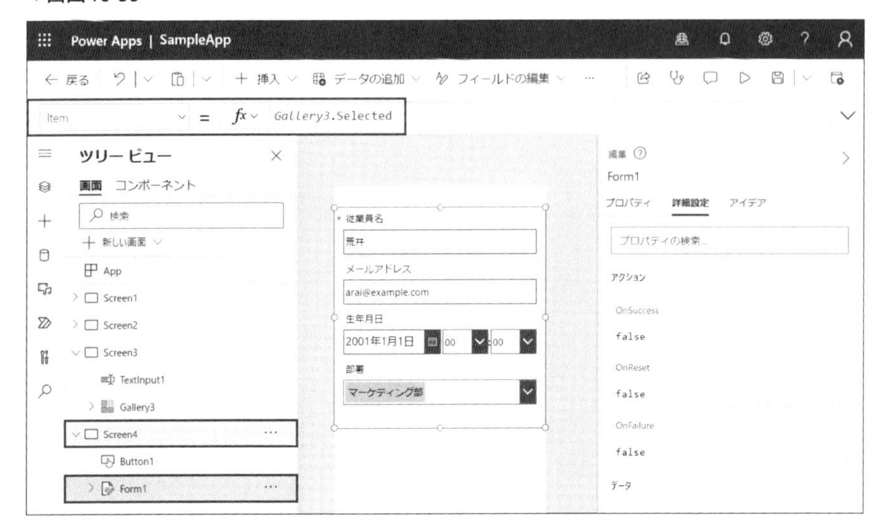

これで、指定されたフォームを修正できるようになりました。実際にギャラリーで選択したレコードを編集してみましょう。[Screen3]に戻り、テストを行います。「▷」からプレビューを表示します。「萩原」のレコード上にある[>]を選択します（画面10-37）。

▼画面10-37

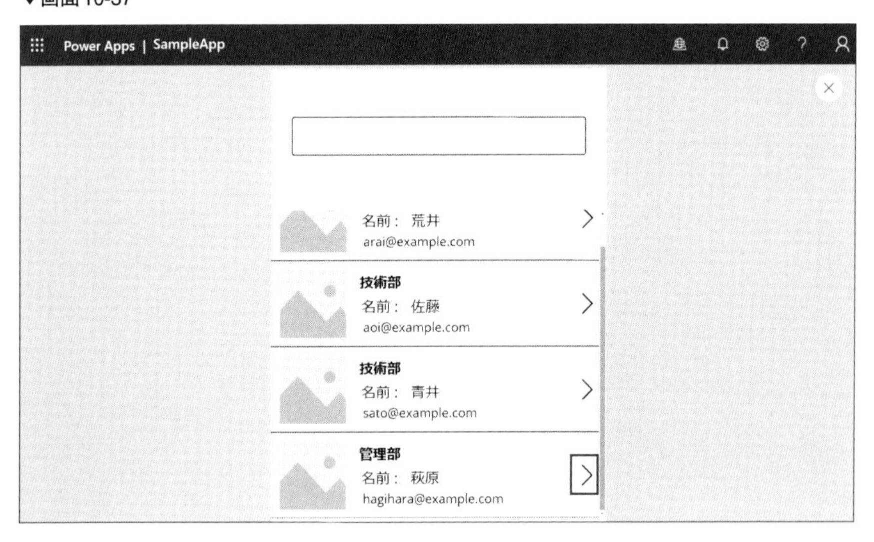

部署を「技術部」に変更し、［確定］ボタンをクリックします（画面10-38）

▼画面10-38

ギャラリー画面に自動で戻り、レコードが修正できていることが確認できました（画面10-39）。

▼画面10-39

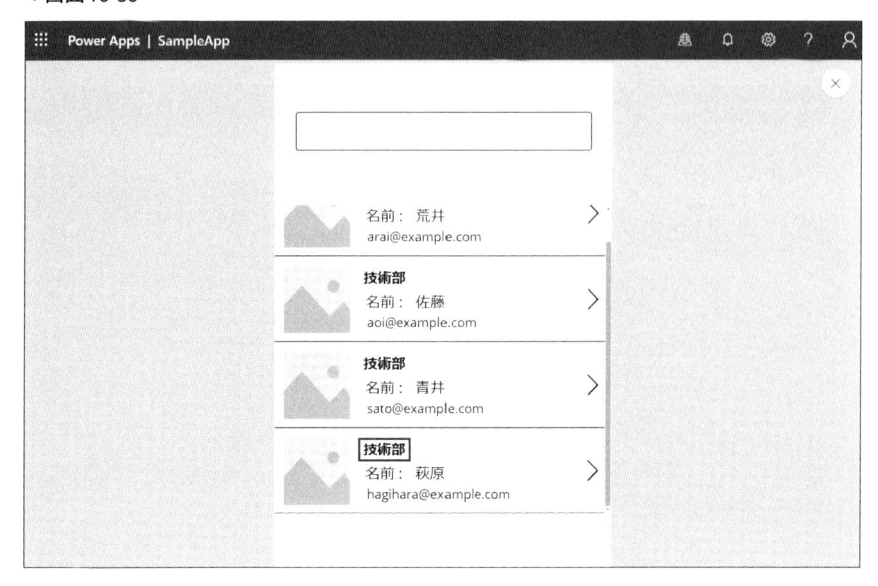

再度[テーブル]を見にいくと、データが更新されていることがわかります(画面10-40)。

▼画面10-40

ギャラリーの表示順を並び変える

Sort関数を用いることでギャラリーに表示されるデータを昇順／降順に並び替えることができます。

Sort関数の構文

Sort(テーブル,数式,[昇順or降順])

ここで指定する「数式」の結果は「数値」「文字列」「ブール値」のいずれかのデータ型になる必要があります。それぞれ**表10A-1**のように並び変えられます。

▼表10A-1　Sort関数の結果例

	昇順（SortOrder.Ascending）	降順（SortOrder.Descending）
数値	1,2,3,4,5	5,4,3,2,1
文字列	A,B,C,D	D,C,B,A
ブール値	False,True	True,False

列名のみを指定した場合は、その列の値がそのまま数式の結果として扱われます(**画面10A-1**)。

▼画面10A-1

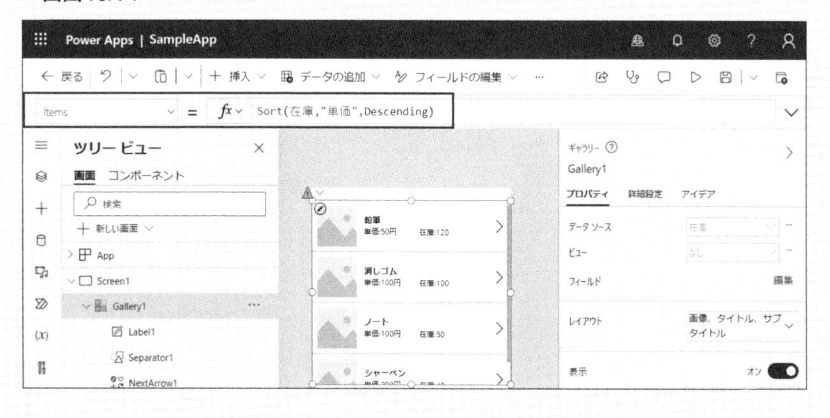

列名を使った条件式を用いることで「特定の条件に当てはまるものを表示する」という操作が可能になります（**画面10A-2**）。

▼画面10A-2

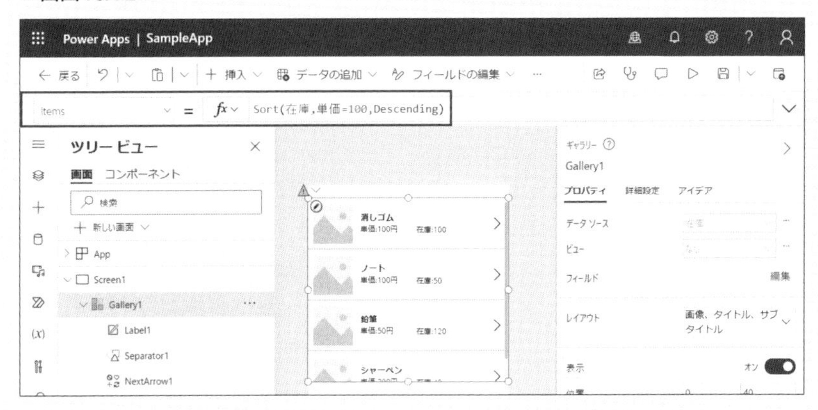

Column

名前付き演算子

Power Appsには**Self**、**Parent**、**ThisItem**、**ThisRecord**といった関数とも一般的な演算子とも異なる特殊な名前付き演算子が存在します。関数は引数を受け取り、演算を実行し、値を返すものを指します。また、一般的な演算子は**+**、**-**、**<**、**=**、**||**、**&&**など、比較・論理の演算に使用するものです。一方、名前付き演算子はアクセス先を指定してコントロールのプロパティにアクセスして情報を取得するために使用します。

本Columnでは、これらの名前付き演算子の役割と使用方法について簡単に説明します。なかなかイメージしにくい内容ですが、具体例を見ながら理解を深めましょう。

■Self

Selfは、コントロールのプロパティで、同じコントロールの他のプロパティの値を利用したいときに使用します。

Selfの構文

```
Self.プロパティ名
```

たとえば**Self.Text**のように記述することで、自身の**Text**プロパティの値を取得することができます。たとえば、ボタンで「文字の色」と「ボタンが押されたときの文字の色」を同じにしたい場合は、以下のように入力します。

- **Color**：**RGBA(0,0,0,1)**
- **PressedColor**：**Self.Color**

このように、同一のプロパティ内で同じ値を複数使用したい場合は、1つのプロパティにだけ設定して他は**Self**を使用するといったことが可能です。また、自身の**Text**の値によって色などの値を動的に変えるなど、条件式にも利用できます。

■Parent

Parentは、一階層上のコントロールやスクリーンの、プロパティの値を利用したいときに使用します。ギャラリーやコンテナーなどの一部は、コントロールの中にコントロールを追加します。このような関係を親子にたとえると、**画面10A-3**のようになります。

▼画面 10A-3

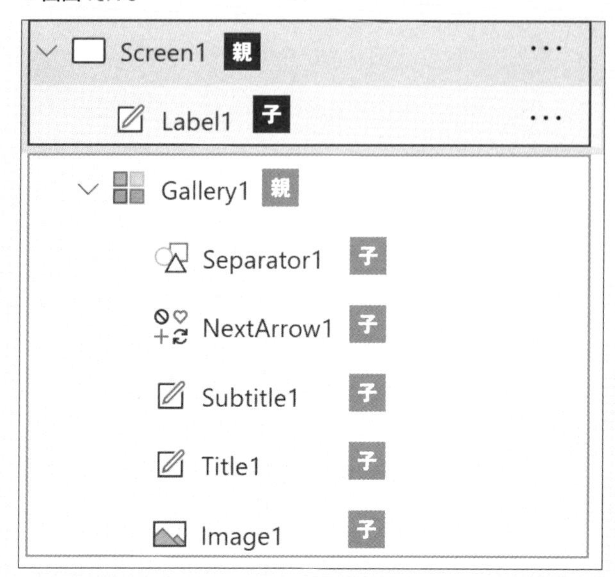

Parentを使用することで子のプロパティから親のプロパティにアクセスすることができます。

Parentの構文

```
Parent.プロパティ名
```

たとえば、[Label1]（子）のプロパティで、**Parent.Fill**と設定すれば[Screen1]（親）のプロパティにアクセスして、スクリーンのFill値を取得できます。また、[Title1]（子）のプロパティで**Parent.Fill**と設定すれば、[Gallery1]（親）のプロパティにアクセスして、ギャラリーのFill値を取得できます。ただし、親の親の情報、つまり[Title1]のプロパティから、[Screen1]の情報を取得することはできません。

■ThisItem

ThisItemは、ギャラリーの中で使用します。

ThisItemの構文

```
ThisItem.列
```

ThisItemは、ギャラリーの**Items**プロパティに指定されているテーブルのレコードを表します。**ThisItem.列名**と書くことで、該当のレコードの「列名」を表示できます。このとき、**Items**プロパティに指定されているデータソースにアクセスしますが、「This」という名前が付いているように、今が何レコード目かを判断し、1レコード目では、「**ThisItem**」で1レコード目を指定、「**列名**」でその列の値を取得します。2レコード目では、「**ThisItem**」で2レコード目を指定、「**列名**」でその列の値を取得するイメージです（図10A-1）。

▼図10A-1

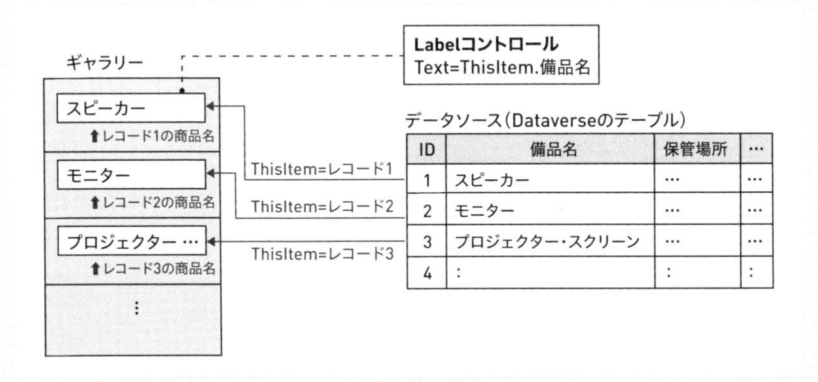

ID	備品名	保管場所	…
1	スピーカー	…	…
2	モニター	…	…
3	プロジェクター・スクリーン	…	…
4	:	:	:

■ThisRecord

ThisRecordは、条件式などで明示的にレコードを指定したいときに使用します。Power Appsでは省略することが可能で、本書でも既に省略して利用しています。

ThisRecordの構文

```
ThisRecord.列
```

本Chapterで指定した**Filter**関数を例に説明します。

```
Filter(従業員,部署.部署名 = "技術部")
```

　このとき、データソースとして「従業員」テーブル、条件として「部署」列を指定していますが、この列はどのデータソースの「部署」列でしょうか？正解は「従業員」テーブルです。これを**ThisRecord**を使って明示的に書くと、

```
Filter(従業員,ThisRecord.部署.部署名 = "技術部")
```

となります。このように**ThisRecord**を使用することで、データソースのうち、どのレコードにアクセスしているのかを明示的に記述できます。

Chapter 11 条件分岐

紹介する関数：If、Switch、And、Or

11-1 アプリ開発における「条件」

アプリ開発では、ある条件に応じて処理を分けたい場面が存在します。たとえば、年齢が20歳以上ならお酒を購入できるページに遷移する、20歳未満ならトップページに戻る、といったものです。Power Appsでも「条件によって処理を分ける」という関数が用意されています。Excelでよく使われるIF関数やSWITCH関数と記述方法は少々異なりますが、考え方は同じです。本Chapterでは条件分岐や条件式の使用方法について説明します。

本Chapterでは、表11-1、11-2のテーブルを使用します。

▼表11-1 商品テーブルの定義（スキーマ名：trnProduct）

表示名	スキーマ名	データの種類	書式	必須
商品名（プライマリ列）	productName	1行テキスト（プレーンテキスト）	テキスト	必要なビジネス
カテゴリ	category	1行テキスト（プレーンテキスト）	テキスト	任意
価格	price	整数	－	任意

▼表11-2 商品テーブル

商品名	カテゴリ	価格
ボールペン	文房具	100
キャンドル	インテリア	1000
セーター	衣服	3000
電子レンジ	キッチン用品	8000
鉛筆	文房具	500
アロマオイル	インテリア	2500
キッチンタオル	キッチン用品	300
冷蔵庫	キッチン用品	15000
定規	文房具	200
スウェット	衣服	850

Dataverseでテーブルを作成する手順はChapter 3-1を参照してください。

DataverseのテーブルをPower Appsのキャンバスアプリに接続します。例として、[空のキャンバスアプリ]を[電話]形式で作成します。手順はChapter 6-3を参照してください。

アプリ作成後、画面左のメニューから[データ]⇒[データの追加]⇒[テーブル]⇒[商品]と選択します。データソースを接続する手順はChapter 8-1を参照してください。

垂直ギャラリーに「商品テーブル」のデータを一覧表示します(**画面11-1**)。こちらの詳細な手順については、Chapter 10-2を参照してください。

▼画面11-1

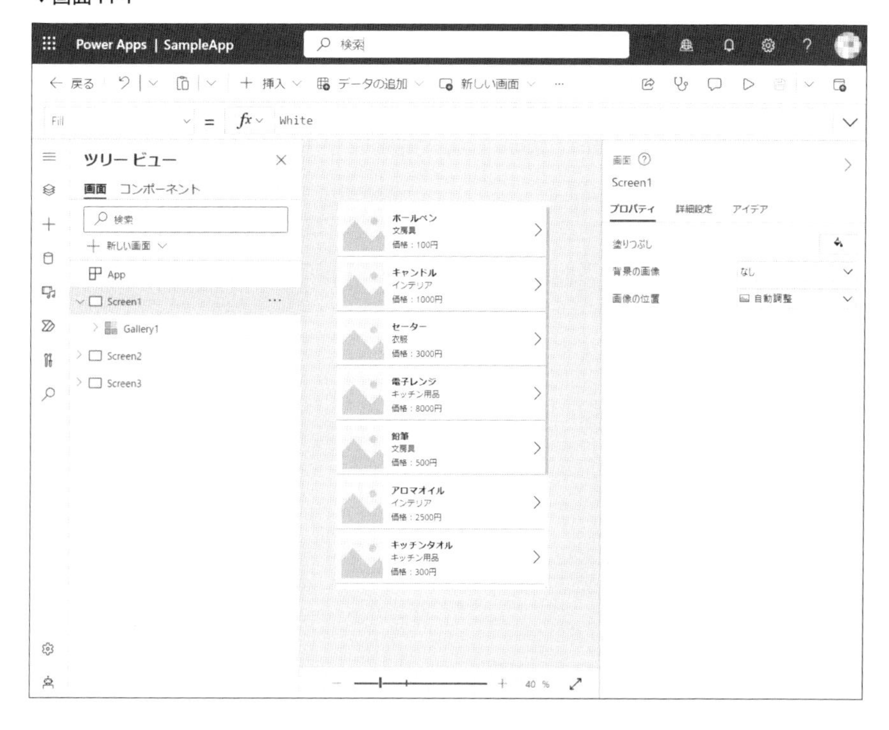

11-2　条件分岐とは

条件分岐は「もし○○ならば××の処理をする」ものとイメージしてください。

この「もし○○ならば」が条件に該当し、条件を満たした場合のみ「××の処理」を実行させることができます。アプリ開発では、条件の結果が正しい場合を「True」、正しくない場合を「False」と呼び、真(True)か偽(False)かで処理する内容を分岐します。

たとえば、街中を歩いていて信号機のある横断歩道に遭遇したときを想像してください。この場合、「もし信号機が青色ならば進む。そうでない場合は止まる」という処理で条件分岐を使用します(**図11-1**)。

▼図11-1 条件分岐のイメージ

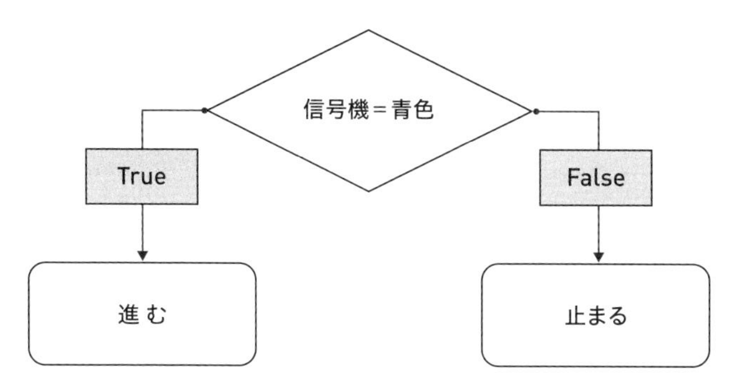

If関数

条件分岐の処理をするには**If**関数を使用します。

If関数の構文

```
If(条件式,Trueの場合の処理,[Falseの場合の処理])
```

実際に、「商品テーブル」のカテゴリ列の値によって、商品名の色を変化させる処理をしてみます。テキストラベルの**Color**プロパティを以下のように入力します。

Title1.Color

```
If(ThisItem.カテゴリ = "文房具", Color.Red, Color.Black)
```

白黒の紙面ではわかりづらいですが、**画面11-2**のように、カテゴリが文房具の商品名は赤色になっています。

▼画面 11-2

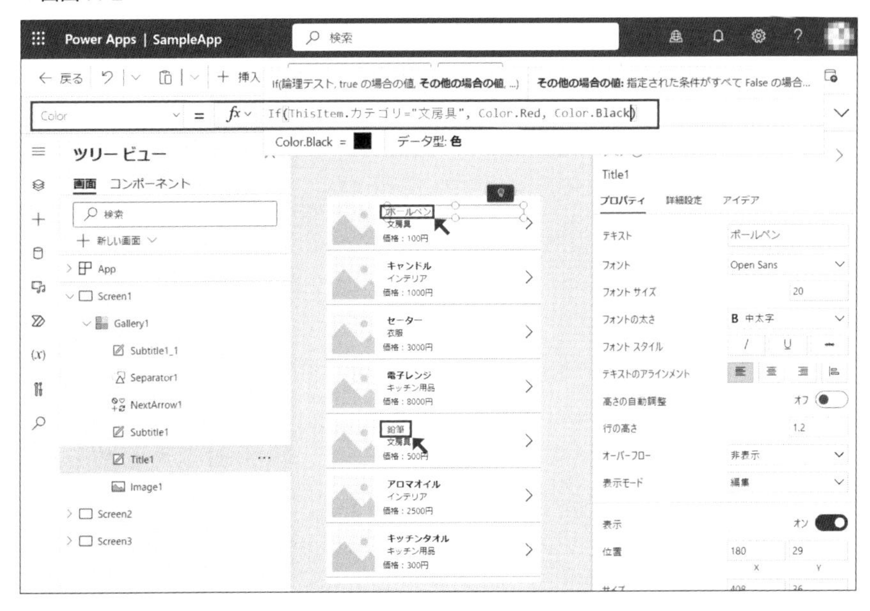

Switch関数

If関数だけでなく、**Switch**関数でも条件分岐が可能です。

Switch関数の構文

```
Switch(条件式,比較値1,結果値1,[比較値2],[結果値2],…)
```

テキストラベルの**Color**プロパティを以下のように入力します(画面11-3)。

Title1.Color

```
Switch(ThisItem.カテゴリ,"文房具",Color.Red,"衣服",Color.Blue,"キッチン用品",Color.Green,"インテリア",Color.Black)
```

▼画面11-3

画面11-3では数式バーの「テキストの書式設定」をクリックすることで、コードを字下げして見やすい表示形式にしています。複数行に分けて入力していますが、1行で入力した場合と結果は変わりません。

If関数と**Switch**関数の使い分けとして、単一条件や他の異なる条件と併せて評価する場合は**If**関数、1つの条件を複数の値で評価する場合は**Switch**関数を使用します。

11-3　比較演算子

Power Appsで比較を行う場合は、「比較演算子」を使用します。たとえば数字による比較では、右辺と左辺が同じ値なのか、どちらが大きいのかを比較演算子で比較することができます(**表11-3**)。

▼表 11-3　比較演算子

演算子	例	説明
=	Price = 100	等しい
>	Price > 100	より大きい
>=	Price >= 100	以上である
<	Price < 100	より小さい
<=	Price <= 100	以下である
<>	Price <> 100	等しくない

比較演算子ではDate(日付)型も比較できます。Text(文字列)型も比較できますが、等しいか等しくないかの比較だけとなります。そのため、**<**、**>**など不等式で比較を行うとエラーになるので注意しましょう。

Chapter 10で紹介した**Filter**関数と、**ThisRecord**を組み合わせて、条件に一致する値を表示してみます。

ThisRecord

ThisRecordとはギャラリーに指定されているテーブルのレコード(行)を表すものです(Chapter 10のColumn「名前付き演算子」参照)。

1,000円以上の商品を一覧表示するには以下のように入力します(**画面11-4**)。

Gallery2.Items
```
Filter(商品,ThisRecord.価格 >= 1000)
```

▼画面11-4

カテゴリが文房具以外の商品を一覧表示するには以下のように入力します(**画面**

11-5)。

Gallery2.Items

```
Filter(商品,ThisRecord.カテゴリ <> "文房具")
```

▼画面11-5

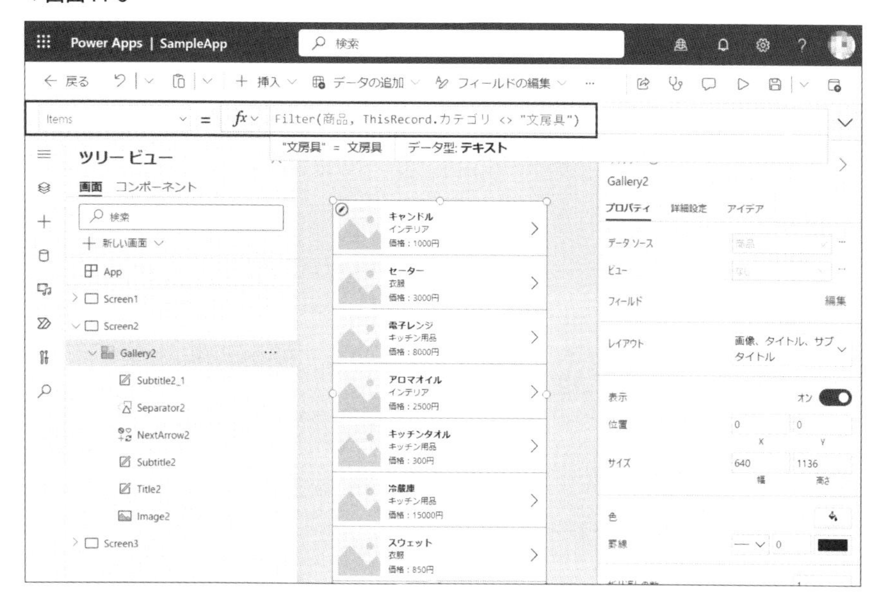

11-4　複数の条件を指定する方法

複数の条件を指定する方法には、論理積(AND)と論理和(OR)の2種類があり、場合によっては論理否定(NOT)を組み合わせます(**表11-4**)。

▼表11-4

論理演算子・関数	例	説明
&&または**And**	`Price < 100 && Slider1.Value = 50`、 `Price < 100 And Slider1.Value = 50`	論理積
||または**Or**	`Price < 100 || Slider1.Value = 50`、 `Price < 100 Or Slider1.Value = 50`	論理和
!または**Not**	`!(Price < 100)`、`Not (Price < 100)`	論理否定

And関数、&&演算子

論理積であるANDは、複数の条件式がすべてTrueの場合にのみTrueの結果となります。裏を返すと、1つでもFalseがあると結果はFalseになります。

ANDで複数の条件を指定する場合は、**And**関数もしくは**&&**演算子を使用します。

And関数の構文

```
And(条件式1,条件式2,…)
```

論理演算子&&の構文

```
条件式1&&条件式2&&…
```

カテゴリがキッチン用品かつ1,000円以上の商品を、**And**関数を使って一覧表示するには以下のように入力します(**画面11-6**)。

Gallery3.Items

```
Filter(商品, And(ThisRecord.カテゴリ = "キッチン", ThisRecord.価格
>= 1000))
```

▼画面11-6

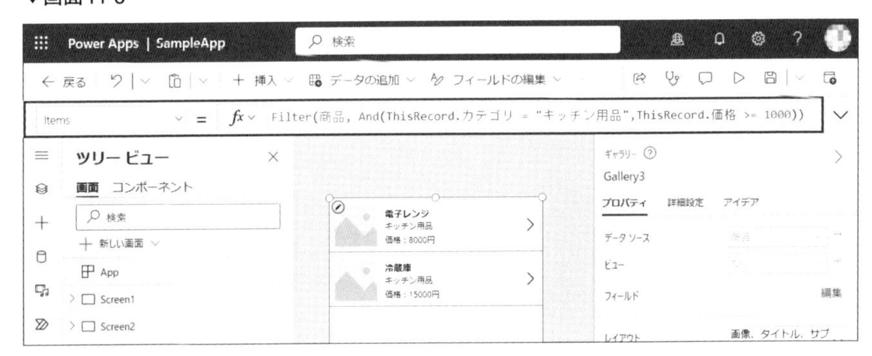

カテゴリがキッチン用品かつ1,000円以下の商品を、**&&**演算子を使って一覧表示するには以下のように入力します(**画面11-7**)。

Gallery3.Items

```
Filter(商品, ThisRecord.カテゴリ = "キッチン用品" && ThisRecord.
価格 <= 1000)
```

▼画面11-7

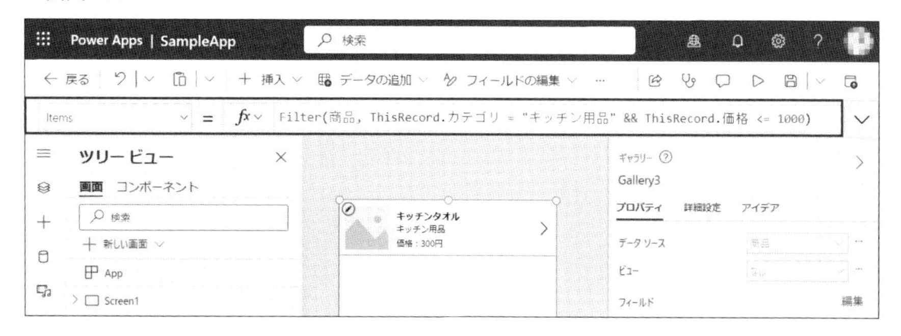

Or関数、||演算子

論理和であるORは、条件式が1つでもTrueの場合にTrueの結果となります。裏を返すと、すべての条件式がFalseの場合にのみ結果はFalseになります。

ORで複数の条件を指定する場合は、**Or**関数もしくは**||**演算子を使用します。

Or関数の構文

```
Or(条件式1,条件式2,…)
```

論理演算子||の構文

```
条件式1||条件式2||…
```

カテゴリが文房具または衣服の商品を、**Or**関数を使って一覧表示するには以下のように入力します(画面11-8)。

Gallery3.Items

```
Filter(商品, Or(ThisRecord.カテゴリ = "文房具", ThisRecord.カテゴリ
= "衣服"))
```

▼画面11-8

カテゴリが文房具または10,000円以上の商品を、|| 演算子を使って一覧表示するには以下のように入力します(**画面11-9**)。

Gallery3.Items

```
Filter(商品, ThisRecord.カテゴリ = "文房具" || ThisRecord.価格
>= 10000)
```

▼画面11-9

Chapter 12 通知

紹介する関数：**Notify**、**SubmitForm**

12-1　アプリ開発における「通知」

アプリ開発では、画面上に通知バーを表示して、利用者に処理結果の通知をすることがあります。Power Appsでも、通知バーを表示する**Notify**関数が用意されています。

本Chapterでは、Power Appsで通知バーを表示する方法やその役割について説明します。

12-2　通知バーのしくみ

Power Appsのキャンバスアプリ開発において、通知バーは利用者の使いやすさを向上させる重要な要素なので、活用することを推奨します。

たとえば、確定ボタンを押した後に処理が完了していても、何も設定していなければ完了通知はありません。「処理が失敗した……？」などの不安を利用者に感じさせたり、「ボタンをきちんと押せていなかった？　もう一度ボタンを押したほうが良い……？」などと二重登録をさせてしまいデータの不整合が発生したりする、などの懸念点が挙げられます。

そのような利用者の不安や混乱を避けるために、ボタンを押したときの処理が完了した後に「登録完了しました！」など、完了したことを利用者に伝える通知バーを画面上に表示する必要があります。

Notify関数

Power Appsで通知バーを表示するには**Notify**関数を使用します。

Notify関数の構文

```
Notify(表示するメッセージ,メッセージの種類,[表示するミリ秒数])
```

「メッセージの種類」に応じて決められたアイコンと色のバーが表示されます(表12-1)。通知バーを表示する時間は10秒(10,000ミリ秒)がデフォルト値で設定されています。

▼表12-1　Notify関数におけるメッセージの種類

メッセージの種類	内容
NotificationType.Error	エラーとして表示
NotificationType.Information (デフォルト値)	情報提供として表示
NotificationType.Success	成功として表示
NotificationType.Warning	警告として表示

処理結果によって、**Notify**関数を使用して画面上に通知バーを表示する必要があります。

たとえば、編集フォームでテーブルにデータを追加する場合、**SubmitForm**関数を実行します。このとき、必須項目が入力されているか、データ型は一致しているかなど検証がされます。

このデータ検証が合格した場合、データソースの更新が行われ、更新が成功した場合は**OnSuccess**プロパティ、失敗した場合は**OnFailure**プロパティに入力された処理が実行されます(図12-1)。

▼図12-1　SubmitForm関数を使った処理の流れ

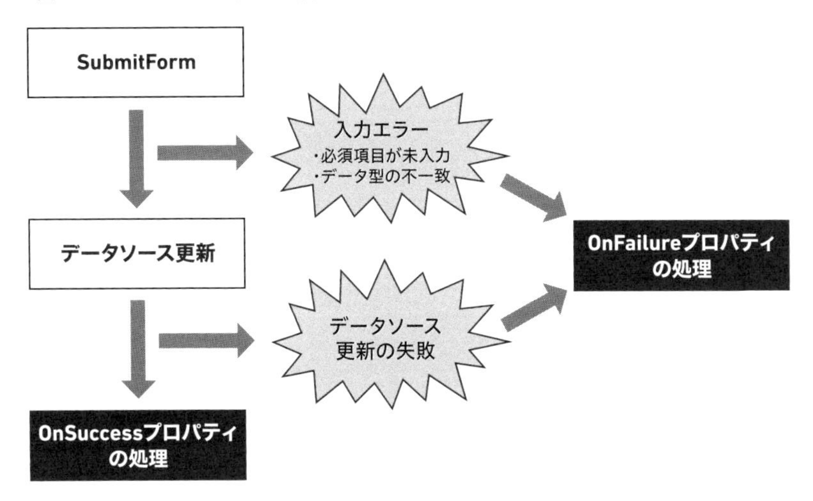

したがって、**Notify**関数を使い、処理結果が成功の場合は**NotificationType.Success**、失敗の場合は**NotificationType.Error**の通知バーを表示するようにします(画面12-1)。

▼画面12-1

12-3 通知バーを表示する

それでは試しに、**表12-2**、**表12-3**のテーブルとサンプルデータを使用して通知バーの表示をしてみましょう。

▼表12-2 ブログ記事テーブルの定義（スキーマ名：trnBlogPost）

表示名	スキーマ名	データの種類	書式	必須
タイトル（プライマリ列）	title	1行テキスト（プレーンテキスト）	テキスト	必要なビジネス
著者名	author	1行テキスト（プレーンテキスト）	テキスト	必要なビジネス
カテゴリ	category	1行テキスト（プレーンテキスト）	テキスト	必要なビジネス

▼表12-3 ブログ記事テーブル

タイトル	著者名	カテゴリ
私の旅行記	山田太郎	旅行
最新のテクノロジー	佐藤花子	テクノロジー
美味しいレシピ特集	鈴木次郎	料理
ランニングの基本	山田太郎	スポーツ
クラフトビールの魅力	佐藤花子	飲食

Dataverseでテーブルを作成する手順はChapter3-1を参照してください。

DataverseのテーブルをPower Appsのキャンバスアプリに接続します。例として、[空のキャンバスアプリ]を[電話]形式で作成します。手順はChapter6-3を参照してください。

アプリ作成後、画面左のメニューから[データ]⇒[データの追加]⇒[ブログ記事]と選択します。データソースを接続する手順はChapter8-1を参照してください。

垂直ギャラリーに「ブログ記事テーブル」のデータを一覧表示します（**画面12-2**）。こちらの詳細な手順については、Chapter10-2を参照してください。

▼画面12-2

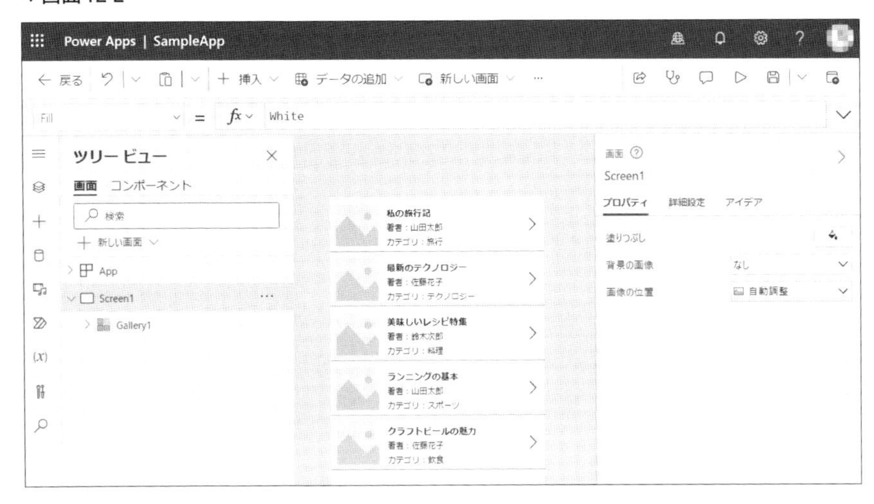

次に、[新しい画面]から空の画面を追加し、[挿入]から[編集フォーム]を選択します(**画面12-3**)。

▼画面12-3

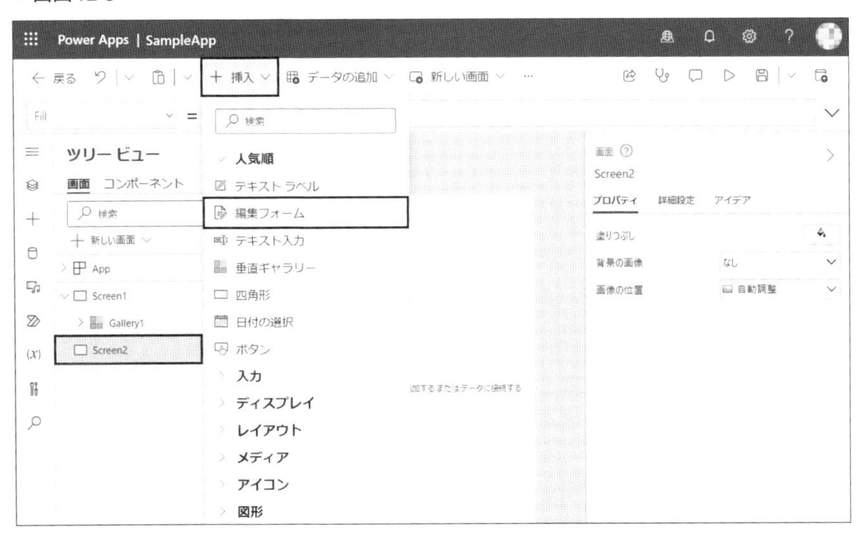

追加された編集フォームのデータソースに[ブログ記事]を選択します(**画面12-4**)。

▼画面12-4

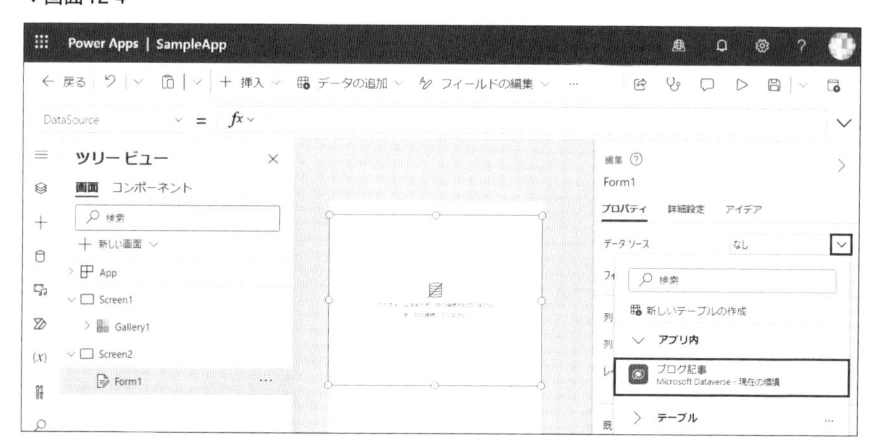

今回はデータの新規追加をするため、編集フォームのモードを[編集]から[新規]に変更します(**画面12-5**)。

▼画面12-5

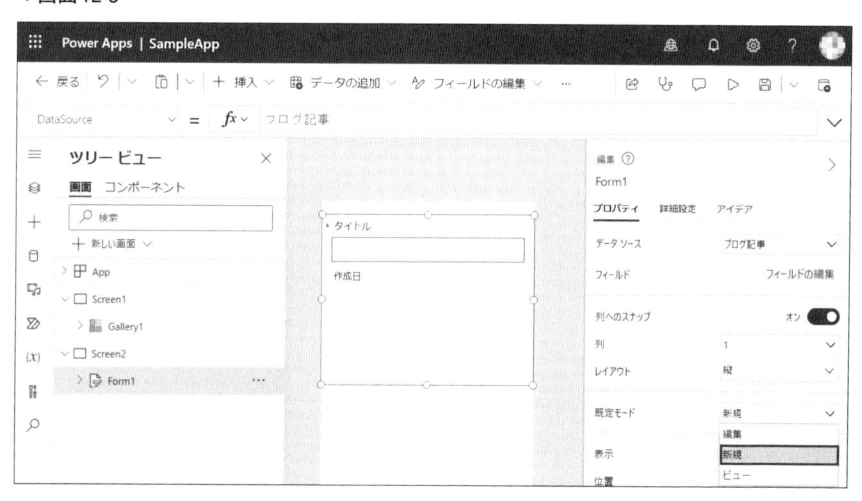

プロパティペインから[フィールドの編集]⇒[フィールドの追加]を選択して、編集フォームの項目に「著者名」「カテゴリ」を追加します(**画面12-6**)。「作成日」は不要なので削除します。

▼画面12-6

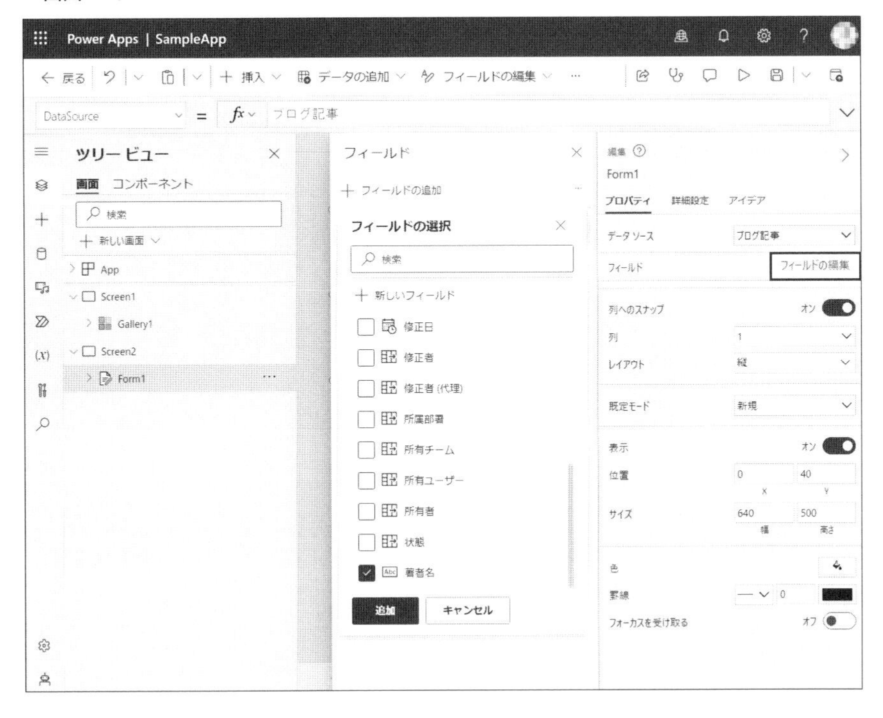

　編集フォームに入力された内容をテーブルに反映するためのボタンを[挿入]から追加し、ボタンの**Text**プロパティと**OnSelect**プロパティを以下のように入力します(画面12-7)。

- **Text**：**"確定"**
- **OnSelect**：**SubmitForm(Form1)**

▼画面12-7

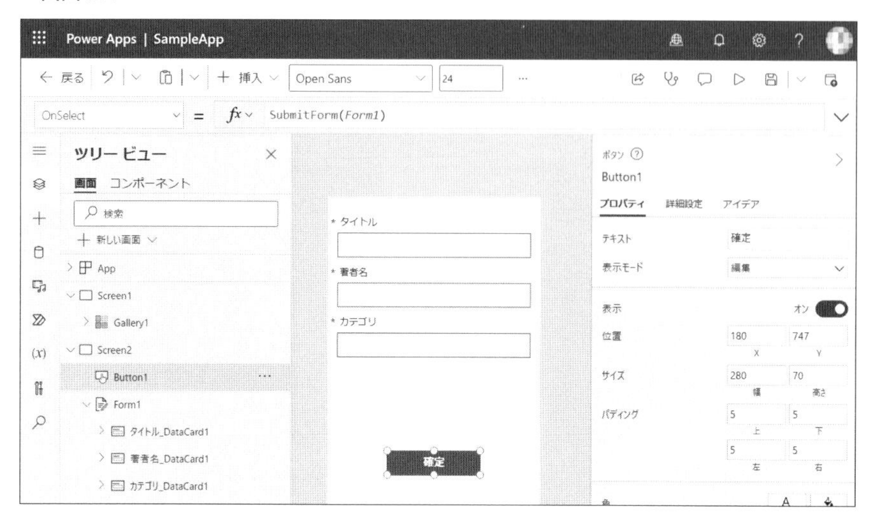

最後に、編集フォームの[詳細設定]の**OnSuccess**プロパティと**OnFailure**プロパティにデータソースの更新が成功・失敗した場合の処理を以下のように入力します(画面12-8)。

- **OnSuccess**：**NewForm(Form1); Notify("登録完了しました！", NotificationType.Success);**
- **OnFailure**：**Notify("エラーが発生しました！", NotificationType.Error)**

▼画面12-8

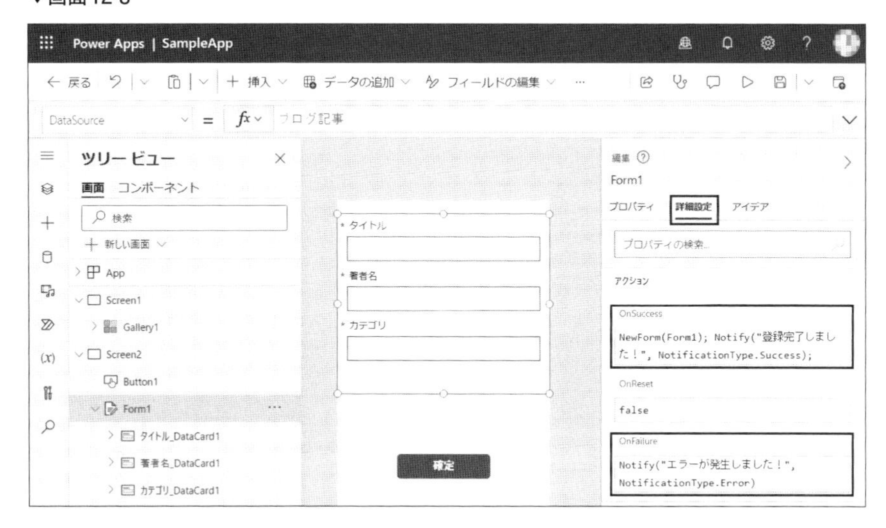

[▷]からアプリのプレビュー画面に遷移し、実際にデータを追加してみます（**画面12-9**）。

▼画面12-9

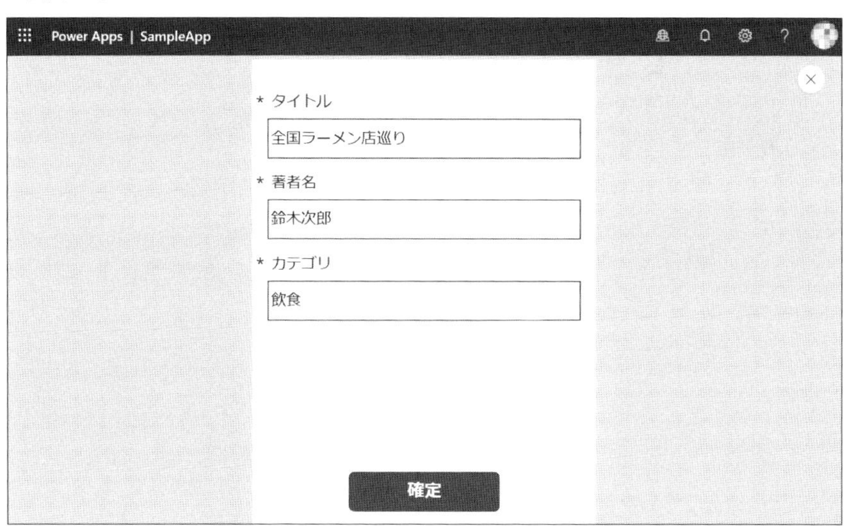

データソースの更新が成功した場合、編集フォームに入力していた内容が消え、**NotificationType.Success**の通知バーが画面上部に表示されます（**画面**

12-10)。

▼**画面12-10**

アプリの編集画面に戻って[Screen1]を確認すると、先ほど追加したデータがギャラリーに表示されています(**画面12-11**)。

▼画面12-11

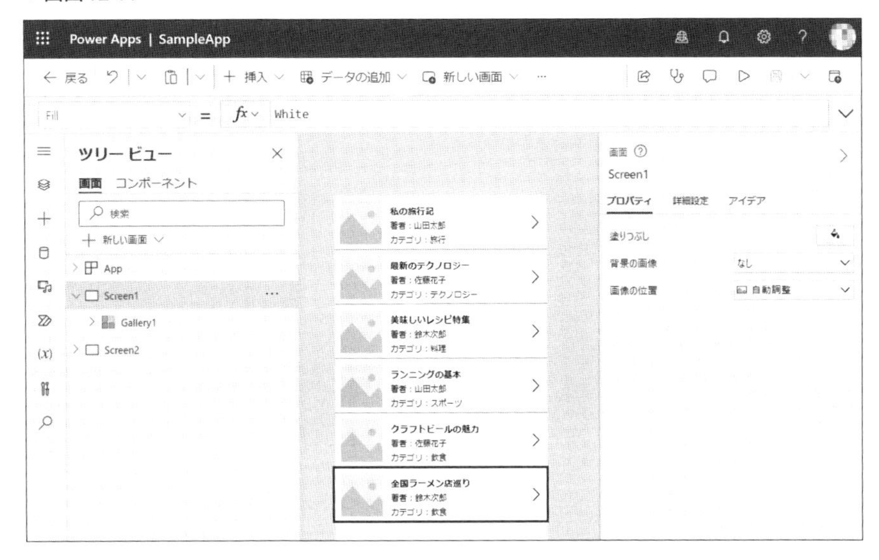

必須項目（この場合は「タイトル」「著者名」「カテゴリ」）が未入力の場合、データソースの更新が失敗するので**NotificationType.Error**の通知バーが画面上部に表示されます（画面12-12）。

▼画面12-12

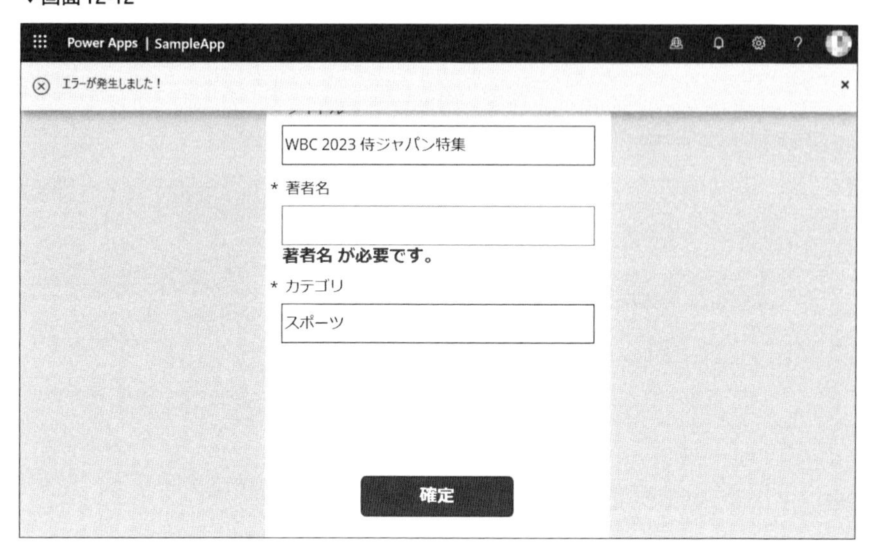
Power Apps | SampleApp
エラーが発生しました！
WBC 2023 侍ジャパン特集
* 著者名
著者名 が必要です。
* カテゴリ
スポーツ
確定

Part 3

ハンズオン編

本Partではハンズオン形式で、キャンバスアプリとモデル駆動型アプリを使用し、連携する2つのアプリを作成します。キャンバスアプリでは現場のユーザー向けのモバイルアプリを、モデル駆動型アプリでは事務員や管理者向けのWebアプリを作成します。それぞれのアプリは独立しているためどちらかだけでも利用できますが、両者を組み合わせることでそれぞれの価値をさらに高めることができます。利用シーンの異なるキャンバスアプリとモデル駆動型アプリの違いを、最初から最後まで実際にアプリを作成しながら理解します。ご自身の手を動かしながら読み進めてください。

Chapter 13 スマートフォンで使うレポートアプリ

13-1　サンプルデータの準備

Part 3では「工場の機械の点検」に関する記録とその管理をするためのアプリを作成します。そのため、Chapter 13とChapter 14で共通したDataverseのテーブルを使用します。

テーブルを作成する

Power Appsメーカーポータルを開き［テーブル］⇒［＋新しいテーブル］⇒［＋新しいテーブル］でテーブルを作成します。テーブルの構造は表13-1、13-2になります。点検テーブルの「点検状況」の選択肢は「未実施」「実施中」「完了」「保留／再点検」「問題あり」としてください（表13-3）。

▼表13-1　機械テーブルの定義（スキーマ名：mstMachine）

表示名	スキーマ名	データの種類	書式	必須
機械名称（プライマリ列）	machineName	1行テキスト（プレーンテキスト）	テキスト	必要なビジネス
概要	machineOverview	複数行テキスト（プレーンテキスト）	テキスト	任意
機械画像	machineImage	画像	―	任意

▼表13-2　点検テーブルの定義（スキーマ名：trnInspection）

表示名	スキーマ名	データの種類	書式	必須
点検ID（プライマリ列）	inspectionID	オートナンバー[注13.1]	[接頭辞]：「inspection」「最小桁数」：「4」	任意
点検状況	inspectionStatus	選択肢[注13.2]	グローバルな選択肢	必要なビジネス
点検内容	inspectionDetails	複数行テキスト（プレーンテキスト）	テキスト	任意
点検日時	inspectionDate	日付と時刻	日付と時刻	任意
点検記録写真	inspectionImage	画像	ー	任意
機械名称	machineName	検索（関連テーブル：「機械」）	ー	任意

▼表13-3　点検状況の選択肢

ラベル	値
未実施	220070000
実施中	220070001
保留/再点検	220070002
問題あり	220070003
完了	220070004

「活動」と「添付ファイル」機能とは

Dataverseにはデータ管理機能を拡張するオプションが豊富に用意されています。ここでは、「活動」「添付ファイル」のオプション機能を有効化し、情報管理の範囲を拡張します。

［活動］を有効化すると、登録したレコードに対する付帯情報を追加、管理することができます。付帯情報にはタスク（ToDo）、メール（メール送信と送信履歴）、電話（発信と発信履歴）などがあります（**画面13-1**）。「添付ファイル」を有効化すると、関連ファイルを登録したレコードと紐(ひも)付けて管理できます。

注13.1)　テーブル設定後に「オートナンバー」に変更します。その際、［オートナンバーの種類］は［文字列が先頭に付加される数］、［接頭辞］は「inspection」、「最小桁数」は「4」を設定してください。詳細はChapter 3のColumn「プライマリ列にオートナンバー型を設定する方法」参照。

注13.2)　選択肢型の列の設定についてはChapter 3-3を参照してください。

▼画面13-1

使用例として、機械の情報を登録した後、機械を操作するうえで引き継ぎたいタスク（ToDo）をレコードに紐付けて関係者と情報を共有する、機械の操作マニュアルを関連ファイルとして添付するなど、さまざまな活用シーンがあります。そのほかにもデータ管理機能を拡張するオプションにはさまざまなものがあります。詳細はMicrosoft公式サイト[注13.3]を参照してください。

テーブルのプロパティ設定でオプションを有効化する

Power Appsメーカーポータルの［テーブル］をクリックし、表示されたテーブル一覧から、「機械」テーブルを選択します。機械テーブルの概要ページで［プロパティ］をクリックします（画面13-2）。

注13.3)　https://learn.microsoft.com/ja-jp/power-apps/maker/data-platform/data-platform-create-entity

▼画面13-2

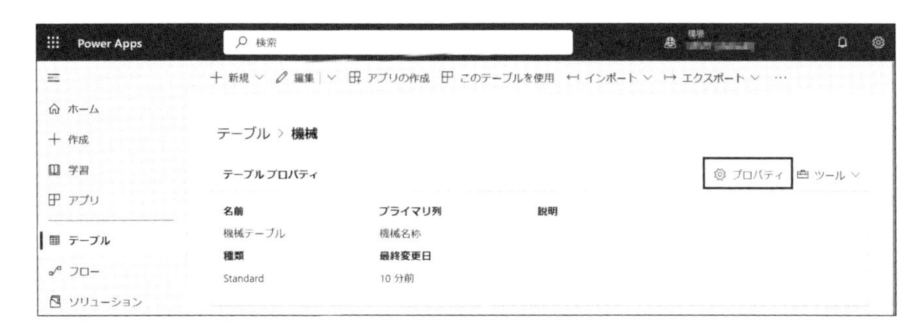

テーブルのプロパティ画面で以下の設定を有効化し、[保存]をクリックします。

(1) [添付ファイルを有効にする(メモとファイルを含む)] (画面13-3)
(2) [高度なオプション]⇒[このテーブルを次の場合にオプションにする]⇒[新しい活動を作成しています] (画面13-4)

▼画面13-3

▼画面13-4

テーブル一覧に戻り、同様の手順で「点検テーブル」でも［添付ファイルを有効にする(メモとファイルを含む)］［新しい活動を作成しています］を有効化し、［保存］をクリックしてください。

テーブルにデータを追加する

本Chapterのキャンバスアプリを作成する場合は、少数のサンプルデータ(画像以外)を手動で数件、追加してください。本Chapterで作成するキャンバスアプリを利用すれば、後からスマートフォンのカメラで画像を追加できます。具体的な追加方法については、本Chapterの最後にあるColumn「スマホアプリからの画像の追加」を参照してください。先にChapter 14のモデル駆動型アプリを作成する場合は、Chapter 14に進み、Chapter 14-5でデータを追加してください。

13-2　アプリの仕様

「工場の機械の点検を担当する技師が、スマートフォンで点検の記録・確認ができるアプリ」をキャンバスアプリで作成します。担当する機械は複数あり、各機械に紐付く形で点検の記録を蓄積します。そのため、「機械」と「点検」の2つのテーブルを使用します。

> 本Chapterで扱うアプリは同じ構造を持つ別の場面でも応用できます。たとえば「営業担当の営業先とやりとりの記録」「ペットショップの動物と健康記録」などです。

このアプリは5つの画面から構成されます(**図13-1**)。そのうちの3つはDataverseの点検テーブルをベースに自動作成し、残りの2つはページのテンプレートに機械テーブルを組み合わせて作成します。

▼図13-1　Chapter 13で作成するアプリの全体図

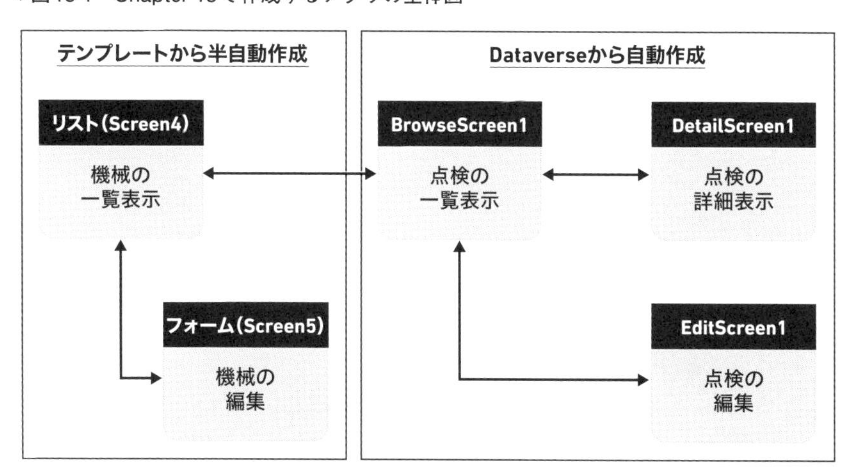

本Chapterの最終的な画面とコントロールの構成を以下に示します(編集するものだけを抜粋)。

```
BrowseScreen1
├BrowseGallery1-1
├LblAppName1_8
└Icon1_10

DetailScreen2
└DetailForm2_1
  ├点検ID_DataCard2_1_1
  ├点検内容_DataCard2_1_2
  ├点検状況_DataCard2_1_3
  ├点検日時_DataCard2_1_4
  └点検記録写真_DataCard2_1_5

EditScreen3
└EditForm3
  ├点検ID_DataCard3_1_1
  ├点検内容_DataCard3_1_2
  ├点検状況_DataCard3_1_3
  │ └Radio3_1_3_5
  ├点検日時_DataCard3_1_4
  │ └DateValue3_1_4_6
  ├点検記録写真_DataCard3_1_5
  └機械名称_DataCard3_1_7
    └DataCardValue3_1_7_4

Screen4
├BrowseGallery4-1
│ ├NextArrow4_1_2
│ ├Subtitle4_1_3
│ ├Title4_1_4
│ ├Image4_1_5
│ └Icon4_1_6
├LblAppName4_1
├IconNewItem4_5
└IconRefresh4_7

Screen5
├EditForm5_1
│ ├機械名称_DataCard5_1_1
│ ├概要_DataCard5_1_2
│ └機械画像_DataCard5_1_3
├LblAppName5_2
├IconAccept5_3
└IconCancel5_4
```

13-3　画面を作成する

まずはアプリの基本となる画面を作成します。

点検テーブルをベースにアプリを自動作成する

本節では図13-2で示す箇所を作成します。

▼図13-2　本項で作成する箇所

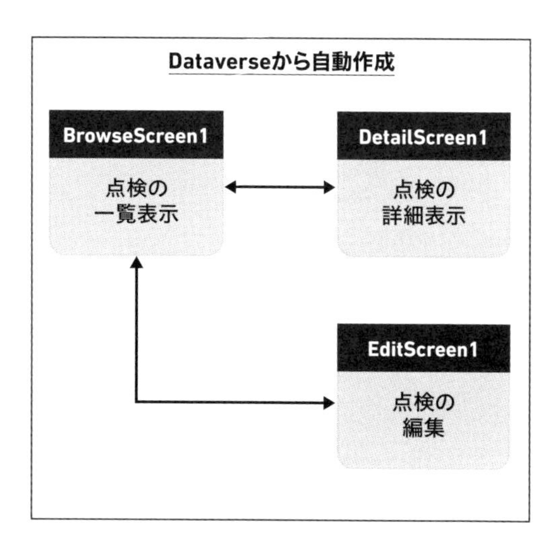

Power Appsメーカーポータルの[ホーム]から[Dataverse]をクリックします(画面13-5)。

▼画面13-5

[接続]の画面が表示されるので、ご自身のDataverseの接続から[点検]⇒[接続]とクリックします(画面13-6)。

▼画面13-6

「点検の一覧表示[BrowseScreen1]」「点検の詳細表示[DetailScreen2]」「点検の編集画面[EditScreen3]」の3画面を含むアプリが表示されます(**画面13-7**)。

▼画面13-7

アプリが作成されたら[保存]ボタンをクリックし、アプリの名前を付けましょう。

テンプレートから機械の一覧表示(リスト)画面を追加する

本節では図13-3で示す箇所を作成します。

▼図13-3　本項で作成する箇所

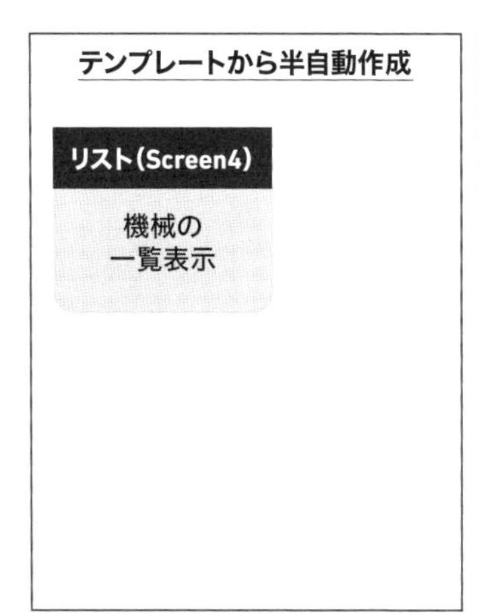

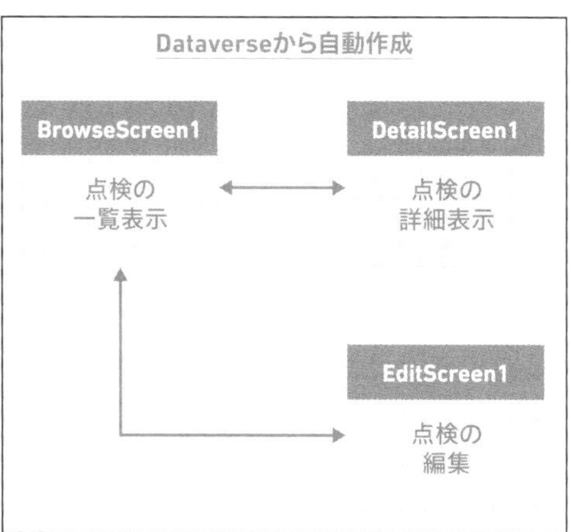

ツリービューから[新しい画面]⇒[テンプレート]⇒[リスト]とクリックします(画面13-8)。

▼画面13-8

リスト表示のサンプルデータを含むテンプレートが読み込まれます（画面13-9）。

▼画面13-9

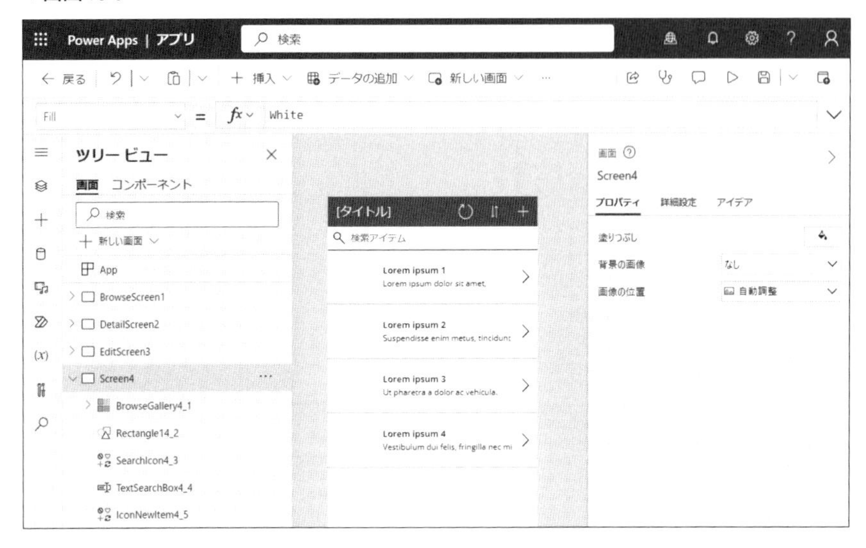

［データ］⇒［データの追加］⇒［機械］とクリックし、機械テーブルを読み込みます（画面13-10）。

▼画面13-10

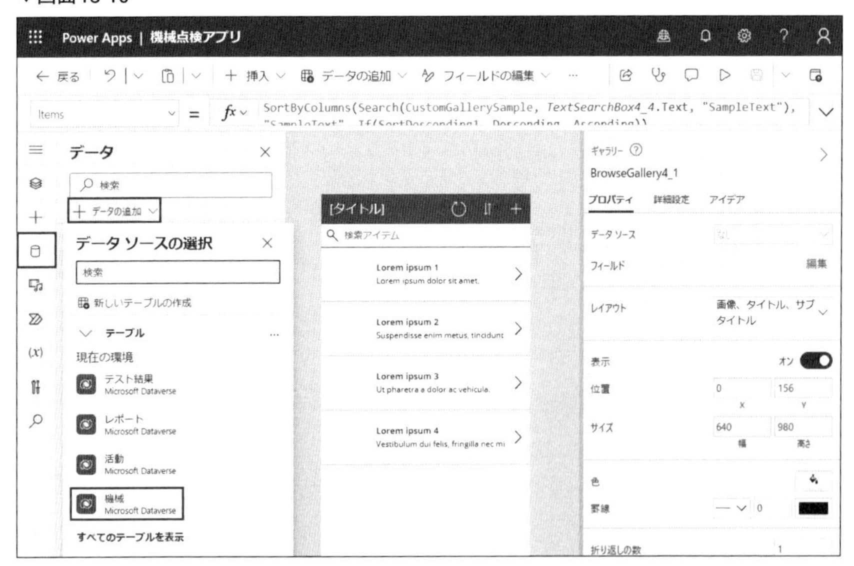

読み込んだ機械テーブルをリストに適用します。BrowseGallery4-1の**Items**プロパティを以下のように入力します。

BrowseGallery4-1.Items
```
SortByColumns(Search(機械,TextSearchBox4_4.Text,"<接頭辞>_machine
name"),"<接頭辞>_machinename", If(SortDescending1, SortOrder.Desce
nding, SortOrder.Ascending))
```

Search関数は指定した文字列を検索した結果のテーブルを返す、**Filter**関数に類似する関数です。**SortByColumns**関数は指定した列によって昇順／降順に順番を入れ替える**Sort**に類似する関数です。

ここで入力している「**<接頭辞>_machinename**」は、機械テーブルの機械名称列を作成時に設定した「machinename」に、環境ごとに異なる「接頭辞」が付いた論理名になります(Column「論理名とその確認方法」参照)。

画面内のテキストラベルの**Text**プロパティを以下のように入力します。

Title4_1_4.Text
```
ThisItem.機械名称
```

Subtitle4_1_3.Text
```
ThisItem.概要
```

LblAppName4_1.Text
```
"機械一覧"
```

リストに表示される画像を設定するために、**Image**プロパティを以下のように入力します。

Image4_1_5.Image
```
ThisItem.機械画像
```

Refresh関数は実行された瞬間にデータソースに最新の情報を取得する関数です。更新ボタンがクリックされたときの動作を設定するため、**OnSelect**プロパティを以下のように入力します。

```
IconRefresh4_7.OnSelect
Refresh([@機械])
```

論理名とその確認方法

　Dataverseにおける論理名とは、テーブルや列を一意に識別するための値です。論理名はテーブルや列を作成したときに決められ、変更することができません。ユーザーが作成したテーブルや列の場合は以下のルールで論理名が決まります。

```
接頭辞_入力した値
```

　接頭辞は作成する環境によって自動で変わります。

　テーブルの論理名はPower Appsメーカーポータルの[テーブル]の[名前]列(**画面13A-1**)で、列の論理名は[テーブル]⇒[確認したいテーブル]⇒[スキーマ]⇒[列]で表示される一覧の中の[名前]の列(**画面13A-2**)で確認できます。

▼画面13A-1

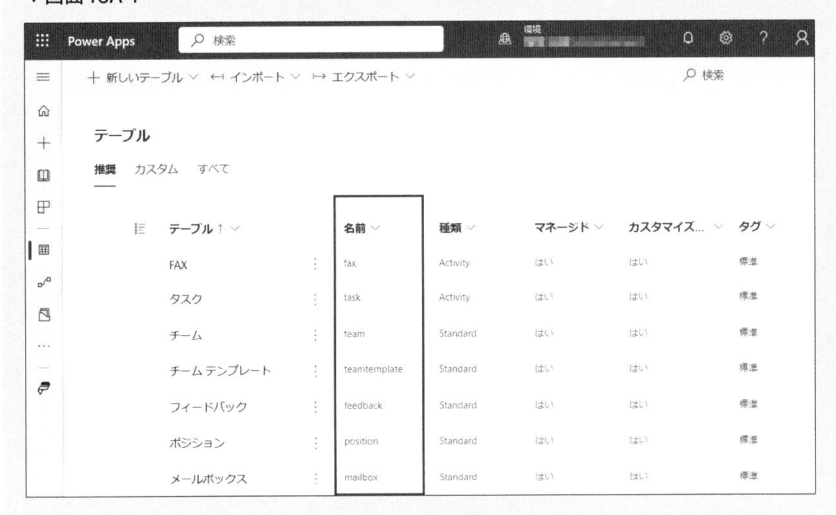

▼画面13A-2

また、表示名の右側の[…]⇒[詳細]⇒[ツール]⇒[論理名をコピー]で論理名をクリップボードにコピーすることができます(**画面13A-3**)。

▼画面13A-3

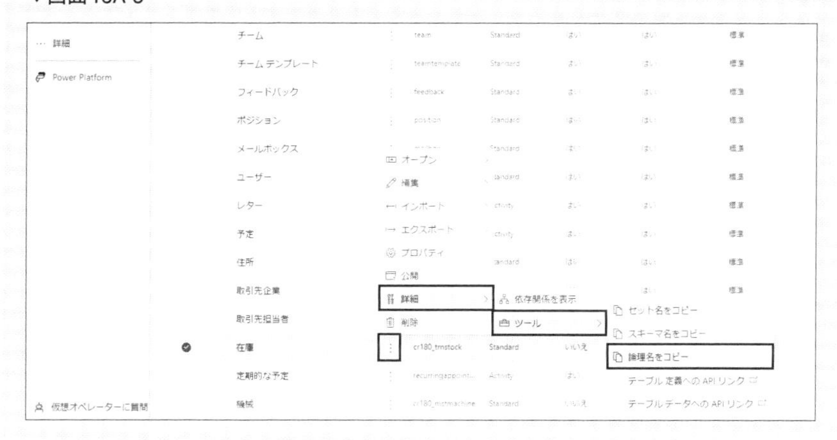

ここまで完了すると機械の一覧表示画面は画面13-11のようになります。

▼画面13-11

テンプレートから機械の編集(フォーム)画面を追加する

本節では図13-4で示す箇所を作成します。

▼図13-4　本項で作成する箇所

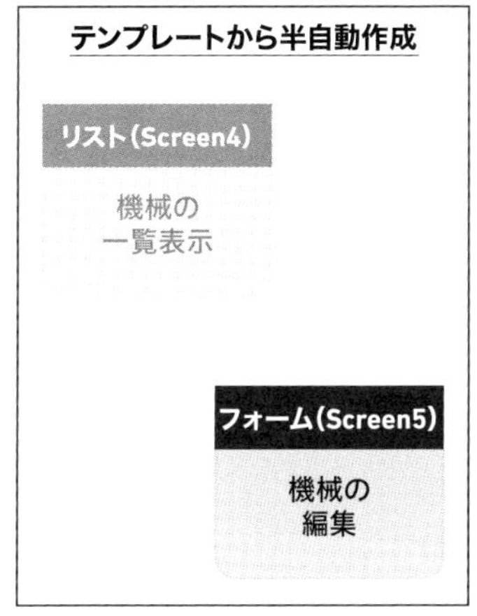

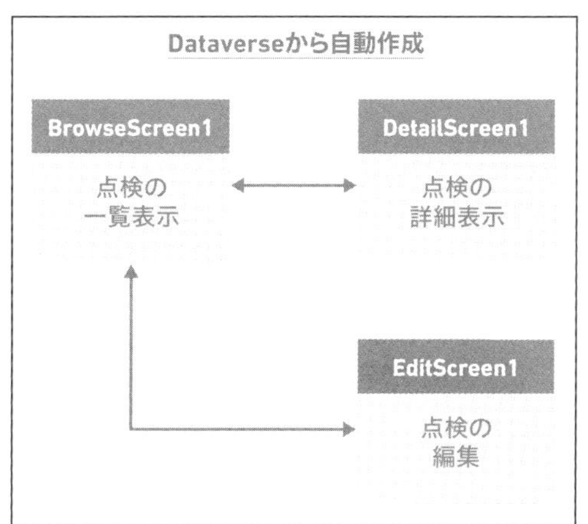

ツリービューから[新しい画面]⇒[テンプレート]⇒[フォーム]とクリックします(画面13-12)。

▼画面13-12

ツリービューから[EditForm5-1]をクリックし、画面右のプロパティペインから[データソース]⇒[機械]とクリックします(画面13-13)。

▼画面13-13

データソースの読み込みが完了したら、[フィールドの編集]をクリックします。フィールドの編集ペインが開くので、必要な列の追加、不要な列の削除をします。今回は「機械名称」「概要」「機械画像」の3つのフィールドを表示します(**画面13-14**)。

▼画面13-14

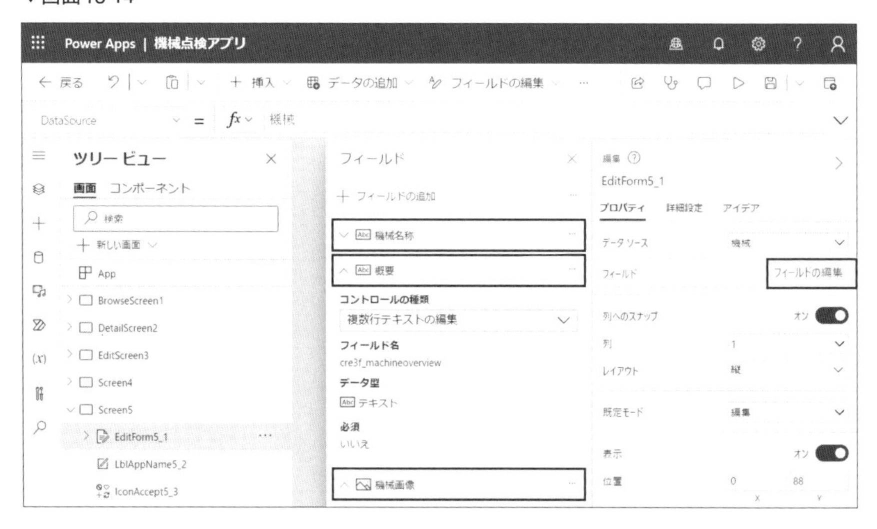

最後に機械の編集画面のヘッダーのタイトルを変更します(**画面13-15**)。

LblAppName5_2.Text

"機械の追加・編集"

▼画面13-15

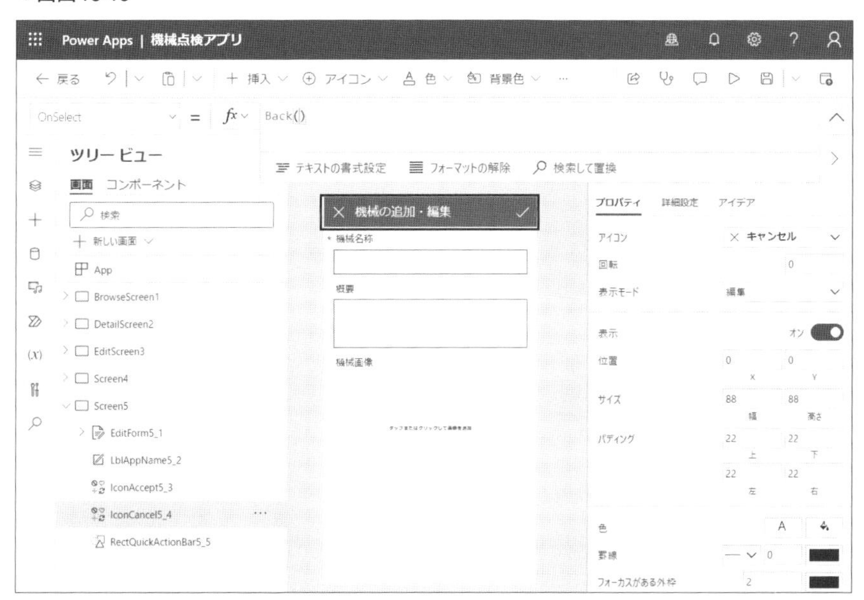

13-4　画面同士をつなぐ

それぞれの画面内で完結する機能は作成できたので、画面間の連携や画面遷移を設定していきます。

機械の一覧表示画面から機械の編集画面へつなぐ

まずは機械の一覧表示と編集の2つの画面の間の遷移について設定します(図13-5)。

▼図13-5 本項で作成する箇所

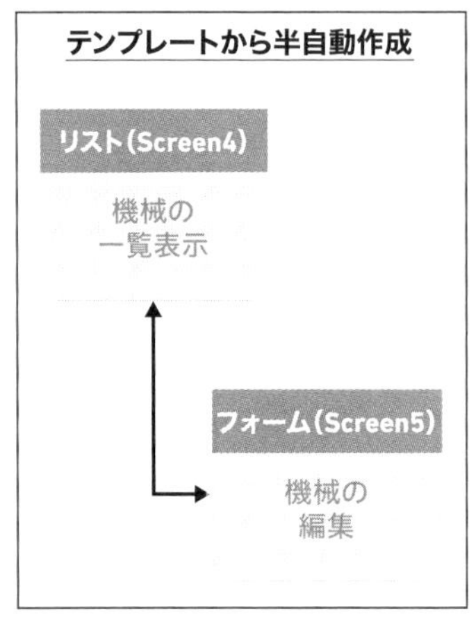

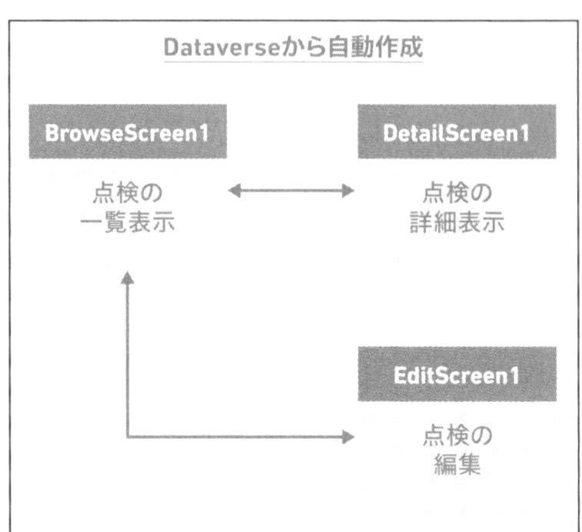

機械を新規追加する際、機械の一覧表示画面(Screen4)から編集画面(Screen5)へ遷移するために、[Screen4]にある[IconNewItem4_5]をクリックしたときの動作を設定します。

IconNewItem4_5.OnSelect

```
Set(selectedMachine,Blank());
NewForm(EditForm5_1);
Navigate(Screen5);
```

Set関数でグローバル変数**selectedMachine**の値として**Blank**関数を設定することで初期化し、**NewForm**関数でフォームを初期化します[注13.4]。**Blank**関数は明示的に値を空にするときに使用できます。最後に**Navigate**関数を使って機械の編集フォームがある画面へと遷移します。

IconNewItem4_5.OnSelect

```
Set(selectedMachine,Blank());
NewForm(EditForm5_1);
Navigate(Screen5);
```

注13.4) グローバル変数についてはChapter 9-1を参照してください。

続いて、機械テーブルの選択したレコードを編集するために、機械の一覧表示画面から編集画面へ遷移する機能を追加します。[Screen4]にある[BrowseGallery4_1]の中に、[挿入]⇒[アイコン]⇒[編集]から編集アイコンを追加します注13.5。追加した[Icon4_1_6]のサイズと位置、[Subtitle4_1_3]の横幅を調整します(画面13-16)。

▼画面13-16

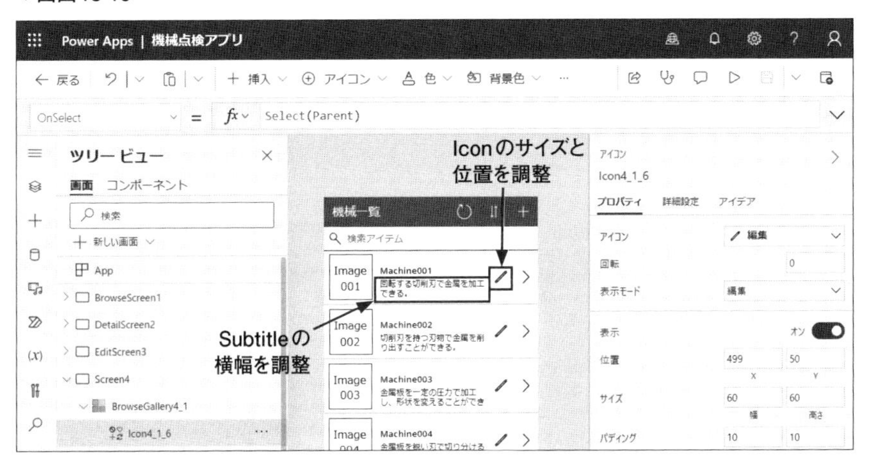

編集アイコンをクリックしたときの動作を設定します。どの機械レコードを編集するかを伝えるため、**Set**関数を使ってクリックしたレコードの情報を持つグローバル変数を作成します。**EditForm**関数で編集フォームのモードを[編集]に切り替え、最後に**Navigate**関数を使って機械の編集フォームがある画面へと遷移します。以下のように入力します。

Icon4_1_6.OnSelect

```
Set(selectedMachine,ThisItem);
EditForm('EditForm5_1');
Navigate(Screen5);
```

編集アイコンをクリックして機械の編集画面に入ったとき、編集フォームでは既存の機械レコードを編集できるようにする必要があります。先ほど作成し

注13.5) ギャラリーへのコントロールの追加についてはChapter 10-2を参照してください。

たグローバル変数を読み取るため、[Screnn5]の[EditForm5_1]の**Item**プロパティを以下のように入力します。

EditForm5_1.Item
```
selectedMachine
```

機械の編集画面右上のチェックアイコンをクリックしたときの動作を設定します(テンプレートから作成した場合、**SubmitForm**関数が設定されています)。追加・編集を完了した後は機械の一覧表示画面に戻るようにします。

IconAccept5_3.OnSelect
```
SubmitForm(EditForm5_1);
Navigate(Screen4);
```

編集画面から一覧表示画面に戻る機能を追加します。[Screen5]の[IconCancel5_4]をクリックしたときに前の画面に戻るように**Back**関数を追加します(**画面13-17**)。

IconCancel5_4.OnSelect
```
Back()
```

▼画面13-17

機械の一覧表示画面から点検の一覧表示画面へつなぐ

続いて、機械の一覧表示と点検の一覧表示の2つの画面の間の遷移について設定します(**図13-6**)。

▼図13-6　本項で作成する箇所

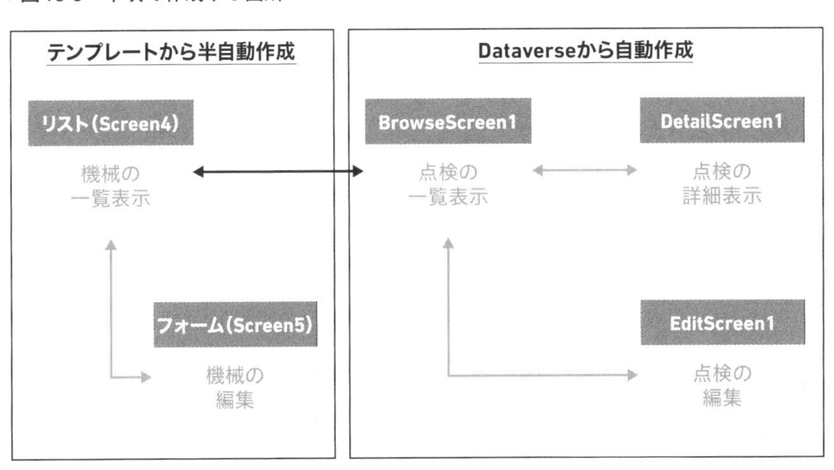

[Screen4]の[BrowseGallery4_1]の中にある[NextArrow4_1_2]をクリックしたときに点検の一覧表示画面へ遷移するようにします。点検の一覧表示画面では、選択した機械レコードとのリレーションシップを持つ点検レコードのみを表示したいので、クリックしたレコードの情報を**Set**関数を使ってグローバル変数に保存します。そのあと**Navigate**関数を使って点検の一覧表示画面へ遷移します(**画面13-18**)。

NextArrow4_1_2.OnSelect

```
Set(selectedMachine,ThisItem);
Navigate(BrowseScreen1);
```

▼画面13-18

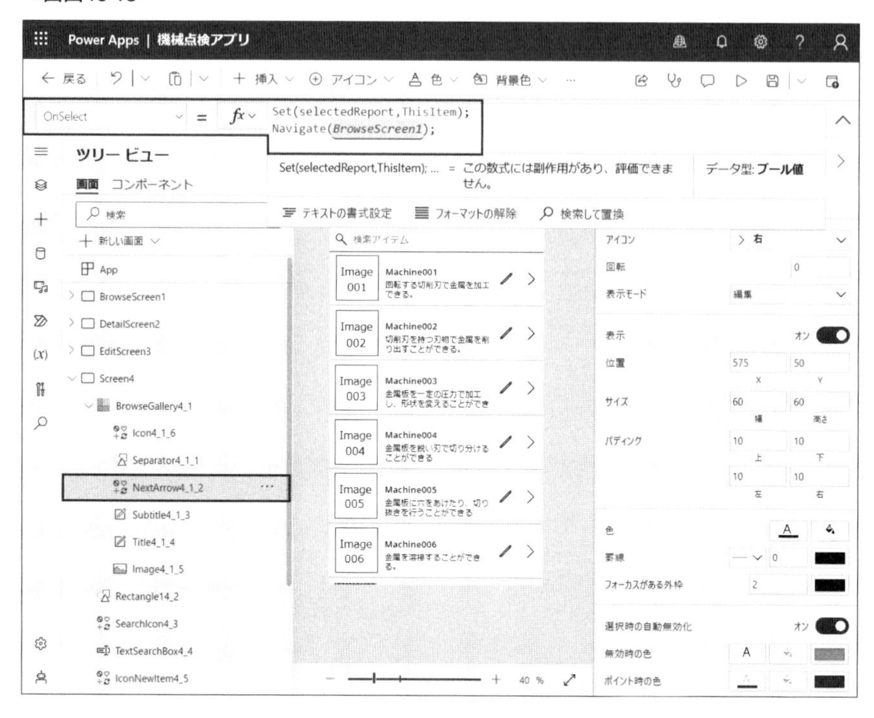

点検の一覧表示画面(BrowseScreen1)のタイトルに、どの機械のリストが表示されるかを設定します。[LblAppName1_8]の**Text**プロパティに、選択された機械レコードを使って以下のように入力します(画面13-19)。

LblAppName1_8.Text

```
selectedMachine.機械名称
```

▼画面13-19

選択された機械レコードのみを表示するため、ギャラリーの**Items**プロパティにデフォルトで設定されている関数に**Filter**関数を追加します。

BrowseGallery1_1.Items

```
SortByColumns(Search(Filter(点検,ThisRecord.機械名称.機械 = select
edMachine.機械), TextSearchBox1_4.Text, "<接頭辞>_inspection
details","<接頭辞>_inspectionid"), "<接頭辞>_inspectiondetails",
If(SortDescending1, SortOrder.Descending, SortOrder.Ascending))
```

点検テーブルの中の[機械名称]列は検索型なので、機械テーブルの特定のレコードの値を持っています。また、selectedMachine変数も機械テーブルの特定のレコードの値を持っています。機械テーブルの[機械]列はテーブル作成時に自動で作成される一意識別子型の列です。同じレコードであることを比較したいときには、一意識別子型の列を比較するのが望ましいです（図13-7）。

▼図13-7 「ThisRecord.機械名称.機械 = selectedMachine.機械」の説明

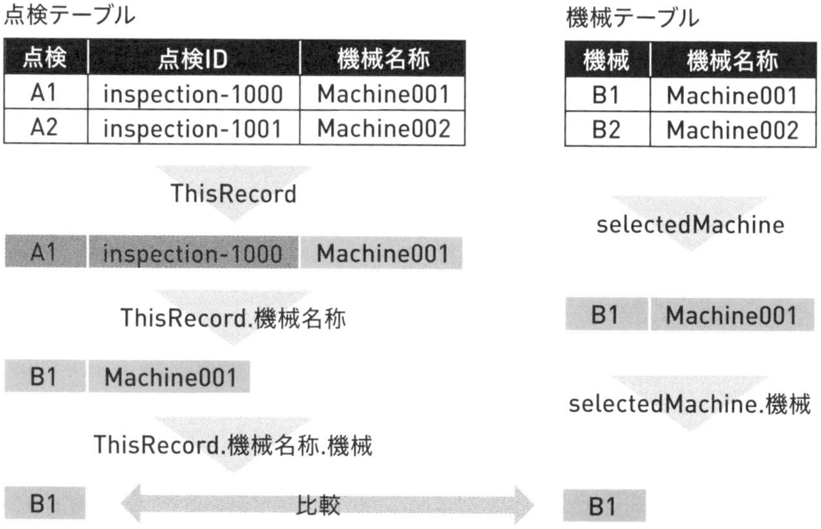

※点検列と機械列の値は本来はGUIDですが、簡略化のため図では「A1」や「B1」と表記しています。

> 数式の**SortDescending1**は[IconSortUpDown1_6]の**OnSelect**で設定される、Boolean型のコンテキスト変数です。なお、**If**関数の詳しい使用方法についてはChapter 11を参照してください

点検の一覧表示画面から機械の一覧表示画面に戻る機能を追加します。点検の一覧表示画面(BrowseScreen1)のヘッダーの左端に「左アイコン」(<)を追加します。[Icon1_10]のプロパティペインでは以下のように入力します。

- 色：白
- 位置.X：0
- 位置.Y：0
- サイズ.X：88
- サイズ.Y：88
- パディング.上：22、パディング.下：22
- パディング.左：22、パディング.右：22

[LblAppName1_8]がかぶさっている場合は位置をずらしましょう。

[Icon1_10]をクリックしたときに機械の一覧表示画面に戻る機能を追加します。**Set**関数を使用して選択された機械レコードを空の状態にし、**Navigate**関数を使用して機械の一覧表示画面に戻ります(**画面13-20**)。

Icon1_1.OnSelect

```
Set(selectedMachine,Blank());
Navigate(Screen4);
```

▼画面13-20

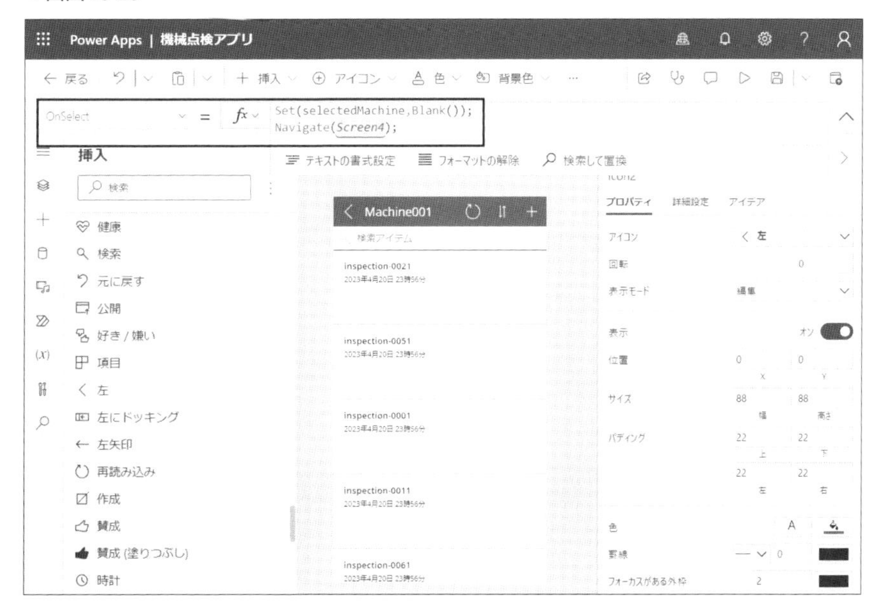

13-5 画面を修正する

アプリの使い勝手が良くなるよう、画面を修正していきます。

点検の編集画面を修正する

まずは、点検の編集画面を修正します。

編集フォームの項目を変更します。[ツリービュー]から[EditForm3_1]をクリックし、画面右の[編集]ペインから[フィールドの編集]をクリックします。必要なフィールドを追加し、不要なフィールドを削除します。今回は[点検ID][点検状況][点検日時][点検内容][点検記録写真][機械名称]を追加し、それ以は削除します(**画面13-21**、**画面13-22**)。

▼画面13-21

▼画面13-22

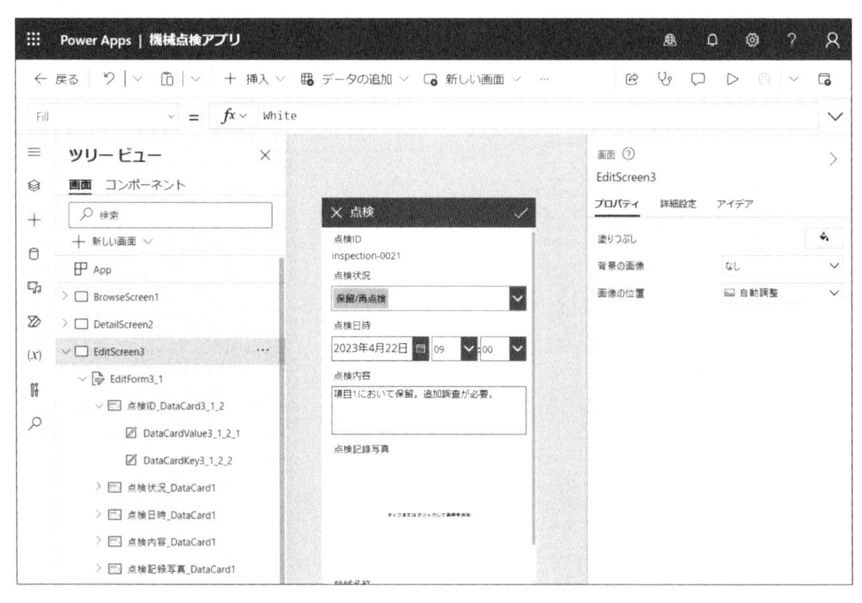

点検の詳細表示画面を修正する

続いて、点検の詳細表示画面で表示される項目を変更します。画面左のツリービューから[DetailForm2_1]をクリックし、[フィールドの編集]をクリックします。[点検ID][点検状況][点検日時][点検内容][点検記録写真]を追加し、それ以外を削除します(画面13-23、画面13-24)。

▼画面13-23

▼画面13-24

デフォルトのスクリーンを設定する

アプリ起動時に表示されている画面を、機械の一覧表示画面に設定します。ツリービューから[App]をクリックし、**StartScreen**プロパティを以下のように入力します(**画面13-25**)。

```
App.StartScreen
Screen4
```

▼画面13-25

13-6　アプリを公開する

ここまでの作業でアプリは完成です。画面右上の公開ボタンをクリックし、作成したアプリを公開しましょう。「公開」を行うと、このアプリにアクセスできるユーザーが最新のアプリにアクセスできるようになります(**画面13-26**)。

▼画面13-26

　現在公開されているアプリのバージョンは、画面上部の[アプリのバージョン履歴]から確認できます。このメニューは、画面サイズや解像度によっては[…]に折りたたまれている場合があります(**画面13-27、13-28**)。

▼画面13-27

▼画面13-28

さらなるクオリティアップを目指して

本Chapterのアプリは既に最低限の機能を持っています。しかし、Power Appsではちょっとした工夫によりユーザーの体験(UX)を向上させることができます。

■自明な入力を自動で設定する

点検の編集画面に入るときには、機械の一覧表示画面でいずれかの機械を選択していることが前提になります。そのため、機械名称の列には既に選択済みのレコードが自動で挿入されるようにします。[EditScreen3]の[機械名称_DataCard3_1_7]⇒[DataCardValue3_1_7_4]をクリックし、画面右の[コンボボックス]ペインから[詳細設定]⇒[プロパティを変更するためにロックを解除します。]をクリックします(**画面13A-4**)。

▼画面13A-4

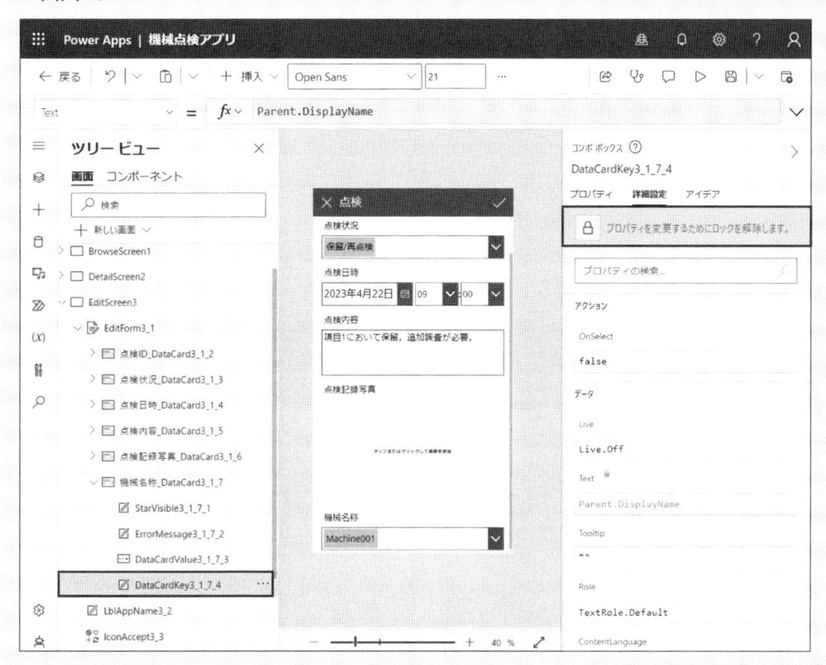

その後、選択したレコードを読み取るようにするため、**DefaultSelectedItems**プロパティを以下のように入力します。

DataCardValue3_1_7_4.DefaultSelectedItems

```
selectedMachine
```

■自動で設定した値をユーザーに意識させない

機械名称のコンボボックスには自動で値が入るようになったので、画面からは非表示にします。[機械名称_DataCard3_1_7]の**Visible**プロパティを以下のように入力します(**画面13A-5**)。

機械名称_DataCard3_1_7.Visible

```
false
```

▼画面 13A-5

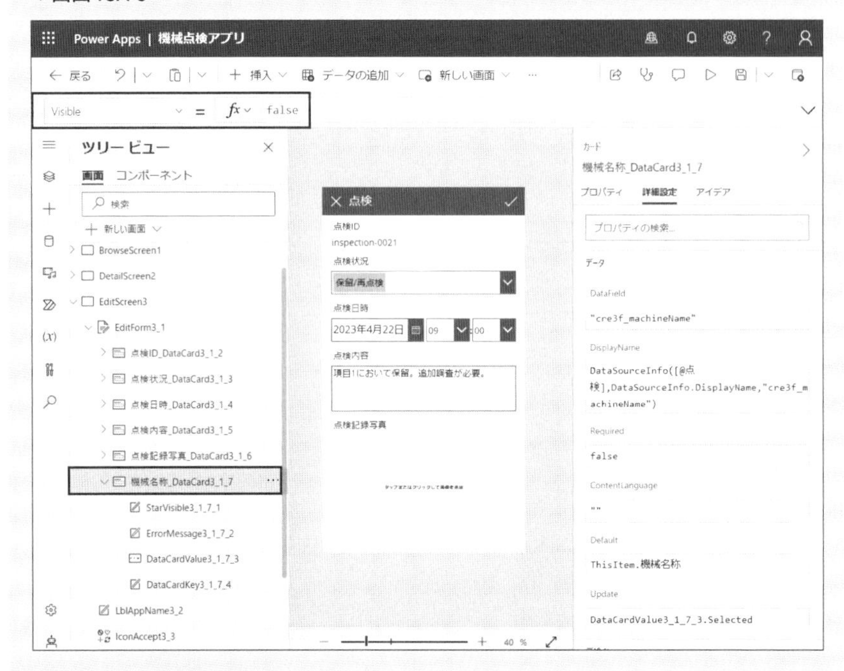

■日付の初期値を設定する

点検の報告は、実行したその場で入力することを想定しています。つまり、入力した瞬間の日付が点検日時に入力される可能性が高いと予想できます。したがって、初期値を当日にすることで利用者の操作を減らすことができます。[点検日時_DataCard3_1_4]⇒[DateValue3_1_4_6]をクリックし、画面右の[日付の選択]ペインから[詳細設定]⇒[プロパティを変更するためにロックを解除します。]をクリックします。次に、**DefaultDate**プロパティを以下のように入力します(**画面 13A-6**)。

```
DateValue3_1_4_6.DefaultDate
Today()
```

▼画面13A-6

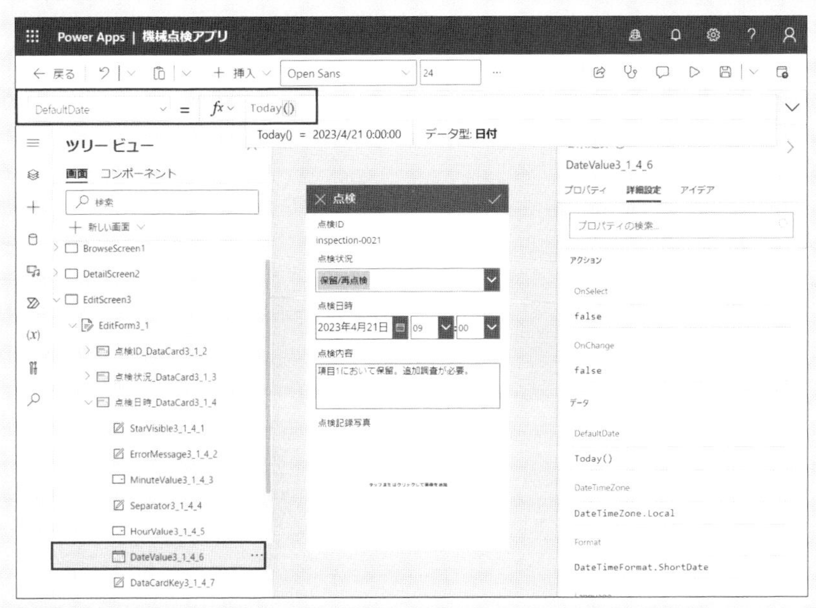

■点検状況のドロップダウンをラジオにする

選択肢が少ない場合はドロップダウンやコンボボックスではなく、「ラジオ」コントロールを使用することを検討しましょう。ドロップダウンは「開く」→「選択する」の2操作が必要ですが、ラジオは「選択する」の1操作で済むメリットがあります。

先ほどと同様に、[プロパティを変更するためにロックを解除します。]をクリックします。

最初に、[点検状況_DataCard3_1_3]中の[DataCardValue3_1_3_3]を削除し、[挿入]から[ラジオ]を挿入します。挿入した[Radio3_1_3_5]の各プロパティは以下のように入力します。

- プロパティペイン
  - オプションのサイズ：45
  - 位置.X：40

- 位置.Y：60
- サイズ.幅：600
- サイズ.高さ：120
- [詳細設定]タブ
  - Default：Parent.Default
  - Items：Choices('点検状況 (点検)')
  - Layout：Layout.Horizontal

Choices関数は、検索型列や選択肢型列を用いて、ラジオやドロップダウンの項目を作成したい場合に使用する関数です。

ドロップダウンを削除したことで、2ヵ所にエラーが出ているので解消します。赤い[×]ボタンをクリックし、[数式バーで編集]をクリックすることでエラーが発生している原因の数式バーを表示できます(**画面13A-7**)。

▼画面13A-7

[点検状況_DataCard3_1_3]の**Update**プロパティのエラーを解消します。更新時に使用するデータソースとして先ほど削除したドロップダウンの値を使用しているのが問題なので、以下のように書き換えます。

点検状況_DataCard3_1_3.Update

```
Radio3_1_3_5.Selected.Value
```

次に[ErrorMessage3_1_3_2]のYプロパティのエラーを解消します。場所を指定するために先ほど削除したドロップダウンの場所と高さを使用しているのが問題なので、以下のように書き換えます(**画面13A-8**)。

ErrorMessage3_1_3_2.Y

```
Radio3_1_3_5.Y + Radio3_1_3_5.Height
```

▼画面13A-8

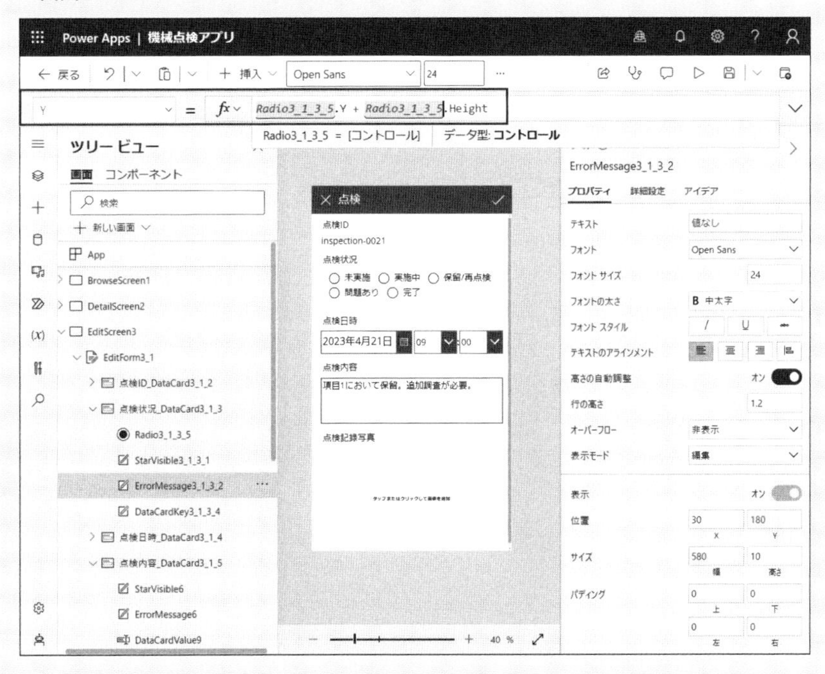

スマホアプリからの画像の追加

公開したアプリを使ってスマートフォンから画像を追加することができます。今回は一例として本Chapterで作成したアプリを使って機械テーブルに画像を追加します。

アプリを起動し、機械の編集画面を表示します。機械の編集画面には[画像]の項目があるので、タップします(スマートフォンから画像を追加するときには、iOSとAndroidそれぞれのOSによって異なるメニューが表示されます)。[写真を撮る]を選択するとカメラが起動し、その場で撮影した画像をアプリに追加することができます(**画面13A-9、13A-10**)。

この状態で画面右上の[チェックボタン]をタップし、機械の一覧画面に戻ると、先ほど撮影した画像が追加されていることが確認できます(**画面13A-11**)。

▼画面13A-9 ▼画面13A-10 ▼画面13A-11

Chapter 14 パソコンで使うダッシュボードアプリ

14-1 アプリの仕様

本Chapterでは、Chapter 13で使用したDataverseの「機械」「点検」テーブルを使用し、モデル駆動型アプリで「機械点検管理アプリ」を作成します。Chapter 13とChapter 14のハンズオンを行えば、スマートフォンで機械点検結果を報告し、タブレットやパソコンで機械点検結果を一元管理できるアプリを作成できます。

一度手順を覚えてしまえば、別のテーブルでも同じ操作でモデル駆動型アプリを作成できます。「自分の業務データだったら、このデータはこうなるだろう」などと想像しながらハンズオンを試してみると理解が深まるので、ぜひお試しください。

14-2 モデル駆動型アプリを作成する

まずはテーブルからモデル駆動型アプリを作成してみましょう。

Power Appsメーカーポータルの[テーブル]から[機械]⇒[アプリの作成]をクリックします。アプリ名を「機械点検管理アプリ」と入力し、[作成]をクリックします(画面14-1、14-2)。

▼画面14-1

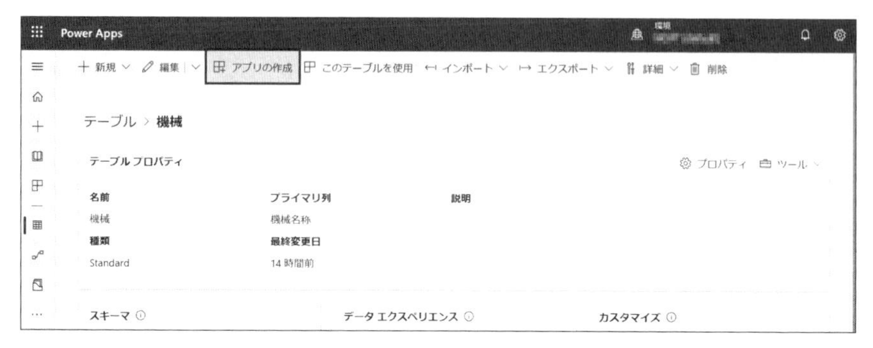
Power Apps
＋ 新規
編集
アプリの作成
このテーブルを使用
インポート
エクスポート
詳細
削除
テーブル ＞ 機械
テーブル プロパティ
プロパティ
ツール
名前
機械
プライマリ列
機械名称
説明
種類
Standard
最終変更日
14 時間前
スキーマ
データ エクスペリエンス
カスタマイズ

▼画面14-2

Power Apps
機械 テーブルに基づいてアプリを作成する
アプリ名 *
機械点検管理アプリ
最初にデータを表示するページを作成し、並べ替え、フィルター、検索などの機能を追加できます。さらに、テーブルの行をユーザーが簡単に編集できるフォームを追加することも可能です。詳細情報
Model-driven app
作成
キャンセル

14-3 画面とコンポーネントを設定する

ビュー、およびフォームをカスタマイズする

Chapter 5で紹介したとおり、作成直後のモデル駆動型アプリは、表示(ビュー)、登録(フォーム)などのデータ構造を表示する範囲が2列(プライマリ列と作成日)のみとなっているため、カスタマイズを行う必要があります。

[ページ]⇒[ナビゲーション]⇒[グループ]⇒[機械 ビュー]の[ビューの編集]をクリックし、ビューの編集画面を表示します(画面14-3)。

▼画面14-3

ここでは、「機械名称」「概要」「作成日」のテーブル列をクリック、またはドラッグ&ドロップしてビューに追加し、[保存して公開]をクリックします(画面14-4)。

▼画面14-4

［保存して公開］後、［←戻る］をクリックし、モデル駆動型アプリに戻ります。

次はフォームを編集します。［ページ］⇒［機械 フォーム］の［フォームの編集］をクリックし、フォームの編集画面を表示します(**画面14-5**)。

▼画面14-5

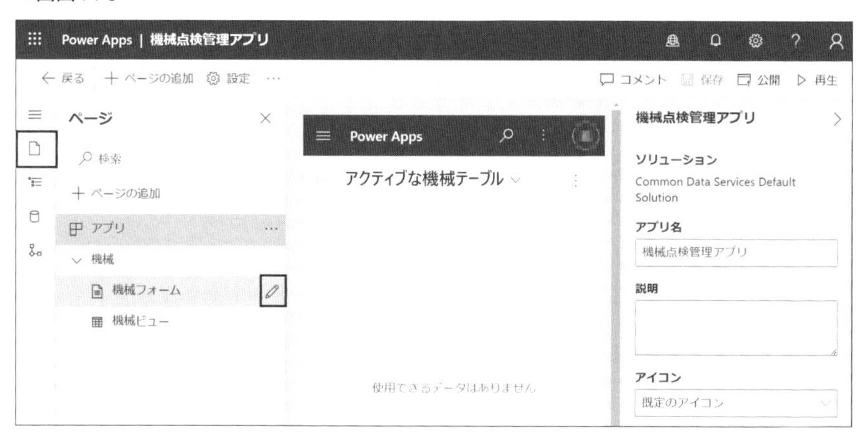

フォームの表示名を「情報」から「機械登録フォーム」に変更します(**画面14-6**)。フォームは複数用意できるため、名称は用途に応じてわかりやすいものを付与しましょう。

▼画面14-6

ここでは、「機械名称」「概要」「機械画像」のテーブル列をクリック、またはドラッグ&ドロップしてフォームに追加します(**画面14-7**)。

▼画面14-7

フォームにデフォルトで組み込まれているテーブルのシステム列である「所有者」列は、データ登録者であるMicrosoft 365のユーザーID情報が自動的に表示される列です。入力用途では使用しないため、ヘッダーに「所有者」列をドラッグ&ドロップして移動しましょう(**画面14-8**)。

▼画面 14-8

「所有者」列のほか、さまざまなシステム列が用意されていますが、ここで「作成日」「修正日」の2列もヘッダーにドラッグ＆ドロップし、所有者、作成日、修正日がヘッダーに表示されるよう組み込みます(画面14-9)。

▼画面 14-9

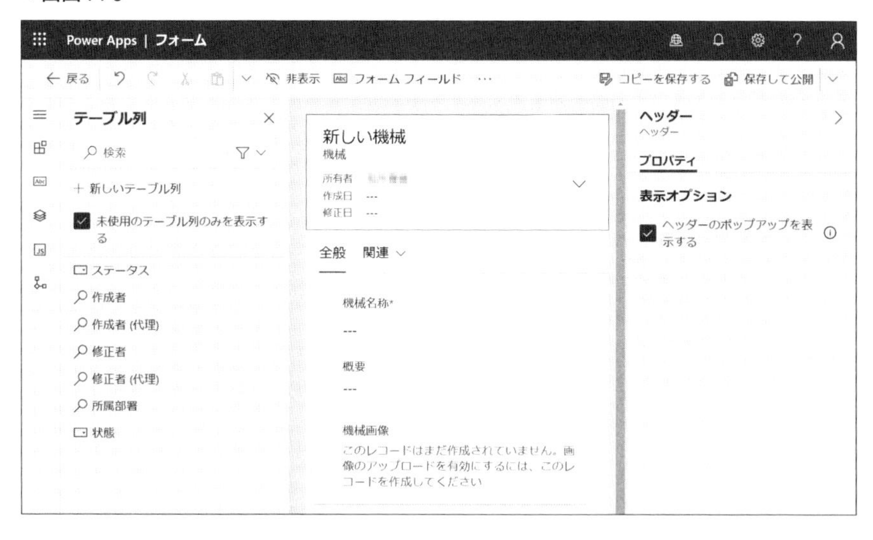

フォームにデータ管理機能を拡張するオプションを加える

フォームには、さまざまなコンポーネントが用意されています。Chapter 14-2で有効化したデータ管理拡張オプションを実際に組み込んでみましょう。

[コンポーネント]⇒[タイムライン]をクリックすると、「タイムライン」がフォームに挿入されます。(画面14-10)。

▼画面14-10

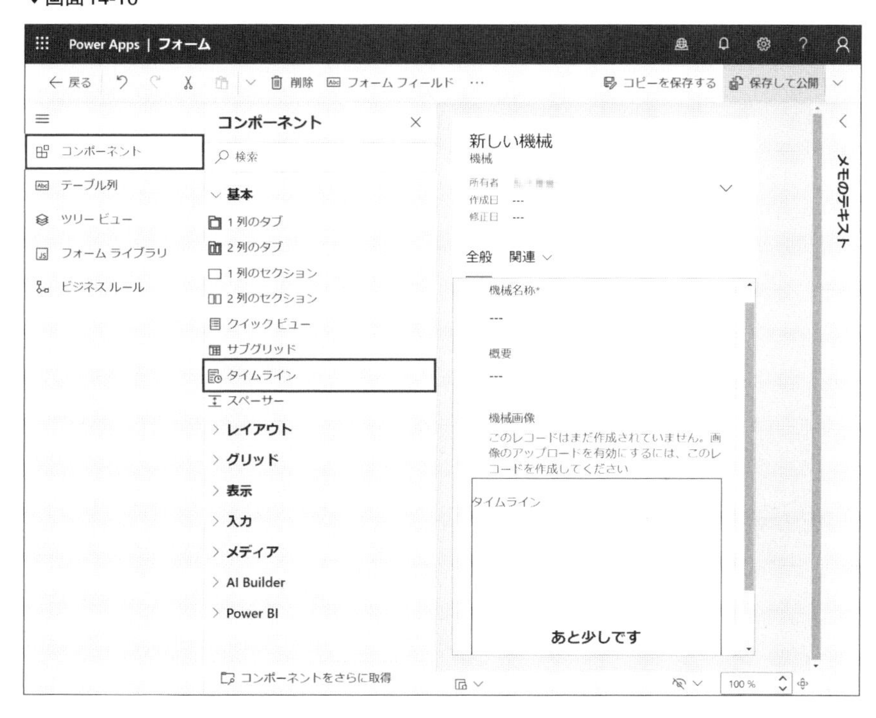

動作を確認する

以上でフォーム作成は完了です。[保存して公開]をクリックして、[←戻る]をクリックし、モデル駆動型アプリに戻ります。

作成したビューとフォームがどのようにモデル駆動型アプリで動作するのかを確認します。右上の[▷再生]をクリックし、モデル駆動型アプリを起動しましょう。カスタマイズしたビューが表示されます(**画面14-11**)。初期状態ではデータ件数が0件のため、何も表示されません(Chapter 13のハンズオンを試した方は、既にデータが入っています)。ビューのコマンドバーにある[+新規]をクリックし、フォームを表示させてデータを登録してみましょう。

▼画面14-11

画面14-12のように[機械名称]と[概要]にデータを入力し、[上書き保存]をクリックします。[機械画像]の画像列、および[タイムライン]はレコード情報の保存後に使用可能になります。

▼画面14-12

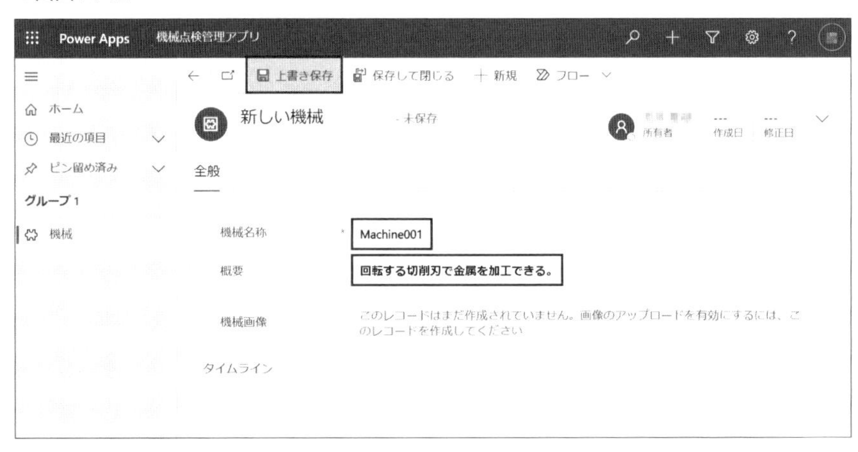

[機械画像]にサンプルデータを入力します。[ファイルを選択]をクリックし、任意の画像データを登録します(**画面14-13**)。

▼画面 14-13

次は、タイムラインを使用して「Machine001」レコードに付随するタスクを登録します。[タイムライン]の[+]⇒[タスク]をクリックすると、タスクの登録画面が表示されます(**画面 14-14、14-15**)。

▼画面 14-14

▼画面14-15

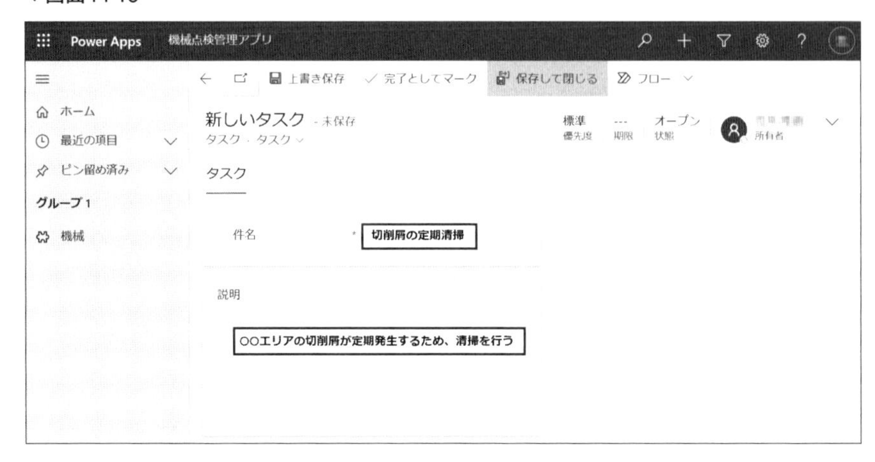

［件名］［説明］を入力し、［保存して閉じる］でタスクを登録すると、［タイムライン］に一覧表示されます（**画面14-16**）。

▼画面14-16

最後に[←]をクリックし、ビューに戻ります。先ほど登録したサンプルデータが一覧画面に表示されることを確認します(**画面14-17**)。対象データの詳細確認、変更がしたい場合は、リンク表示(青文字)されている機械名称のデータをクリックすることで、フォーム画面に移動できます。

▼画面14-17

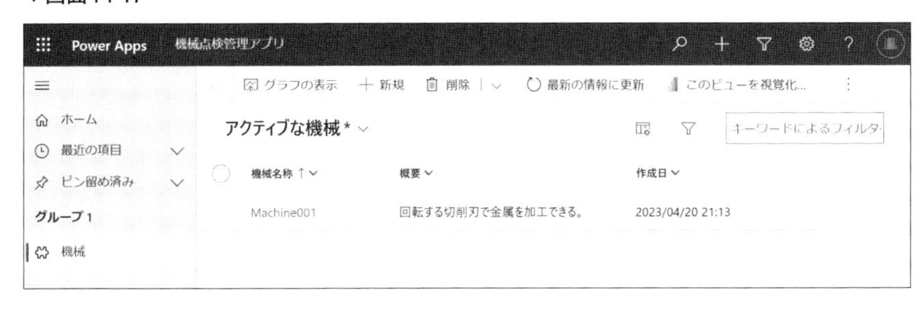

14-4　Excel Onlineでデータを編集する

Dataverseには、誰でも簡単に管理ができるように、馴染み深い人が多いExcelと同じ操作感で、データのインポート、エクスポート、編集機能が標準搭載されています。ここでは、Excel Onlineの編集機能で「機械」テーブルにサンプルデータを登録する手順を説明します。本書サポートページにサンプルデータを用意しているので、必要に応じてダウンロードのうえ、ご使用ください。

前節のビュー画面のまま、[⋮]⇒[Excelにエクスポート]⇒[Excel Onlineで開く]をクリックします(**画面14-18**)。

▼画面14-18

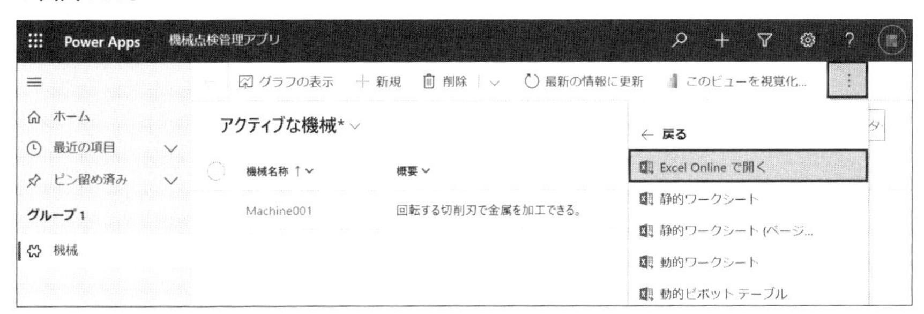

機械テーブルの内容がExcel Onlineで表示されるので、各列に本書サポートページからダウンロードしたサンプルデータをコピー&ペーストし、[保存]をクリックします(**画面14-19**)。

▼画面14-19

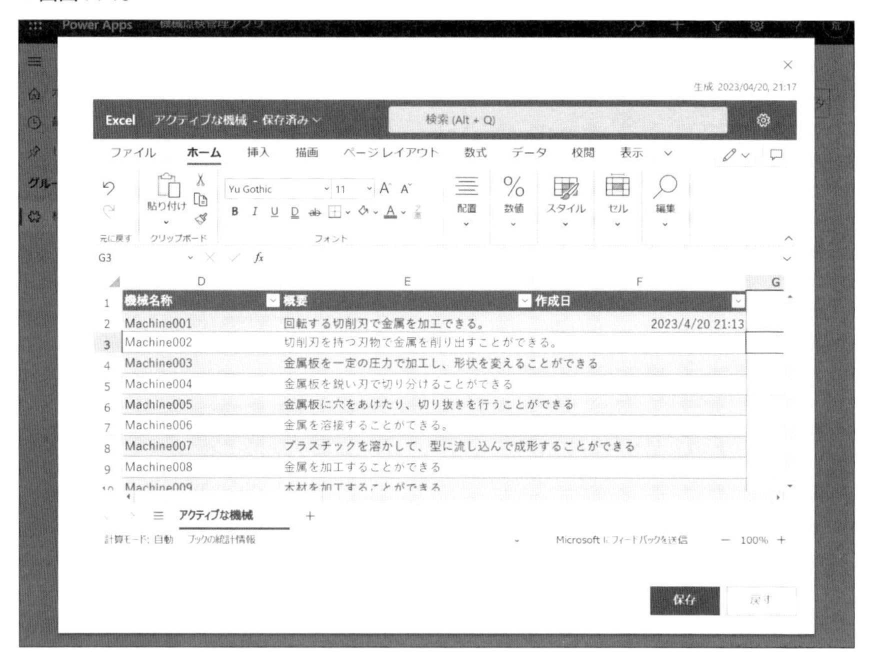

Excel Onlineで挿入したサンプルデータをDataverseの機械テーブルにインポートする処理が始まります。インポートが正常終了するかを確認するために[進行状況の追跡]をクリックします(**画面14-20**)。

▼画面14-20

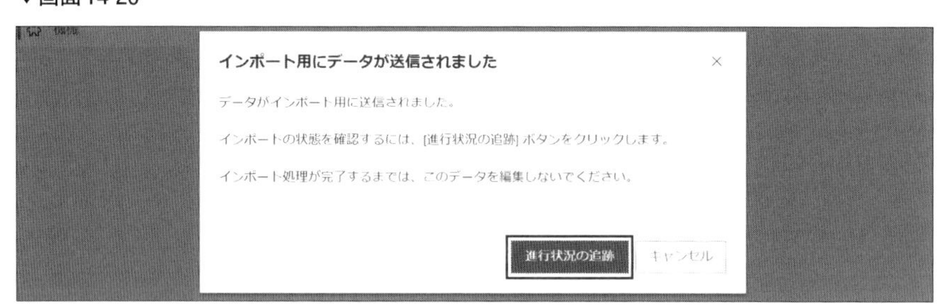

必要であれば[最新情報に更新]をクリックすることでデータの更新状況を確認できます。更新後、[エラー]が0件であることを確認できたら、[←]で元の一覧画面に戻ります(**画面14-21**)。これで機械テーブルにサンプルデータが登録できました。

▼画面14-21

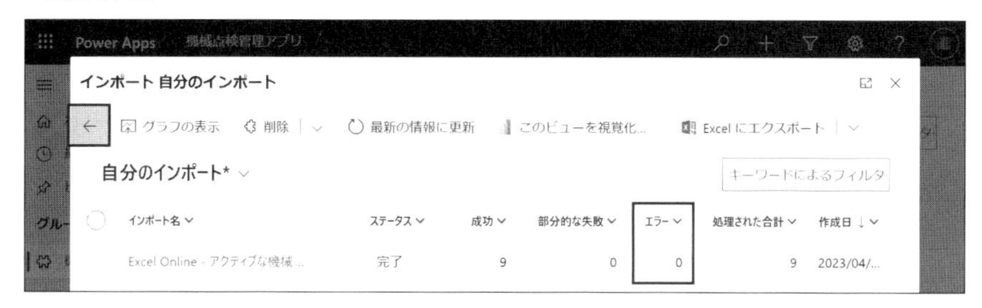

機械テーブルへのサンプルデータの登録が完了すると**画面14-22**のようになります。

▼画面14-22

このように、Excelの利用経験がある人は追加の学習なくテーブルのデータ管理ができます。なお、本手順でインポート可能なデータは、画像を除くテキ

ストデータのみです。画像については個別に登録する必要があります。

本節ではExcel Onlineを使用したデータ編集方法を説明しました。Excel Onlineのほかにも、Excelブックのファイル単位のインポートやエクスポート機能が標準搭載されています。ご自身が一番使いやすい方法でデータの管理を始めてみましょう。

14-5　ページを作成する

モデル駆動型アプリは、ページ(前節の機械テーブルを用いたビューとフォームで構成されたアプリ)を複数作成でき、関連するページを一元管理し、まとめることができます。

今回は機械情報を管理するテーブルと、機械ごとの点検結果を管理するテーブルを使用し、2つのページをモデル駆動型アプリで構成します。

ページを追加する

アプリの編集画面に戻り、[＋ページの追加]をクリックします(画面14-23)。

▼画面14-23

［ページの追加］では［Dataverseテーブル］を選択して［次へ］をクリックし(画面14-24)、使用するテーブルを指定します。

▼画面14-24

「点検」でキーワード検索をして、[点検]をチェックして[追加]をクリックします(**画面14-25**)。

▼画面14-25

左ペインに「点検テーブル」が表示され、ページの追加ができました。

機械ビューと同様に、点検テーブルの既定のビューやフォームは、列数がプライマリ列と作成日の2列のみのため、カスタマイズを行います。

機械ビューをカスタマイズしたときと同様に、[ページ]⇒[ナビゲーション]⇒[グループ]⇒[点検 ビュー]の[ビューの編集]をクリックし、ビューの編集画面を表示します。ここでは、「点検日時」「点検状況」「点検内容」「機械名称」「作成日」のテーブル列をドラッグ&ドロップしてビューに追加し、[保存して公開]をクリックします(**画面14-26**)。

▼画面 14-26

［保存して公開］をクリックした後、［←戻る］をクリックし、モデル駆動型アプリに戻ります。

次はフォームを編集します。［機械 フォーム］と同様に、［ページ］⇒［ナビゲーション］⇒［グループ］⇒［点検 フォーム］の［フォームの編集］をクリックし、フォームの編集画面を表示します。フォームの表示名を「情報」から「点検報告フォーム」に変更します(**画面 14-27**)。

▼画面 14-27

ここでは、「点検日時」「点検状況」「機械名称」「点検内容」「点検記録写真」のテーブル列をドラッグ＆ドロップしてフォームに追加します（画面14-28）。

▼画面14-28

テーブルのシステム列である「所有者」「作成日」「修正日」の列と「点検ID」列をヘッダーにドラッグ＆ドロップし（画面14-29）、［保存して公開］をクリックします。

▼画面14-29

フォームに関連する入力を分けて分割表示する

フォームには、分割表示オプションがあります。分割表示のオプションは1～3分割を選べます。関連した入力内容を束ねることで意図がわかりやすくなりますので、ぜひ活用してみてください。

フォームの編集画面の[ツリービュー]⇒[点検 フォーム]⇒[全般]をクリックし、プロパティの[書式設定]⇒[レイアウト]を[2件の列]に変更します(**画面14-30**)。

▼**画面14-30**

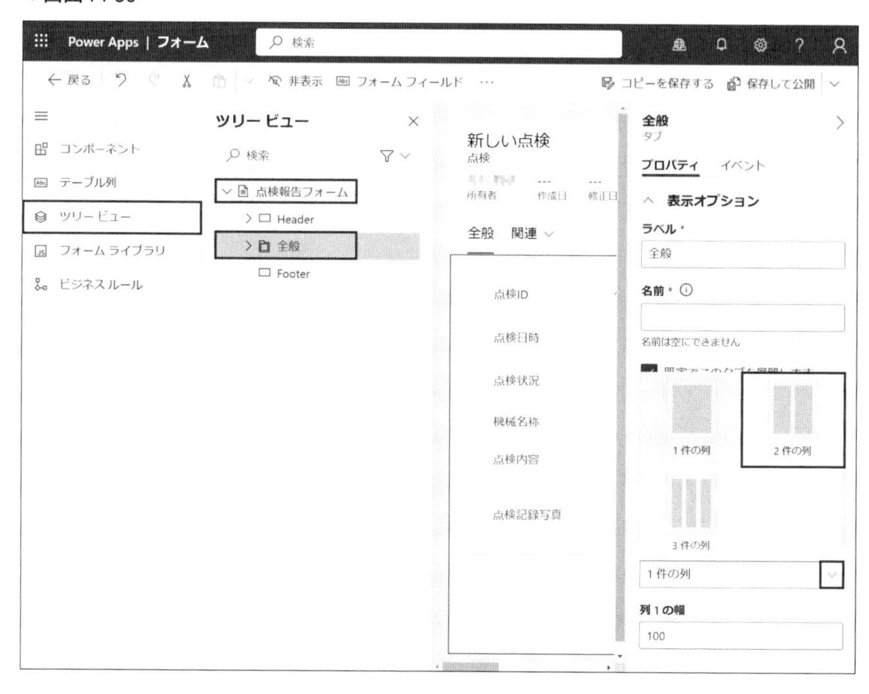

分割したフォームには表示オプションがあり、名称を付与できます。ここではラベルを「点検メモ」に変更します（**画面14-31**）。

▼**画面14-31**

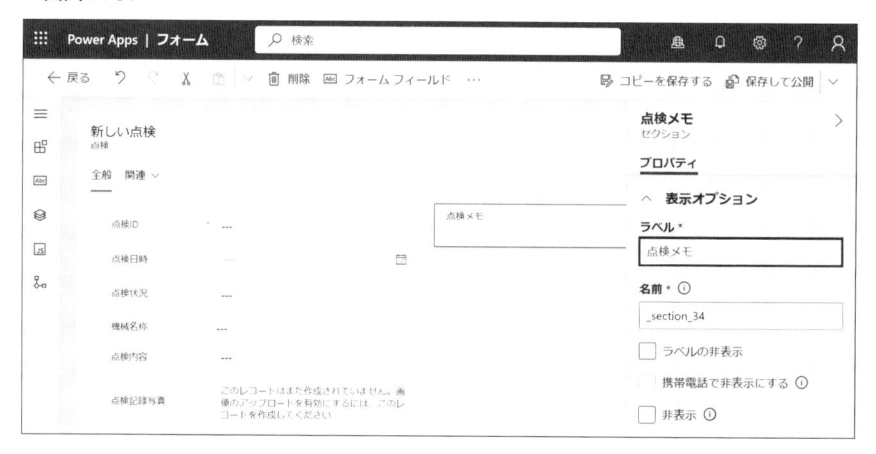

もしも画面14-31のようにフォームが2分割された表示にならない場合は、フォーム全体の横幅をマウス操作で拡げてみたり、[全般]⇒[プロパティ]⇒「書式設定」で[列１の幅][列２の幅]の値を調節したりしてみてください。

点検メモのフォームに、前節で紹介した「タイムライン」を[コンポーネント]⇒[タイムライン]から挿入し、フォーム作成は完了です。[保存して公開]をクリックします(**画面14-32**)。

▼画面14-32

[保存して公開]をクリックした後、[←戻る]をクリックし、モデル駆動型アプリに戻ります。

作成したビューとフォームがどのようにモデル駆動型アプリで動作するのかを確認します。[ページ]⇒[点検 ビュー]を選択して、[▷再生]をクリックし、モデル駆動型アプリを起動しましょう。

カスタマイズしたビューが表示されます(**画面14-33**)。初期状態ではデータ件数が0件のため、何も表示されません(Chapter 13のハンズオンを試した方は、既にデータが入っています)。ビューのコマンドバーにある[＋新規]をクリックしてフォームを表示し、データを登録してみましょう。

▼画面14-33

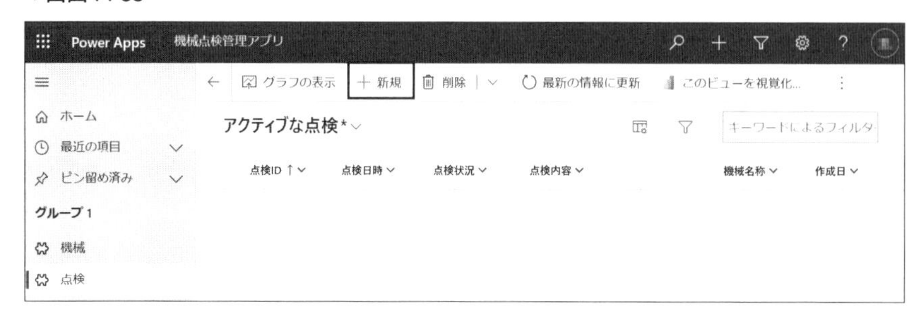

画面14-34のようにサンプルデータを入力します。

▼画面14-34

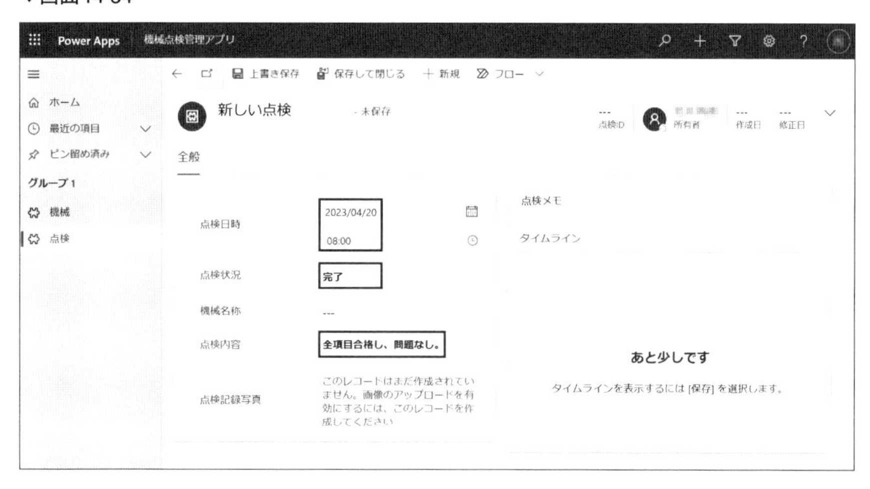

次は「機械名称」列をクリックし、検索型列で参照している「機械」テーブルのデータ一覧を表示させ、任意の機械（手順例ではMachine001）を選択し、［上書き保存］をクリックします（画面14-35）。

▼画面14-35

「点検記録写真」の画像列、およびタイムラインはレコード情報の保存後に使用可能になります。ここでは任意の画像とタスクを登録しましょう(**画面14-36**)。

▼画面14-36

［保存して閉じる］をクリックし、ビューに戻ります。点検テーブルに対するビューとフォームの動作確認が完了しました(**画面14-37**)。

▼画面14-37

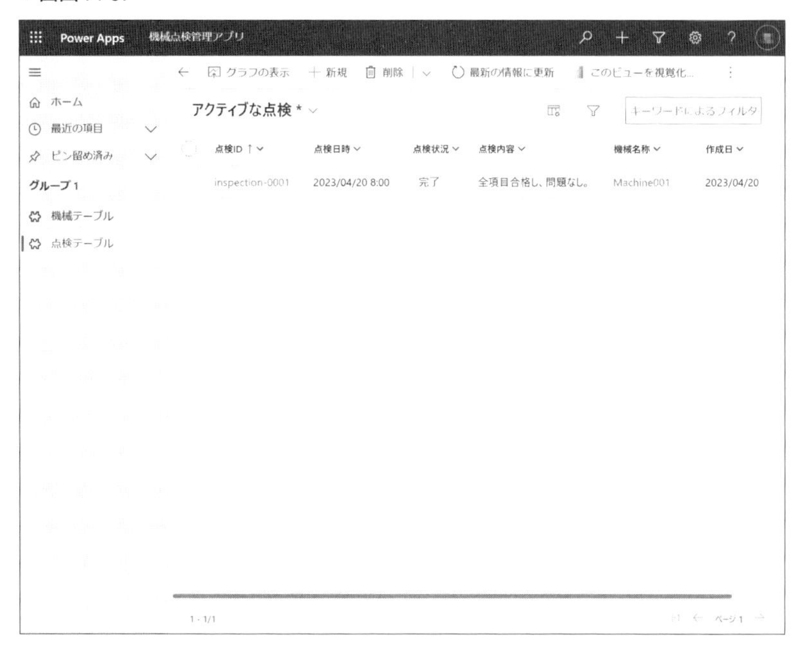

本節で紹介したように、モデル駆動型アプリの拡張は、［ページの追加］からテーブルを選択し、ビューとフォームをカスタマイズすることで行えます。機械テーブルと点検テーブルのように互いに参照関係にあるテーブルは1つのモデル駆動型アプリに束ね、効率良く一元管理できるようにしてみましょう。

以降では、モデル駆動型アプリにグラフ、ダッシュボードを追加し、登録データを可視化する方法を紹介します。対象データが少ないとグラフやダッシュボードの可視化効果を体感しづらいため、本書サポートページからサンプルデータをダウンロードし、Chapter 14-5を参考に点検テーブルにもサンプルデータを登録しておきましょう。

14-6　フォームを拡張する

ビューの種類と活用方法

前節で紹介したモデル駆動型アプリは、1テーブルに対して1つのビュー、1つのフォームを使用しアプリを構成していましたが、使用できるビュー、およびフォームは複数作成し、利用することができます。

たとえば、表示するデータの切り口であるビューを複数用意することで「全件表示するビュー」「特定の条件を満たしたデータのみ抽出表示するビュー」に切り替えられるようにするなど、データの管理が容易になります。

また、モデル駆動型アプリにおける一覧画面（ビュー）のみでなく、登録／変更画面（フォーム）内に埋め込みできるものなど、ビューにもさまざまな種類があります（表14-1）。

▼表14-1　ビューの種類

名称	用途
共有ビュー	モデル駆動型アプリの一覧画面（ビュー）で使用されるビュー
検索ダイアログボックスビュー	検索型列で関連テーブルを参照した際に表示するビュー
簡易検索ビュー	メニューなどから対象データを表示するビュー
関連ビュー	検索型列で関連したテーブルの共有ビューを表示するビュー

フォームにビューを追加する

ここでは、上記で紹介した「関連ビュー」を使用し、「機械」のフォーム上から点検実施方法を一覧参照できるように拡張していきます。

「機械点検管理アプリ」の編集画面から、[ページ]⇒[ナビゲーション]⇒[グループ]⇒[機械 フォーム]の[フォームの編集]をクリックし、フォームの編集画面を表示します。

[コンポーネント]⇒[サブグリッド]をクリックします（画面14-38）。

▼画面14-38

［サブグリッド］のプロパティを以下のように設定し、［完了］をクリックします（画面14-39）。

- 関連レコードの表示：チェック
- テーブル：点検（機械名称）
- 既存のビュー：アクティブな点検

▼画面14-39

サブグリッドのプロパティのラベルを「点検履歴」に変更し、［保存して公開］

をクリックします(**画面14-40**)。その後、[←戻る]をクリックし、モデル駆動型アプリに戻ります。

▼画面14-40

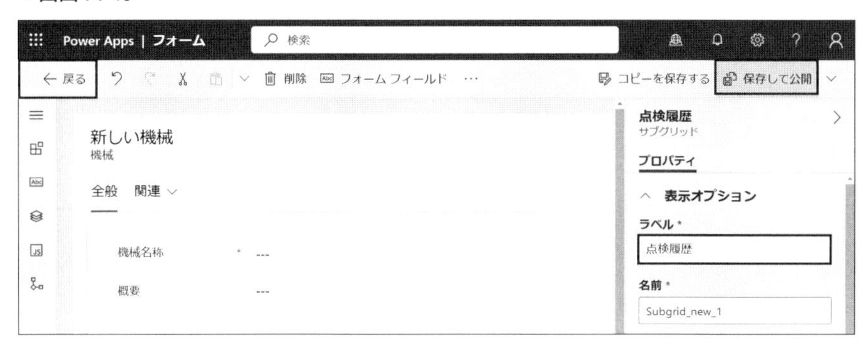

作成したビューとフォームがどのようにモデル駆動型アプリで動作するのかを確認します。[ページ]⇒[機械 ビュー]を選択して、[▷再生]をクリックし、モデル駆動型アプリを起動しましょう。ビューが表示されます(**画面14-41**)。登録済みのデータ(手順例ではMachine001)を選択し、フォーム画面に移動します。

▼画面14-41

登録済みのデータ(手順例ではMachine001)が表示され、画面下部には、登録済みのデータに紐付く点検テーブルの関連情報が表示されます(**画面14-42**)。

▼画面14-42

これで対象データに対する明細データのような、一：Nの関連を持つデータ構造を管理しやすくなりました。明細データ(例では点検テーブル)を参照する際は、リンクが付与されている列(例では点検ID)をクリックすれば確認、変更ができます。

モデル駆動型アプリに用意されているさまざまなビューを活用することで、簡単に情報管理の効率を上げることができます。ぜひ試してみましょう。

14-7　データ分析をサポートするグラフを作成する

ここでは、モデル駆動型アプリに蓄積されたデータを可視化するグラフを作成します。モデル駆動型アプリにグラフを組み込むことで、グラフィカルにデータを比較できるようになり、データ分析を効率的にできます。

テーブルからグラフを作成する

Power Appsメーカーポータルの[テーブル]⇒[Dataverse]をクリックし、表示されたテーブル一覧から[点検]を選択します。[点検]テーブル概要ページで[データエクスペリエンス]⇒[グラフ]をクリックします(**画面14-43**)。

▼画面14-43

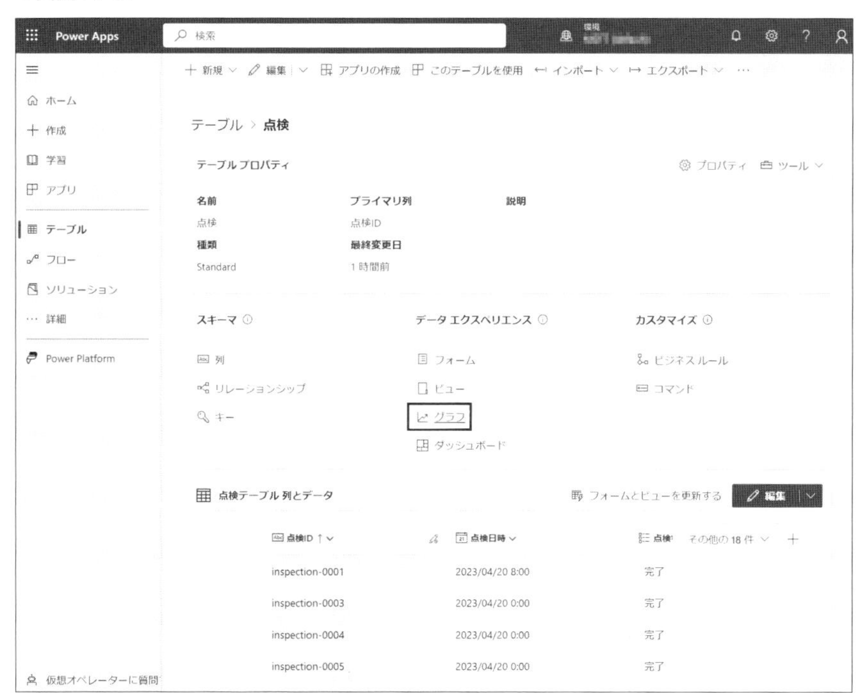

[グラフ]ページで[＋新しいグラフ]をクリックします(**画面14-44**)。

▼画面14-44

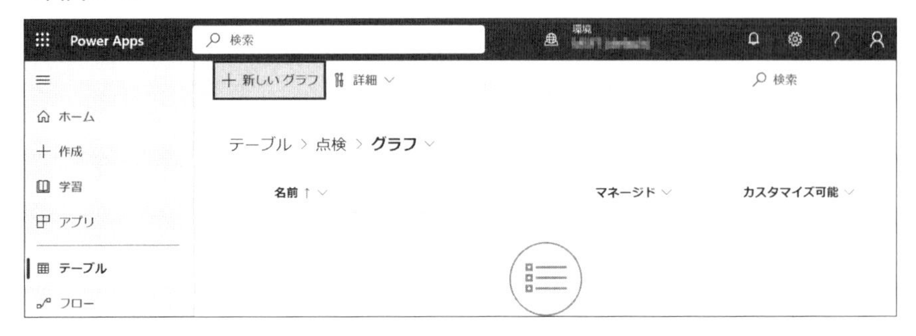

表示された画面で以下を設定し、[保存して閉じる]をクリックします。これで1つ目の点検件数を日別で確認できるグラフが作成できました（画面14-45）。

- グラフ名：点検件数
- グラフ：縦棒
- 汎用エントリ（系列）：点検ID（単位→件数：すべて）
- 横（カテゴリ）軸のラベル：点検日時（単位→日）

▼画面14-45

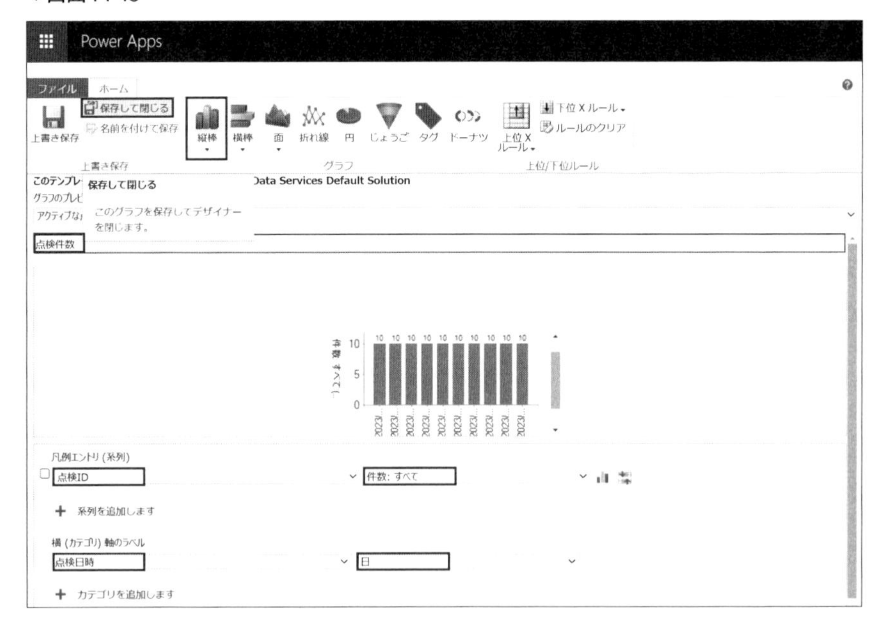

　同様の手順で、2つ目のグラフを作成します。「グラフ」ページで[＋新しいグラフ]をクリックし、表示された画面から以下を設定したら、[保存して閉じる]をクリックします（**画面14-46**）。

- グラフ名：点検状況
- グラフ：円
- 汎用エントリ（系列）：点検ID（単位→件数: すべて）
- 横（カテゴリ）軸のラベル：点検状況

▼画面14-46

　最後に3つ目のグラフを作成します。「グラフ」ページで[＋新しいグラフ]をクリックし、表示された画面から以下を設定したら、[保存して閉じる]をクリックします（**画面14-47**）。

- グラフ名：機械別点検状況
- グラフ：円
- 汎用エントリ（系列）：点検日時（単位→件数: すべて）
- 横（カテゴリ）軸のラベル：機械名称

▼画面 14-47

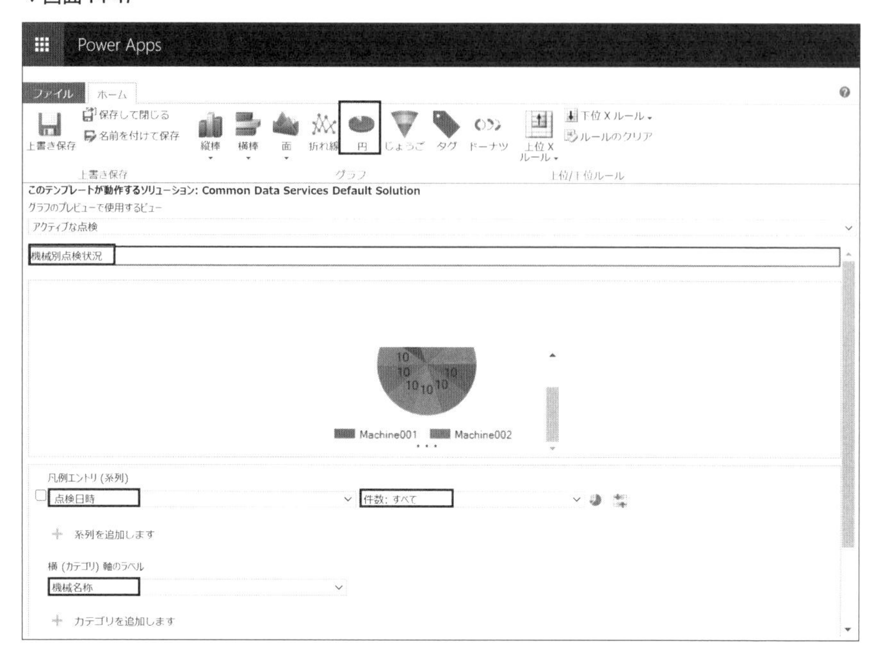

これで点検テーブルに3つのグラフ「点検件数」「点検状況」「機械別点検状況」を作成できました(**画面 14-48**)。

次節で、作成したグラフをモデル駆動型アプリに組み込みます。

▼画面 14-48

14-8 ダッシュボードを作成して モデル駆動型アプリに組み込む

ここでは、前節で作成したグラフを1つの画面上で組み合わせたダッシュボードを作成し、モデル駆動型アプリに組み込む手順を紹介します。

ダッシュボードを作成する

「機械点検管理アプリ」の編集画面を開き、[+ページの追加]をクリックします。ページのコンテンツ選択画面から[ダッシュボード]を選択し、[次へ]をクリックします(**画面14-49**)。

▼画面14-49

表示されたダッシュボードの選択からサンプルで用意されている[Innovation Challenge]を選択し、[追加]をクリックします(**画面14-50**)。[Innovation

Challenge］が表示されない場合は、［Microsoft Dynamics 365 Socialの概要］を追加してください。

▼画面14-50

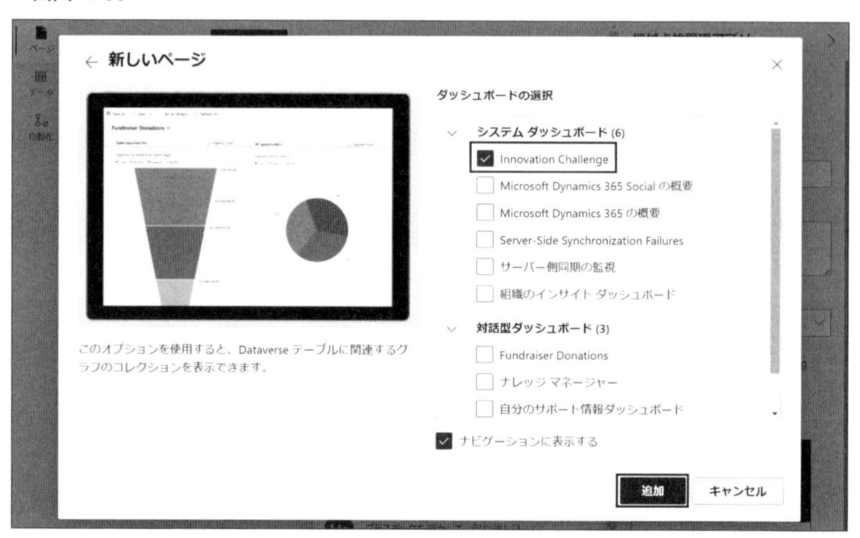

ここで選択したダッシュボードは、モデル駆動型アプリのページとして追加されますが、後述する手順でダッシュボード情報の上書き方法を説明するため、この時点ではどのダッシュボードを選択しても問題ありません。

ナビゲーションに「Innovation Challenge」が追加されます。表示オプションの［タイトル］を「点検ダッシュボード」に変更し、［▷再生］をクリックします（**画面14-51**）。［▷再生］をクリック時に保存が促された場合は［保存して続行する］をクリックして進めてください。

▼画面14-51

再生されたモデル駆動型アプリの[点検ダッシュボード]ペインをクリックし、[＋新規]⇒[Dynamics 365 ダッシュボード]をクリックします(**画面14-52**)。

▼画面14-52

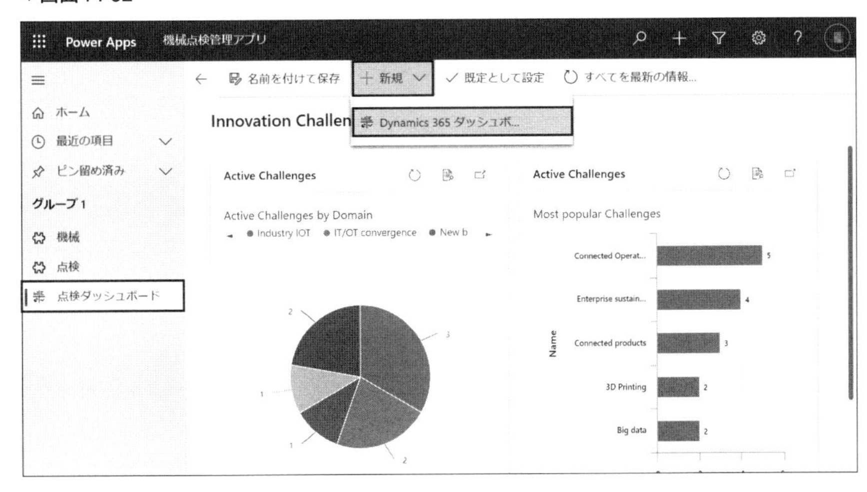

表示されたダッシュボードのレイアウトから[3列概要ダッシュボード]を選択して[作成]をクリックします(**画面14-53**)。

▼画面 14-53

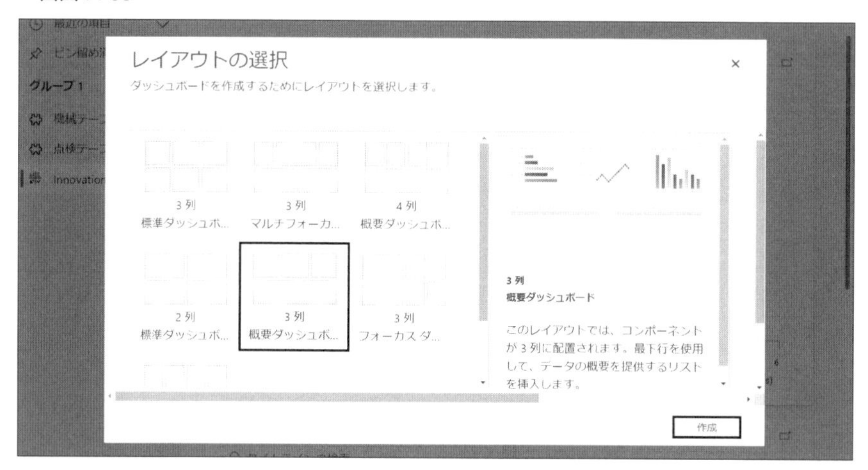

ダッシュボード作成画面が表示されますので、[名前]には「点検ダッシュボード」と入力します(**画面 14-54**)。

▼画面14-54

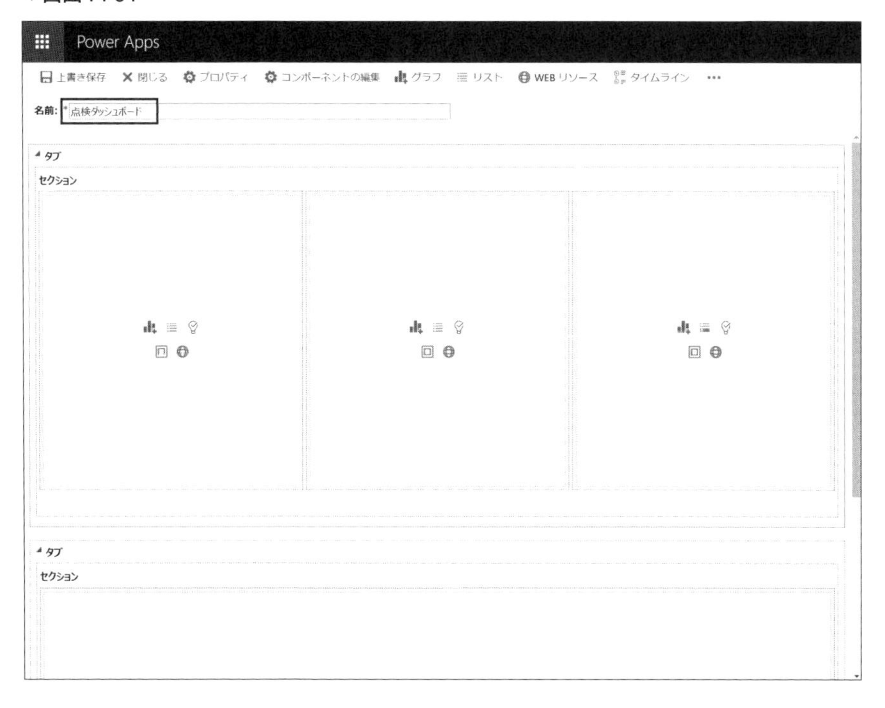

上段の3列のセクションには前節で作成した3つのグラフを設定します。下段のセクションにはテーブルのビューを設定し、グラフとデータ一覧が1つのダッシュボードで確認できるようなイメージで作成します。

ダッシュボード上段にグラフを追加する

上段の左のセクションにある[グラフの挿入]をクリックし、[コンポーネントの追加]画面を表示します(**画面14-55**)。

▼画面 14-55

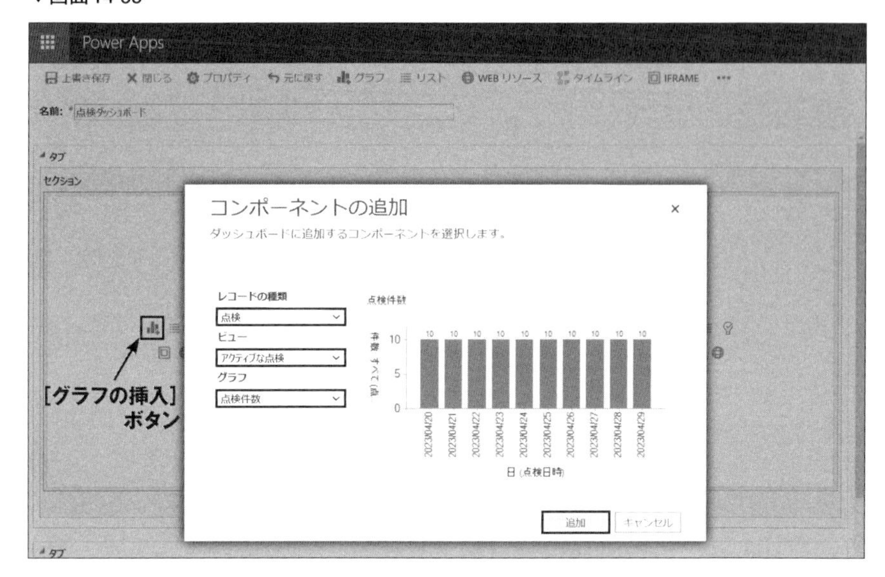

どのテーブル、ビュー、グラフを使用するか指定します。ここでは以下を設定し、[追加]をクリックします。

- レコードの種類：点検
- ビュー：アクティブな点検
- グラフ：点検件数

これでダッシュボードに1つ目のグラフを追加できました(画面14-56)。

▼画面14-56

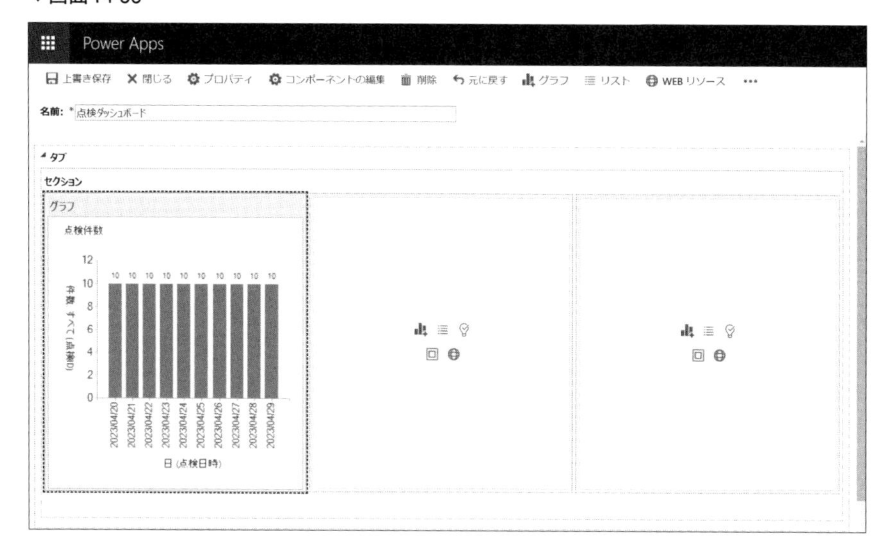

同様の手順でほかのグラフを追加していきます。上段の中央のセクションにある[グラフの挿入]をクリックし、以下を設定して[追加]をクリックします(画面14-57)。

- レコードの種類：点検
- ビュー：アクティブな点検
- グラフ：点検状況

▼画面14-57

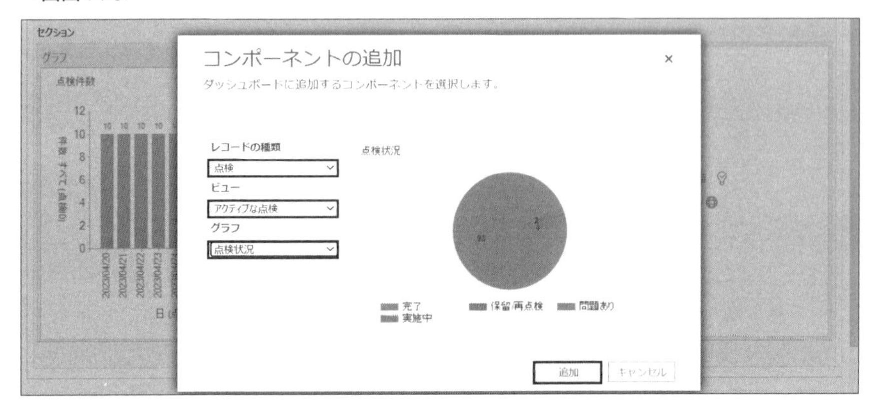

ダッシュボードに2つ目のグラフを追加できました(**画面14-58**)。

▼画面14-58

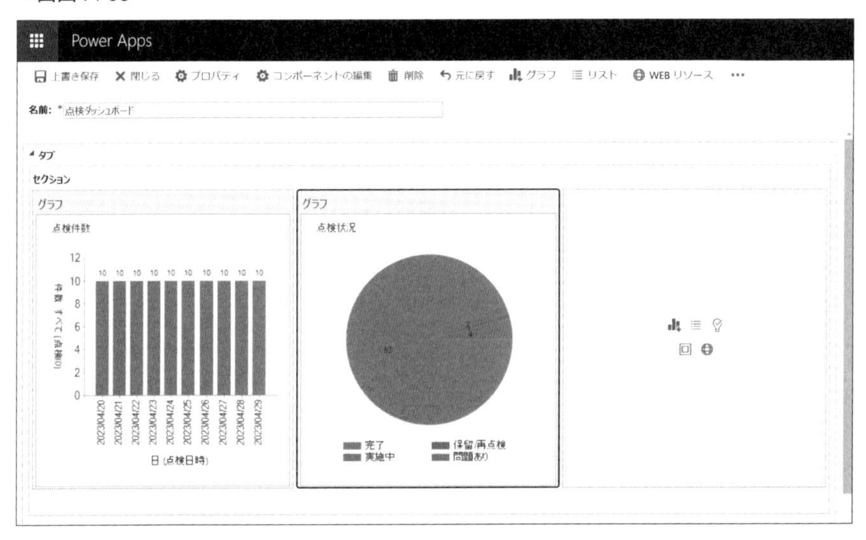

次は上段の右のセクションにある[グラフの挿入]をクリックし、以下を設定して[追加]をクリックします(**画面14-59**)。

- レコードの種類：点検
- ビュー：アクティブな点検

- グラフ：機械別点検状況

▼画面14-59

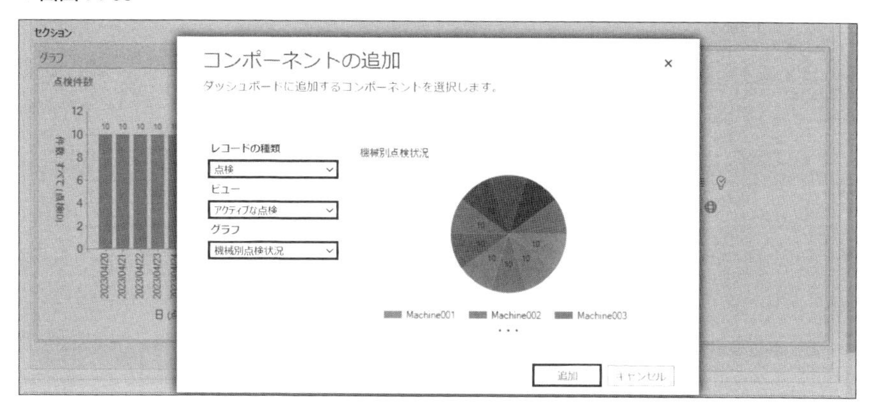

上段のセクションに3つのグラフを割り振ることができました(**画面14-60**)。

▼画面14-60

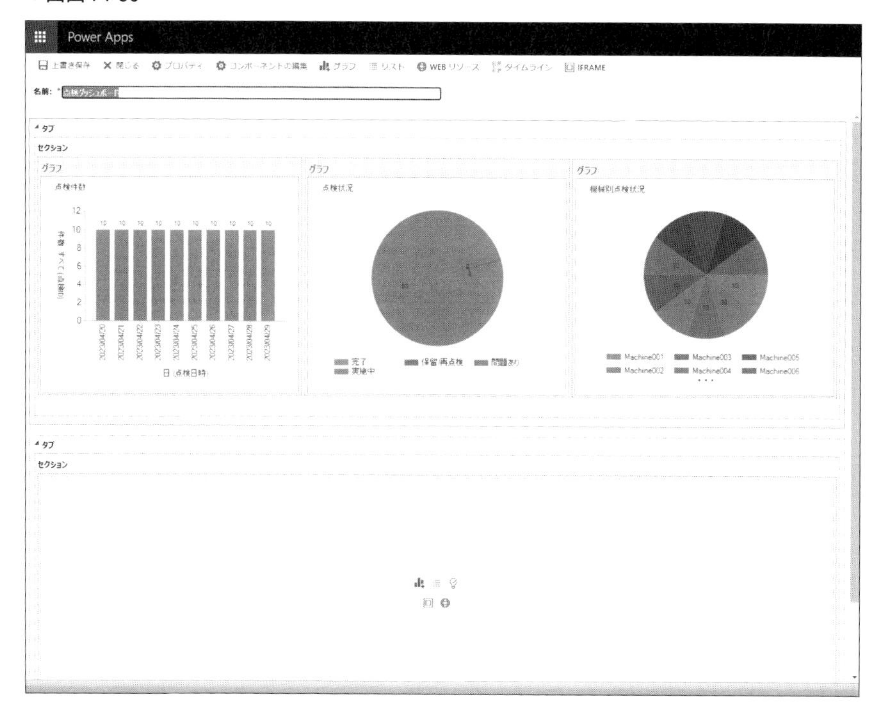

ダッシュボード下段にビューを追加する

次は下段のセクションにビューを割り当て、データの一覧表示を表示します。下段のセクションにある[リストの追加]をクリックします(画面14-61)。

▼画面14-61

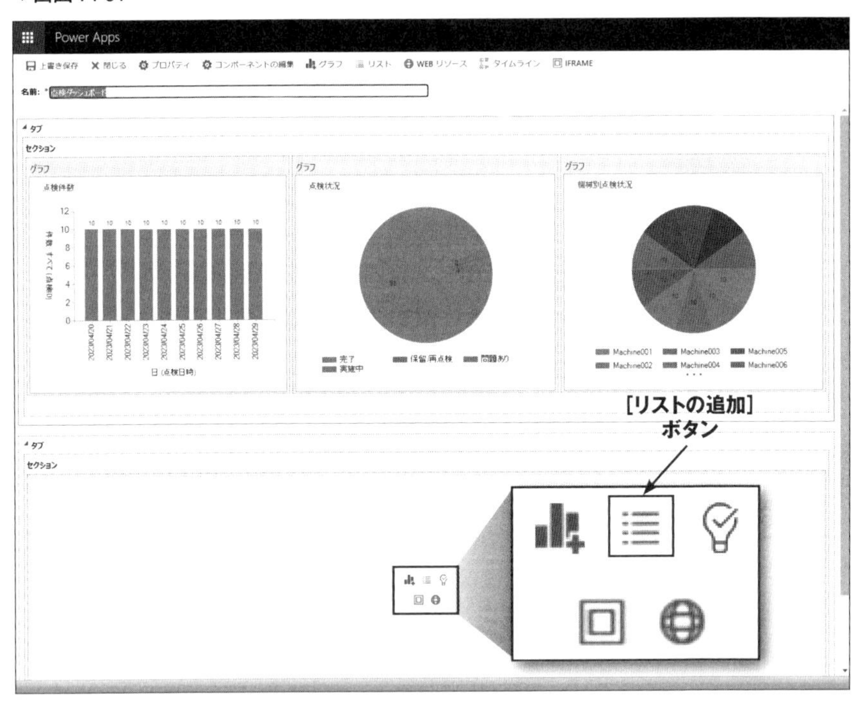

[コンポーネントの追加]画面では、どのテーブル、ビューを使用するかを指定します。ここでは以下を設定し、[追加]をクリックします(画面14-62)。

- レコードの種類：点検
- ビュー：アクティブな点検

▼画面14-62

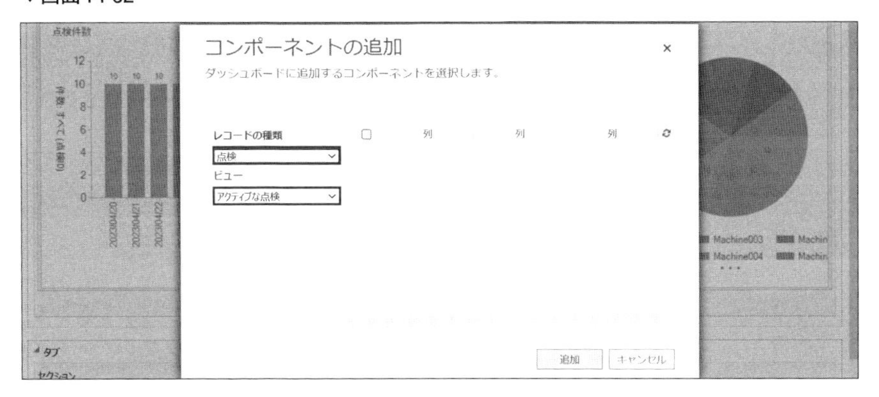

ここまでの手順でダッシュボード作成が完了しました。作成したダッシュボードを[上書き保存]をクリックして保存し、[閉じる]をクリックします(**画面14-63**)。

▼画面14-63

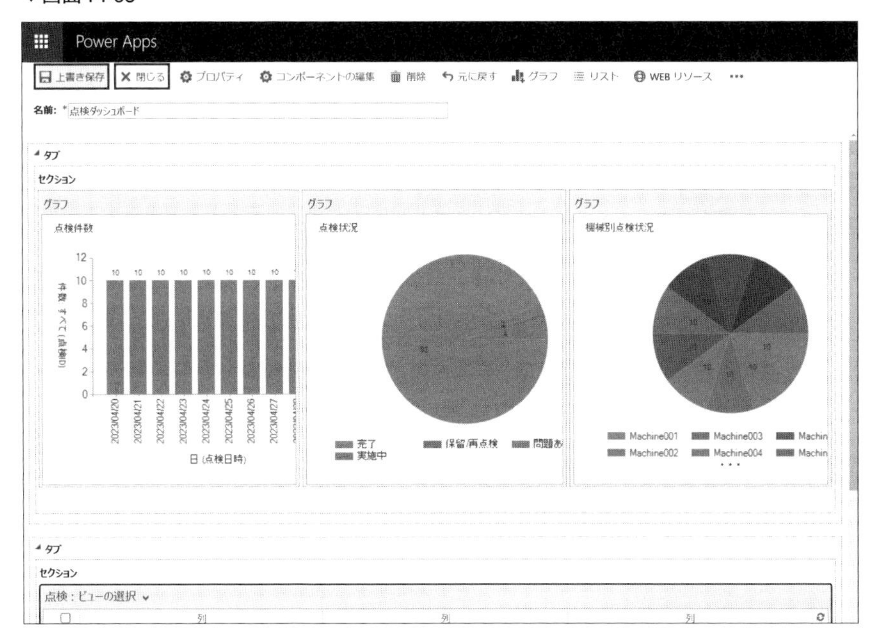

作成したダッシュボードが「点検ダッシュボード」ペインの結果として表示さ

れるようになりました(画面14-64)。

▼画面14-64

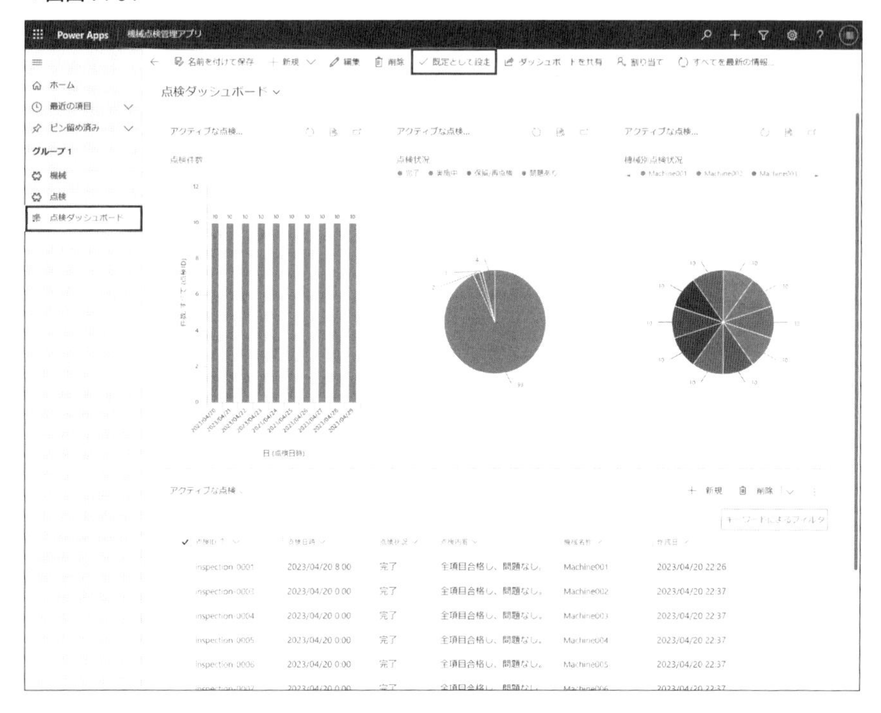

ここまでの手順で作成したダッシュボードを「点検ダッシュボード」ペインをクリックした際の既定ダッシュボードとして設定するときは、[既定として設定]をクリックします。この操作により、次回のアクセス以降は「点検ダッシュボード」ペインにこのダッシュボードが表示されるようになります。

このようにモデル駆動型アプリでは、Dataverseのビュー、フォームのほかに、グラフやダッシュボードが用意されており、わずかな手順でデータを可視化、分析する機能を追加できます。データの登録、変更、一覧表示や、グラフやダッシュボードを作成し、組み込むことにより、さまざまな機能が一元的に提供されるモデル駆動型アプリが完成しました。

今回紹介した手順をもとにさまざまなデータをDataverseのテーブル形式に整理し、ご自身の業務効率化につながるモデル駆動型アプリを作成してみましょう。

作成したグラフを個別に利用してデータ分析する方法

本Chapterで紹介した手順では、作成した複数のグラフをダッシュボード化して効率良く分析する方法を紹介しましたが、グラフ単体でも、ビュー画面でグラフの表示／非表示を切り替えることで簡易的なデータ分析を行う手順があります。

アプリを[▷再生]し、[点検]ペインから[グラフの表示]をクリックします（**画面14A-1**）。

▼画面14A-1

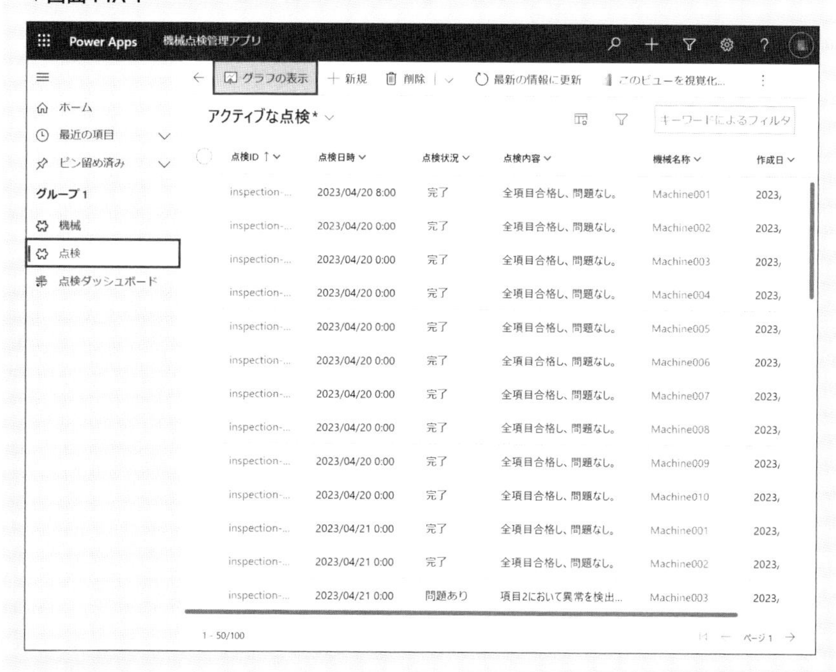

ビューにグラフが表示されます。グラフ内の該当データをクリックすることでビューが連動し、絞り込みされた対象データをビューに表示することができます（**画面14A-2**）。

▼画面14A-2

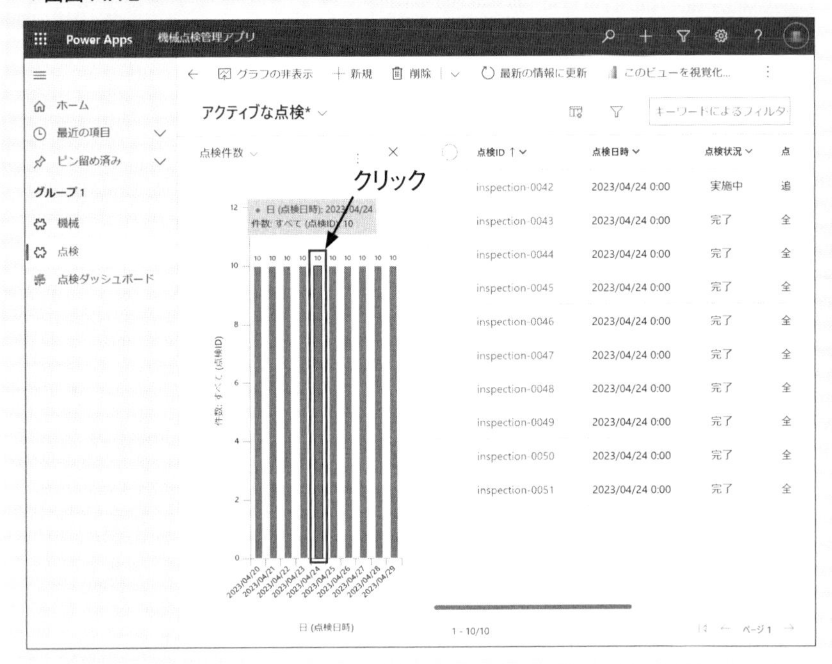

作成したほかのグラフに表示を切り替える場合は、[グラフ名]をクリックし、表示したグラフを選択することでグラフを切り替えることができます(画面14A-3)。

▼画面 14A-3

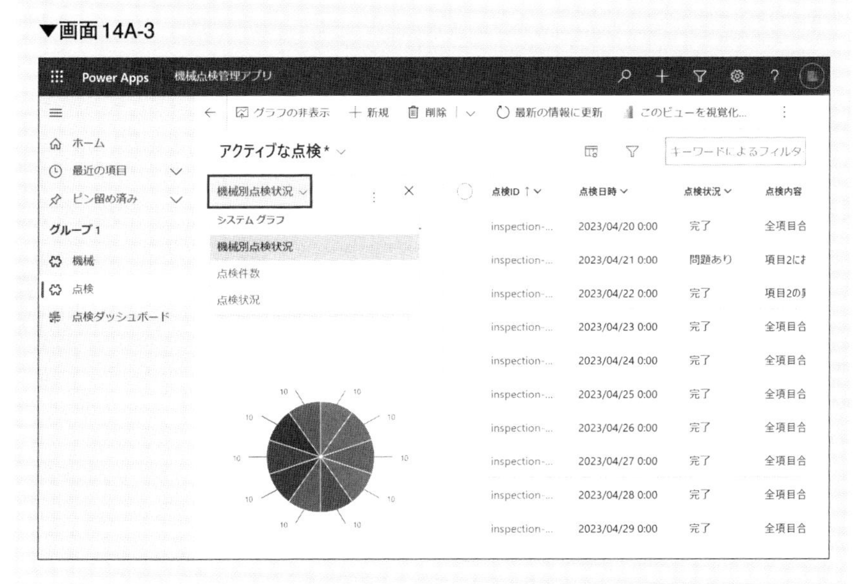

ビュー画面のグラフを非表示にするときは、[グラフの非表示]をクリックします(画面 14A-4)。

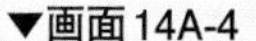
▼画面 14A-4

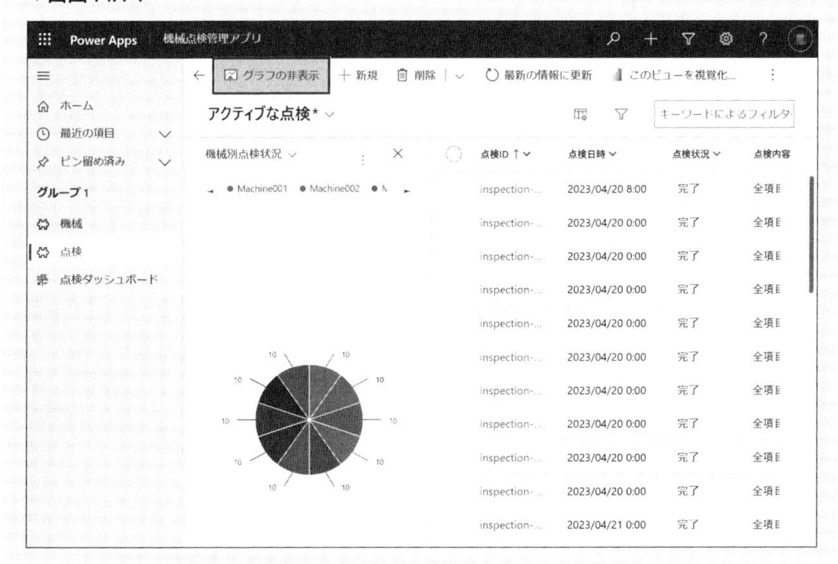

ソリューションとは

Power Platformにおける「ソリューション」とは、1つの業務を実現するために作成したPower AppsやPower Automateなどのアプリに関わるさまざまなコンポーネントを1つのまとまりとしてパッケージ化して、管理や展開を可能にするしくみのことです[注14A.1]。

たとえば、読者の皆様が備品管理のアプリを作成した場合、コンポーネントとしては、Dataverseに作成した複数のテーブル、それにつながるキャンバスアプリやモデル駆動型アプリ、承認用に作成したPower Automateのクラウドフローなどがあるでしょう。それらのコンポーネントを「備品管理ソリューション」という1つのパッケージとしてまとめて保存、管理しておくことが可能です。ソリューションの中には、Power Virtual AgentsのボットやPower Pagesによるポータルなども格納できます。

作成したソリューションをエクスポートすると、その中に格納されているコンポーネントはまとまった1つのzipファイルになり、ほかの環境にインポートすることが可能です。

このように、個人が作成した「備品管理ソリューション」「安否確認ソリューション」「社用車管理ソリューション」などをそれぞれまとめてパッケージ化・管理して、個人の開発環境から本番環境への移行や、他の組織やチームへの共有が容易になります。

Microsoft公式の見解としては、アプリケーションコンポーネントのライフサイクルの観点から、できるだけソリューションを作成し、その中でアプリやそれに関連するコンポーネントを作成することが推奨されています。

注14A.1） https://learn.microsoft.com/power-apps/maker/data-platform/create-solution

索引

記号

; ………… 152

A

Azure Active Directory ………… 9

D

Dataverse ………… 7, 33, 88
　活動 ………… 217
　関連テーブル ………… 43
　システム列 ………… 37
　スキーマ名 ………… 36, 155
　セットアップ ………… 26
　接頭辞 ………… 227, 228
　テーブルにデータを追加 ………… 44
　テーブルを作成 ………… 35
　添付ファイル ………… 217
　必要なビジネス ………… 43
　プライマリ名 ………… 37
　プライマリ列 ………… 42, 43
　論理名 ………… 228
Dataverseのデータ型 ………… 34, 129
　一意識別子 ………… 37, 239
　オートナンバー ………… 37, 42
　検索 ………… 43, 163
　選択肢 ………… 38

E

ER図(Entity Relationship Diagram) ………… 31
Excel Online ………… 263

G

GUID ………… 34

I

Innovation Challenge ………… 285

M

Microsoft 365開発者プログラム ………… 9, 11, 12
Microsoft Azure ………… 9
Microsoft Azure portal ………… 17
Microsoft Dynamics 365 Socialの概要 ………… 286

N

NotificationType.Error ………… 204, 213
NotificationType.Information ………… 204
NotificationType.Success ………… 204, 211
NotificationType.Warning ………… 204

P

Power Apps ………… 2
　近日公開の機能 ………… 82
　コネクタ ………… 71
　事例 ………… 2
　利用環境 ………… 10
Power Apps Mobileアプリ ………… 80
Power Apps Studio(キャンバスアプリ) ………… 58
Power Apps Studio(モデル駆動型アプリ) ………… 90
　ビューの編集画面 ………… 93
　フォームの編集画面 ………… 95

Power Appsメーカーポータル ……24
Power Apps開発者プラン ……9, 11, 21
Power Automate ……4
Power BI ……4
Power Fx ……129
Power Fxのデータ型 ……129
　Date(日付)型 ……128
　Number(数値)型 ……131
　Text(文字列)型 ……145
Power Pages ……4
Power Platform ……4
Power Virtual Agents ……4

あ

アクション ……68
アプリ開発 ……27

い

一：多(N)の関係 ……30, 31, 280

え

エンティティ ……30

か

過去や未来の日付を取得する ……132
画面遷移 ……108
画面遷移時の効果 ……111
　ScreenTransition.Cover ……111
　ScreenTransition.CoverRight ……111
　ScreenTransition.Fade ……111
　ScreenTransition.None ……111
　ScreenTransition.UnCover 111
　ScreenTransition.UnCoverRight ……111
画面の複製 ……115
カラム ……33
環境 ……25
関数 ……69, 109
　And ……200
　Average ……137
　Back ……110
　Blank ……234
　Choices ……250
　CountIf ……140
　Date ……130
　DateAdd ……132
　Day ……131
　EditForm ……235
　Filter ……168, 171
　First ……179
　If ……195
　Max ……138
　Min ……139
　Month ……131
　Navigate ……109
　NewForm ……210, 234
　Not ……199
　Notify ……204
　Now ……127
　Or ……201
　Refresh ……227, 228
　Search ……227
　Set ……151
　Sort ……187
　SortByColumns ……227
　StartsWith ……170
　SubmitForm ……177, 204
　Sum ……136
　Switch ……196

Today ···· 127, 133
UpdateContext ···· 146
Year ···· 131

き

既定ダッシュボードとして設定する ···· 296
ギャラリーで選択したレコードを編集する ···· 181
ギャラリーの表示順を並び変える ···· 187
キャンバスアプリ ···· 5, 48, 220
Power Apps Studio ···· 58
アプリのバージョン履歴 ···· 245
アプリのプレビュー ···· 69
アプリを共有する ···· 75
アプリを公開する ···· 74, 244
画面の名前を変更する ···· 116
画面を複製する ···· 115
空のアプリから作成する ···· 48, 112
空の画面を追加する ···· 62
タブレット形式 ···· 112
データからアプリを自動作成する ···· 49, 53, 222
データソースへの委任 ···· 141
データソースを管理する ···· 71
電話形式 ···· 112
テンプレートから作成する ···· 51, 225, 230

く

グラフ ···· 281
グラフの表示／非表示を切り替える ···· 297
グローバルな選択肢 ···· 40
グローバル変数 ···· 144, 150

け

検索型を持たないテーブルをギャラリーに表示する ···· 157
検索型を持つテーブルをギャラリーに表示する ···· 163
検索機能を作成する ···· 167
現在の日付や時刻を取得する ···· 125

こ

合計値と平均値を取得する ···· 136
今月末の日付を取得する ···· 134
コンテキスト変数 ···· 144, 150
コントロール ···· 61, 124
アイコン ···· 118
画像 ···· 64
ギャラリー ···· 155
垂直ギャラリー ···· 156
水平ギャラリー ···· 156
高さが伸縮可能なギャラリー ···· 156
チェック ···· 236
データテーブル ···· 72
テキストラベル ···· 66, 126
テキスト入力 ···· 169
ドロップダウン ···· 149
日付の選択 ···· 128
表示フォーム ···· 173
フォーム ···· 172
編集フォーム ···· 173
ボタン ···· 67
戻る矢印 ···· 118
コンポーネント ···· 104
AI Builder ···· 105
Power BI ···· 106
グリッド ···· 105
サブグリッド ···· 278

タイムライン……261
入力……105
表示(メディア)……105
レイアウト……105
さ
最大値と最小値を取得する……138
し
自動で設定した値をユーザーに意識させない……247
自動保存……59
自明な入力を自動で設定する……246
集計……135
条件分岐……193, 194
す
数式バーで編集……250
そ
属性……30
ソリューション……300
た
ダッシュボード……285
ダッシュボードにグラフを追加する……289
ダッシュボードにビューを追加する……294
つ
通知……203
通知バーを表示する……206
て
データモデリング……29, 32
データを扱う……154
テーブルからグラフを作成する……281
テーブルのデータをギャラリーに表示する……157
テーブル形式のデータ……33
テーブルのレコード数を取得する……140
テキストの書式設定……197
テナント……9, 25
デフォルトのスクリーンを設定する……244
と
ドロップダウンをラジオにする……249
に
二段階認証……17
ひ
比較演算子……198
<……198
<=……198
<>……198
=……198
>……198
>=……198
引数……109
日付・時刻操作……125
日付からNumber(数値)型を取得する……131
日付の初期値を設定する……248
日付をDate(日付)型で取得する……128
ふ
複数の条件を指定する……199
プロパティ……69
Color……195
DefaultDate……129
Default……170
Item……179
Items……164
OnFailure……204

OnSelect …… 68, 120
OnSuccess …… 204
OnVisible …… 146
Selected …… 183
Text …… 126
Visible …… 247

へ

変数の値をテキストラベルに表示する …… 145
変数の値を変更する …… 148
変数の値を別画面から読み取る 150
変数の命名規則 …… 145
変数 …… 144

め

メッセージの種類 …… 204

も

モデル駆動型アプリ …… 6, 83, 253
Dataverseテーブルを指定してアプリを自動作成する ‥ 84, 87, 253
Power Apps Studio …… 90
空のアプリから作成する …… 83
データソースを管理する …… 101
テンプレートから作成する …… 85
ビュー …… 92, 277
ビューの編集 …… 92, 255
フォーム …… 92
フォームにビューを追加する 277
フォームの編集 …… 94, 256
フォームを分割表示する …… 271
ページを追加する …… 266

り

リレーションシップ ‥ 31, 40, 163, 166

れ

レコード …… 33
レコードの追加や修正をする …… 172
列 …… 33

ろ

ローカルな選択肢 …… 40
論理演算子 …… 200
! …… 199
&& …… 200, 201
|| …… 201, 202

◆ 執筆者紹介

株式会社FIXER

クラウドネイティブなエンタープライズシステム構築に強みを持つクラウドインテグレーターである。Microsoft Azureが本格サービス開始前の2009年11月に創業し、2010年の正式サービス開始と同時に、エンタープライズクラウドシステムの事例を次々と発表、日本におけるクラウドの黎明期からMicrosoft Azureの普及の一翼を担ってきた。その実績が評価され、2021年にはMicrosoft CorporationよりCloud Native App DevelopmentのカテゴリでWinnerに選定されている。市場と真のビジネスニーズとのギャップを常に意識し、最先端の技術的アプローチを含むベストプラクティスを用いて、顧客とユーザーの両方に最高のサービスをお届けする。「Technology to FIX your challenges.」を企業理念とし、顧客と従業員のチャレンジをともに成就することで、社会への貢献を目指している。世界一クラウドネイティブな技術メディア「cloud.config Tech Blog」(https://tech-blog.cloud-config.jp/)を運営中。著書に『Microsoft Power Platformローコード開発[活用]入門——現場で使える業務アプリのレシピ集』(技術評論社)がある。

青井 航平(あおい こうへい)

Cloud Solutions Engineer

営業管理アプリ(Sales Force Automation)開発を経て、現在は官公庁向けシステム開発業務に従事している。『cloud.config Tech Blog』ではPower Platformの新機能解説や性能検証ブログなど、実務に活用できるノウハウを発信している。

担当：Chapter 1/11/12

荒井 隆徳(あらい たかのり)

Microsoft Certified Trainer／Microsoft Power Platform Solution Architect Expert Consultant

すべての人がクラウドとAIを、もっと身近に、もっと簡単に使えるようメディアへの技術記事の寄稿や、オウンドメディアの『cloud.config Tech Blog』を通じたノウハウの発信など、啓蒙活動を積極的に行っている。また、FIXERが三重県四日市市に開所したMicrosoft Base Yokkaichi(地域連動型人材育成拠点)で、行政と連携した四日市市民、地域企業のデジタル人材育成を推進している。寄稿記事に『Azure資格試験対策』(日経クロステック)、『ポイントを速習！「Azureの基礎(AZ900)」をみんなで学ぶ』(TECH.ASCII.jp)がある。

担当：Chapter 2/3/4/5/6/14